地图学丛书

空间信息可视化

朱　军　朱　庆　艾廷华　李维炼　编著

科学出版社

北　京

内 容 简 介

本书系统地介绍了空间信息可视化的基本理论,空间数据的获取与组织,以及二维、三维空间信息可视化的技术、方法与优化等相关理论知识。本书共7章,第1章概述可视化的定义、特征、发展历程及分类,并介绍空间信息可视化;第2章从可视化基本流程、视觉变量、设计原则、视觉感知、空间认知等方面介绍空间信息可视化的技术基础;第3章涉及二维空间信息可视化、三维空间信息可视化、多媒体表示法、虚拟现实可视化等表示方法;第4章详细介绍了任务模型,并在此基础上阐述了增强表达、自适应可视化及可视化绘制优化的技术与方法;第5章介绍时空过程模拟原理与方法,并以灾害时空模拟为切入点进行阐述;第6章介绍空间信息可视化交互设备与环境、技术及效果评测原则等内容;第7章主要介绍空间信息可视化在多个领域的典型应用实例。

本书可作为地理信息科学、地理空间信息工程、测绘工程、遥感科学与技术、城市设计、软件工程等相关专业本科生、研究生教材,也可供相关科研人员参考。

图书在版编目(CIP)数据

空间信息可视化 / 朱军等编著. —北京:科学出版社,2023.10
(地图学丛书)
ISBN 978-7-03-073977-3

Ⅰ.①空… Ⅱ.①朱… Ⅲ.①地理信息系统–研究 Ⅳ.①P208.2

中国版本图书馆 CIP 数据核字(2022)第 223017 号

责任编辑:杨 红 郑欣虹 / 责任校对:杨 赛
责任印制:赵 博 / 封面设计:有道文化

科 学 出 版 社 出版
北京东黄城根北街 16 号
邮政编码:100717
http://www.sciencep.com
北京中科印刷有限公司 印刷
科学出版社发行 各地新华书店经销
*
2023 年 10 月第 一 版 开本:787×1092 1/16
2024 年 1 月第二次印刷 印张:15 3/4
字数:355 000
定价:98.00 元
(如有印装质量问题,我社负责调换)

丛 书 序

地图学是一门有着几乎和世界最早文明同样悠久历史的古老的科学，又是一门年轻且充满生机与活力的科学，它在长期的人类社会实践、生产实践和科学实践的基础上形成和发展起来，有着强大的生命力。如今，地图学已经成为跨越时间和空间、跨越自然和人文、跨越技术和工程，且具有较完整的理论体系、技术体系和应用服务体系的科学。作为地图学研究"主阵地"的地图(集)，是国际上公认的三大通用语言(绘画、音乐、地图)之一，是诠释世界的杰作和浓缩历史的经典，是重构非线性复杂地理世界的最佳形式，是人们工作、学习和生活不可缺少的科学工具。今天，地图的社会影响力比历史上任何时期都要更加强大。

地图学在其 4500 余年发展史上，共经历了三次发展高峰，即：以古希腊托勒密(90～168年)《地理学指南》的经纬线制图理论和方法及我国裴秀(221～273 年)《禹贡地域图十八篇·序》的"制图六体"制图理论和方法为标志性成果的古代地图学；以 15 世纪末至 17 世纪中叶的世界地理大发现奠定世界地图的基本轮廓和以大规模三角测量为基础的地形图测绘等为标志性成果开启的近代地图学；以 20 世纪 50 年代信息论、控制论、系统论三大理论问世和电子计算机诞生彻底改变了包括地图学在内的世界科学图景和包括地图学家在内的当代科学家的思维方式，从而导致了地图制图技术的革命等为标志性成果的现代地图学(信息时代的地图学)的形成和发展。总结地图学发展历史进程中的三次发展高峰，每一次都离不开当时的科学家在先进科学技术和社会需求推动下的思维变革的先导作用。

当今，大数据、互联网、物联网、人工智能等技术的快速发展，正在彻底改变地图学家和地图(集)制图工程师们的思维方式和工作方式，地图(集)产品"设计→编绘→出版"全过程数字化取得了标志性成果，人工智能赋能地图科学技术由数字化到智能化已成大势，地图学已进入以"数据密集型计算"为特征的科学范式新时代。"地图学丛书"(以下简称"丛书")编写出版正是在这样的背景下启动的。

"丛书"旨在总结进入 21 世纪以来我国地图科学家、地图(集)制图工程师们的科研实践，特别是地图理论、方法和技术成果，突出科学性、前瞻性、先进性和系统性，以引领地图学科健康持续发展，加强研究生教材和课程建设，提升研究生教育质量。"丛书"读者对象定位为测绘科学与技术、地理学及相关学科的研究生或学科优势特色突出高校的高年级本科生。

本"丛书"即将陆续出版。"丛书"是开放的，热烈欢迎从事地图学研究与实践的学者、专家，特别是中青年地图科技工作者积极参与到"丛书"的编写工作中来。让我们共同努力，把"地图学丛书"打造成精品！

王家耀

2023 年 1 月 31 日

前　言

　　空间信息能反映包含实体位置、形状及实体间的空间关系等丰富的实体信息，信息社会各领域对其需求越来越大。地理信息系统(geographic information system，GIS)、遥感(remote sensing，RS)、全球导航卫星系统(global navigation satellite system，GNSS)等空间信息技术的迅猛发展，使人类产生与获取信息的能力呈数量级增长，空间信息获取的难题基本得到解决。在大数据时代背景下，以可视化的形式显示输出空间信息或空间信息分析和应用的结果，能从多角度、多维度呈现信息，激发用户的视觉思维，并通过强大、有效的地图系统将复杂的空间和属性数据以图形的形式展现出来，从而挖掘数据之间的关联性和发展趋势，使用户做出及时、正确的判断和决策。重视空间信息可视化工作，对于构建智慧城市、探究自然灾害规律、推进基础交通建设等具有重要意义。

　　空间信息可视化是一个极具潜力、多学科交叉融合的领域。它充分发挥人的视觉作用，利用计算机图形学、地图学等技术，将现实世界通过文字、表格、图形、图像、动画、音频等形式进行表达展示，以交互式、直观化的操作处理，结合视觉感知和空间认知等过程，帮助人们更加有效地探索空间现象和研究空间规律。随着社会经济的发展以及计算机技术的进步，多维数据的处理、表达、存储、管理借助新的技术而更加轻松便捷，空间信息可视化进入高速发展和广泛应用时期，整个地理及测绘行业在多维地理空间信息方面的应用及服务必将更加蓬勃兴盛。

　　编写本书的主要目的是让读者全面、详细地获得空间信息可视化的相关知识。为此，本书系统地介绍了空间信息可视化的理论基础、技术基础以及表达方法，涵盖了任务驱动的空间信息自适应可视化、时空过程模拟可视化与空间信息可视化交互等前沿热门内容，并对空间信息可视化的典型应用进行了总结和介绍。本书是计算机科学与地理信息科学结合的产物，其为空间信息可视化奠定了一定的理论基础并拓宽了应用边界，希望能够在一定程度上推进信息可视化研究的发展。

　　朱军、朱庆、艾廷华和李维炼负责全书的总体设计、编写、审校与定稿工作。博士研究生谢亚坤、付林、赖建波、王萍、游继钢、郭煜坤、党沛、吴鉴霖等，硕士研究生罗澜、张天奕、李明珠、乔晓琪、孙文锦、韩啸、廉慧洁、左丽、罗妮亚等在资料的收集与整理、文字校对等方面做了大量工作，在此一并表示衷心的感谢。

　　本书出版得到西南交通大学研究生教材(专著)经费建设项目专项(SWJTU-GHJC2022-011)和四川省产教融合示范项目"交大-九洲电子信息装备产教融合示范"资助，特此表示深深的谢意！同时感谢科学出版社的编辑在本书出版过程中提供的各种帮助。在本书撰写过程中，引用和参阅了许多同仁的研究成果，不能逐一列注，遗漏之处敬请海涵，特此致谢！本书是集体智慧的结晶，在此谨向付出辛勤劳动的各位作者表示感谢！虽然各位作者通力合作，反复修改，但书中难免有不足之处，敬请读者批评与指正。

编　者
2022 年 11 月

目　录

第一章 绪 论

空间信息(spatial information)是反映地理实体空间分布特征的信息，具有广泛的范畴、丰富的内容和复杂的结构。可视化借助图形化手段，能够清晰有效地传达、交流与沟通信息，能够全面且本质地把握住地理空间信息的基本特征，已经成为空间信息传播、理解进而交互最重要的工具与手段。因此，本章重点阐述可视化定义与特征、分类以及发展历史，同时引出空间信息可视化的相关知识，让读者对空间信息可视化有一个全面而深刻的认识。

1.1 可视化定义与特征

1.1.1 可视化定义

科学家通过对人的感官研究表明，与数字和文字相比，人对图形图像有更强的信息获取能力。人在日常生活中所接收信息的80%来自视觉，而承载信息量最大的视觉材料是图形图像。人脑对图形图像采用"并行"机制来处理，可以更充分地发挥视觉系统的潜力。而对于数字、文字和表格之类的视觉材料，其承载的信息呈线状通过人眼进入大脑，限制了视觉系统认知能力的发挥(荆其诚等，1980)。因此，如何将现实世界的各种信息转化为图形图像的形式，从而更加有效地发挥人的视觉作用，对海量信息的分析和处理将起到举足轻重的作用。在此背景下，可视化(visualization)技术逐渐发展起来并成为一门新兴学科，它能够使人们在图形世界中直接与计算机进行交流、对话和操作，从而帮助人们更快更好地感知认知信息(芮小平和于雪涛，2016)。

可视化定义为利用计算机图形学和图像处理技术，将数据转换成图形或图像在屏幕上显示出来，并进行交互处理的理论、方法和技术。它涉及计算机图形学、图像处理、计算机视觉、计算机辅助设计等多个领域，成为研究数据表示、数据处理、决策分析等一系列问题的综合技术。可视化对应两个英文单词：visualize 和 visualization。visualize 是动词，意即"生成符合人类感知的图像"，通过可视元素传递信息。visualization 是名词，表达"使某物、某事可见的动作或事实"，对某个原本不可见的事物在人的大脑中形成一幅可感知的心理图片的过程或能力(Hansen and Johnson，2004；陈为等，2013a；Andrienko et al.，2010)。

可视化主要包括可视化思维和可视化交流。其中，可视化思维是个人通过探索数据的内在关系来揭示新问题、形成新的观点、产生新的综合、找到新的答案并加以确认；可视化交流则是向公众表达已经形成的结论和观点。可视化思维和可视化交流代表着信息处理的不同阶段，如图 1-1 所示。两个阶段所面对的群体不同、处理方式不同、输出对象和内容也不同，但相互间存在着源和流的密切关系(田宜平等，2015)。

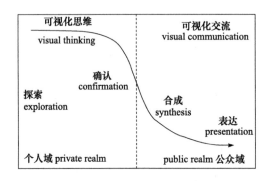

图 1-1   可视化的概念模型

从宏观角度看，可视化包括三个功能(陈为等，2013a)。

1. 信息记录

将浩如烟云的信息记录成文并世代传播的有效方式之一是将信息成像或采用草图记载。此外，可视化绘图能极大地激发智力和洞察力，帮助验证科学假设。

2. 信息推理和分析

数据分析的任务通常包括定位、识别、区分、分类、聚类、分布、排列、比较、内外连接比较、关联、关系等。将信息以可视化的方式呈现给用户，将直接提升对信息认知的效率，并引导用户从可视化的结果分析和推理出有效信息。这种直观的信息感知机制，极大地降低了数据理解的复杂度，突破了常规统计分析方法的局限性。

3. 信息传播与协同

人的视觉感知是最主要的信息界面，它输入了人从外界获取的 80%的信息。面向公众用户，传播与发布复杂信息的最有效途径就是将数据可视化，达到信息共享与论证、信息协作与修正、重要信息过滤等目的。

1.1.2   可视化特征

可视化的宗旨是以简洁易懂、省时高效的方式呈现和表达数据内容，本节将从静态可视化、动态可视化和交互可视化等表现形式阐述可视化的特征(Brehmer and Munzner，2013)。

1. 静态可视化主要包括统计图和主题图两种形式

统计图能可视化定量的数据结果，呈现基本信息，态度客观中庸，清晰直观，是数据可视化中最基础和最常见的应用，如饼图、柱状图、折线图等，形式较为稳定，为阅读者熟知，所以具有自明性。但统计图很难具有创新性，不易激发阅读者兴趣，也不易引起共鸣，而且统计图在面对复杂或大规模异质性数据时往往显得力不从心。相对于传统的统计图，主题图更加具有针对性，能够更加深刻地反映事物之间的关联性，同时也更加具有趣味性和故事性，信息的可读性程度更高。

2. 动态可视化主要包括实时可视化和动画视频两种形式

相比于静态可视化，动态可视化更能激发用户的视觉思维，能够从多角度、多维度呈现信息。例如，机场航班信息牌、股票涨跌板等，这类可视化方案具有即时性、动态性、真实性、准确性以及持续性等特征。动画视频用于数据展示具有强烈的话题引导性，同时其综合性和多媒体体验方式能够为观众带来新的视听感受，用户由过去的阅读式转为收听式、收看式，动画视频的科普性和趣味性也能够激发观众兴趣并引起观众共鸣，动画与真人相结合的方式更加具有科技感和创新性。

3. 交互可视化允许用户以交互的方式管理和开发数据

交互可视化从多个角度呈现用户所需的视图，且用户可以对视图进行直接操控来获取自己想要的数据信息，并可以在一个界面中生成多个视图，以此来形成对比，从而获得一些潜在的信息。随着虚拟现实(virtual reality，VR)、增强现实(augmented reality，AR)以及混合现实技术的快速发展，新技术的变革带领用户进入了一个追求"物我合一"的时代，除了传统的鼠标、键盘等交互设备外，交互模式也日趋多样化，包括手柄交互、凝视交互、语音交互以及手势交互等，这些全新的交互方式更加强调用户的主动交互与探索。

1.2 可视化发展历史

用图形图像描绘和记录信息的思想，从人们开始观察这个世界进而产生测量和管理的时期就已经出现了(曾悠，2014)，可视化理念与技术在地图学、制图学与统计图表中已经应用和发展了很长一段时间。本节将从可视化起始阶段、物理测量阶段、图形符号阶段和黄金时期等不同阶段对可视化发展历史进行介绍(图 1-2)。

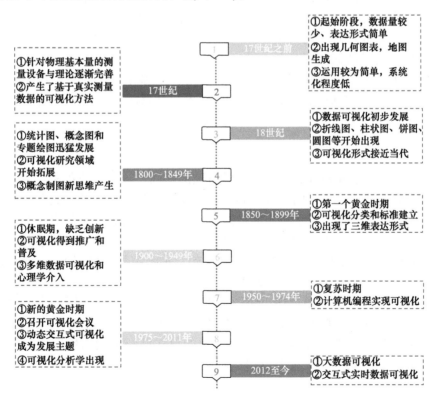

图 1-2 数据可视化的发展历程

1.2.1   17 世纪前：早期地图与图表

17 世纪以前被看作可视化的起始阶段，由几何图表和地图生成拉开序幕。这一阶段以几何学为主，主要原因是当时人类研究的领域有限，数据总量较少、表达较简单。伴随着经济、技术的发展以及知识和视野的拓宽，人们开始绘制地图。10 世纪，一位天文学家创作了时间序列图来表达天体的时空变化，图中出现了坐标轴、平行坐标等现代统计图形的元素。天文学、测量学、绘图学等在此阶段开始迅猛发展，以跟上探寻世界秘密的步伐。16 世纪以后，除了利用手工方式展示可视化作品之外，用于精确观测和测量物理量以及对地理和自然天体位置进行测量的技术和仪器得到了充分发展，形成了更加精准的可视化呈现方式，三角测量法也在此期间创建。这一时期，因为数据总量少、研究范围小、各科学领域都处于初级阶段，所以产生的数据可视化作品较少，可视化的运用还较为单一，系统化程度也较低。

1.2.2   17 世纪：测量与理论

进入 17 世纪，更加准确的测量手段得到了更广泛应用，针对时间、距离和空间等物理量的测量设备与理论逐渐改良和完善，并被广泛应用于航海、航空、测绘、制图、天文分析等领域。早期的探索打开了数据可视化的大门。大航海时代欧洲船队出现在世界各地，促进了地图的制作和物理量的测量；笛卡儿发明了解析几何和坐标系，为数据可视化做出了历史贡献；人类也开始了对概率论和人口统计学的研究，制图学理论与实践也随着概率论、人口统计学、分析几何、测量误差和政治版图的发展而迅速发展起来。17 世纪末，甚至产生了基于真实测量数据的可视化方法。在此时期，由于数据总量的增加，科学研究领域的增多，出现了更多的可视化形式，数据的收集、整理和制作得到了系统性的发展，人们不断提高地图精度，在新的领域运用可视化技术。从这时起，人们开始了可视化思考的新模式。

1.2.3   18 世纪：新的图形形式

进入 18 世纪，数学和物理已经成为科学研究的基础，英国工业革命、牛顿天体研究、微积分方程的建立都推动着数据的精确化和定量化发展，随着统计学、数据分析的发展，用抽象图形的方式来表示数据的想法也不断成熟。可视化有了更为复杂的表达方式，不单单展现在地图上，等值线、轮廓线开始出现，地理、数学、医学等领域出现概念图，社会和科技的进步体现在数据表现的多样化上。这一时期是统计图形学的鼎盛时期，Joseph Priestley 尝试以图的形式介绍不同国家在不同历史时期的关系，并在 1765 年创造了第一个时间线图；1782 年 William Playfair 发明了条形图、饼图、折线图、圆图等常见图形；同年 Marcellin Du Carla 绘制了等高线图，在测绘、工程和军事方面具有重要历史意义。随着对数据系统性的收集以及科学的分析处理，18 世纪数据可视化的形式已经接近当代科学使用的形式，各种图表可视化形式的出现体现了人类数据运用能力的进步。

1.2.4 1800～1849 年：现代信息图形设计的开端

19 世纪上半叶，受到 18 世纪视觉表达方法创新的影响，统计图、概念图和专题绘图等数据可视化表现方法迅猛发展，在此阶段人们已经掌握了现在被广泛使用的统计图形，如轮廓线、折线图、柱状图、饼图。可视化思考的新方式因此产生：图表可以应用于表达数学证明和函数；列线图可用于辅助计算；各类可视化可表达数据的趋势和分布。人们开始有意识地拓展可视化应用的领域。将统计数据及其可视化表达放在地图上，产生了概念制图的新思维，并常常应用于政府规划和运营之中。1801 年，英国地质学家 William Smith 绘制了第一幅地质图，引领了一场在地图上表现量化信息的潮流。这一时期的数据收集和整理从科学技术、经济领域扩展到了社会管理领域，由于政府加强了对人口、犯罪、疾病、教育等公共领域的管理，大量社会管理方面的数据被系统性地收集和发布，并逐渐丰富起来，标志着人们开始以科学手段进行社会研究。

1.2.5 1850～1899 年：数据制图的黄金时期

19 世纪下半叶，数据可视化迎来了第一个黄金时期。数据可视化领域有了飞速的发展，欧洲开始发展数据分析技术，研究数字信息在社会、交通、商业、工业中的意义；高斯和拉普拉斯发起统计理论，成为约束可视化发展的重要一步；官方统计机构普遍建立起来，数据来源开始变得更加规范；国际统计学会议对可视化图像分类和标准进行讨论，制定了统一的规范。不同数据图形开始出现在书籍、报刊、研究报告和政府报告等正式场合之中。这一时期法国工程师 Charles Joseph Minard 将可视化应用于工程和统计，描述了拿破仑战争时期军队损失的统计图，如实呈现了军队的位置、行军方向、军队汇集、分散的时间地点等信息。1879 年，Luigi Perozzo 绘制了一张 1750～1875 年瑞典人口普查数据图，以金字塔的形式表现了人口变化的三维立体图，开始使用三维的形式，并使用彩色表示数据值之间的区别，提高了视觉感知。在对这一时期可视化历史的探究中发现，数据来源的官方化，以及对数据价值的认同，成为可视化快速发展的决定性因素，如今几乎所有的常见可视化元素都已经出现。同时，这一时期出现了三维的数据表达方式，这种创造性的成果对后来的研究有十分重要的作用。

1.2.6 1900～1949 年：现代休眠期

20 世纪上半叶，统计学家们的核心任务是在数学的基础上拓展统计的"疆域"，可视化开始面向政府、商业和科学，得到推广和普及。人们发现图形形式能够为航空、物理、天文、生物领域提供新的洞察和发现机会，Ejnar Hertzsprung 和 Henry Norris Russell 提出了温度与恒星亮度图，即赫罗图，成为近代天体物理学的奠基之一；伦敦地铁线路图的绘制形式延续至今；Edward Walter Maunder 绘制"蝴蝶图"用于研究太阳黑子随时间的变化。多维数据可视化和心理学的介入成为这一时期的重要特点。然而，数据的数量和种类没有发生明显变化，人们收集、展现数据的形式也没有创新，统计学没有明显进步，图形表达的美观性和启发性研究也没有进展，可视化进入了休眠期。但这一时期的蛰伏与统计学者潜心的研究，才让数据可视化在 20 世纪后期迎来了复苏与更快速的发展。

1.2.7   1950~1974 年：复苏期

这一时期称为数据可视化的复苏期，计算机的发明带来了强大的冲击，对数据可视化研究起着推波助澜的作用，人们处理数据的能力有了跨越式的提升，计算机以高速度、高精度的优势取代了手绘方式成为制作高精度图形的方法。统计学家 John Tukey 和制图师 Jacques Bertin 成为可视化复苏期的领军人物。1962 年 John Tukey 在对火力控制进行长期研究中意识到了统计学在实际研究中的价值，从而发表了有划时代意义的论文 "The Future of Data Analysis"，并在 20 世纪后期首次采用了茎叶图、盒形图等新的可视化图形形式，成为可视化新时代的开启人物。1967 年 Jacques Bertin 发表了他里程碑式的著作 *Semiology of Graphics*(《图形符号学》)，确定了构成图形的基本元素，描述了一些图形设计的框架，为信息的可视化奠定了坚实的理论基础。在这一时期，数据缩减图、多维标度(multidimensional scaling, MDS)法、聚类图、树形图等更为新颖复杂的数据可视化形式开始出现。人们开始尝试利用一张图表达多种类型数据，或用新的形式表现数据之间的复杂关联。数据和计算机的结合让数据可视化迎来了新的发展阶段。

1.2.8   1975~2011 年：动态交互式数据可视化

20 世纪 70 年代后，计算机成为数据处理的重要工具，数据可视化进入了新的黄金时代。计算机图形学、图形显示设备、人机交互等技术的发展激发了人们对交互式可视化的向往，高性能、并行计算迅速发展起来，数据密集型计算走上历史舞台，数据处理从简单统计数据过渡到复杂的网络、层次、文本等非结构化的高维数据，这对数据分析和展示提出了更高的要求。

1982 年 Edward Tufte 出版的 *The Visual Display of Quantitative Information* 一书是关于统计图形、图表、表格的经典书籍。1986 年，在美国的一次图形学研讨会上，"科学计算之中的可视化" 被提出，诞生了一门将计算机图形学和图像方法应用于计算科学的学科。1987 年，首次科学计算可视化会议在美国召开，会议正式命名并定义了科学计算可视化。同年，在图形学顶级会议 ACM SIGGRAPH 上，《移动立方体法》一文的发表开创了科学计算可视化的热潮。20 世纪 70 年代以后，放射影像技术有了重大进步，1989 年，美国国家医学图书馆(National Library of Medicine, NLM)实施了可视化人体计划，将一具男性尸体和一具女性尸体从头到脚做电子计算机断层(computed tomography, CT)扫描和核磁共振扫描，同时对尸体做组织切片，并利用数码相机对这些切片进行拍摄和保存，由此促进了三维医学可视化的发展，成为可视化领域的范例。

20 世纪 70~80 年代，人们主要利用静态图来表现静态数据，80 年代中期，动态统计图开始出现，80 年代末，视窗系统的出现让人们直接与信息进行交互成为可能，并且在 20 世纪末两种方式开始合并，于是动态交互式的数据可视化方式成为新的发展主题。1988 年，著名统计图形学学者 William Cleverland 在其著作 *Dynamic Graphics for Statistics* 中总结了面向多变量统计数据的动态可视化手段。1989 年，有学者以信息可视化命名这个学科，其核心思想是对统计图形学的升华。从 1995 年开始，出现了单独面向信息可视化的会议——IEEE Information Visualization。

进入 21 世纪，可视化分析学的出现为解决海量、高维、动态数据的可视化提供了重要保障，利用各个可视化相关学科，研究新的可视化方法和技术，促进了数据信息的挖掘和分析。许多可视化分析软件相继出现，能够交互分析数据，建立实体关系，解决问题、发现规律。面对新时代可视化发展的挑战和困难，2005 年，美国国家科学基金会联合美国国家卫生研究所召集了专题小组，就数据可视化问题进行了研究，并于 2006 年展开专题报告来描述数据可视化中的挑战。这一阶段，许多可视化会议相继出现，各个国家在数据可视化方面投入了巨大精力。

1.2.9 2012 年至今：大数据时代

进入大数据时代，全球每天新增的数据量呈爆炸式增长，传统的可视化方法已不能跟上时代的脚步。大规模动态数据必须依靠有效的处理算法和表达形式才能够传递出有用的信息，可视化可以帮助简化数据量、降低大数据应用复杂性，因此大数据可视化成为时代可视化的主题。庞大的数据量、多变的数据类型、快速的数据更新频率和广泛的获取渠道，决定了实时数据的巨大价值只有通过有效的可视化处理才可以体现，于是在上一历史时期就受到关注的动态交互技术已经向交互式实时数据可视化发展，成为如今大数据可视化的研究重点之一(陈为等，2013b；雷婉婧，2017；曾悠，2014)。

1.3 可视化分类

可视化是信息技术、自然科学、统计分析、图形学、交互设计、地理信息等多学科交叉，广泛应用于商业智能分析、数据分析、数据挖掘、统计等领域的技术，主要包括：科学计算可视化(scientific visualization)、数据可视化(data visualization)、信息可视化(information visualization)和知识可视化(knowledge visualization)。

1.3.1 科学计算可视化

科学计算可视化的研究对象包括来自建筑学、气象学、医学或生物学、机械等领域的测量、实验、模拟数据，研究目标是通过静态或动态方式，以表面、体的绘制形式，结合颜色映射、光照跟踪等视觉增强手段，表达复杂科学研究对象/现象数据中的信息层次和空间几何特征，从而辅助科学家理解科学现象数据(唐泽圣等，1999)。按照数据的种类划分，科学计算可视化可以分为体可视化、流场可视化、医学数据可视化等(王怀晖，2015；Merzkirch，2012)。科学计算可视化所处理的数据具有大规模、时变、异构(高维)的特点，既需要通过高性能计算分析数据特征，又需要自适应的图形绘制突出用户感兴趣的特征。数据融合、特征提取、高感知度与交互性可视化是科学计算可视化的核心要素(彭艺等，2013；王松等，2018)。根据特征分析与图形绘制任务在科学计算可视化过程中执行的时效性，可将科学计算可视化分为三类：后置处理(post processing)，数据特征计算分析与可视化不是同步的；实时跟踪处理(tracking)，数据分析计算与图形可视化显示同步；交互控制(steering)，可视化可以根据用户交互的参数修改而发生相应的变化，需要计算、绘制与界面交互的高效协同。虽然并行计算以及 GPU 集群并行可视化技术发展已经取得较多成果，但是至今大规模科学数据并行可视化仍面临着数据预处理时间长、并行绘制效率低等问题。科学计算可视化主要以后置处理形式实施，要实现大规模数据的实时并行可视化仍然面临严峻挑战，高维、时变、分布式与特征检测依然是科学计算可视化领域面临的核心问题(王攀，2013；Johnson，2004)。图 1-3 反映的是 2021 年 2 月 19 日 12 时台风"杜鹃"的风流场可视化。

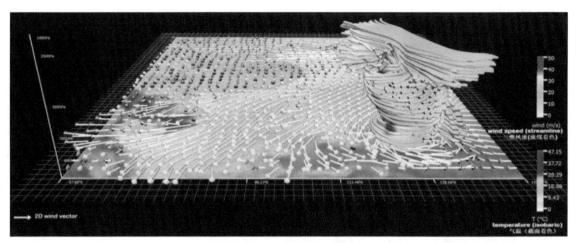

图 1-3   2021 年 2 月 19 日 12 时台风"杜鹃"的风流场可视化
(资料来源：http://101.201.172.75:8049/)

1.3.2   数据可视化

数据可视化研究的是：如何将数据以及数据中所隐含的信息与规律，通过一定的视觉编码与表征，有效地转化为可交互的图形或图像，实现数据/信息的可视化表达，增强人类对信息感知、知识认知以及交互探索，达到解释、诊断、预测、决策分析的目的。数据可视化的意义一般可分为三个层次，第一个层次是数据呈现，旨在将数据图形化，让用户从视觉的维度对数据进行感知，如点云三维可视化(杨秋丽等，2019)、街景地图可视化(李谦升，2017)等；第二个层次是信息传递，旨在将数据中隐含的信息进行视觉编码，让用户对知识进行更好的认知，如经济格局可视化(王淑芳等，2020)、地震带分布可视化(姜素华等，2004)等；第三个层次是假设检验，旨在将模拟、推演等探索性假设进行可视化，让用户对模型的可靠性进行更好的控制，如溃坝洪水演进可视化(尹灵芝等，2015；Li et al.，2015)、基于建筑信息模型(building information model，BIM)的施工进度模拟可视化(张菊和胡庆武，2018)等。

数据可视化一般具有可视性、交互性、多维性的特点(芮小平和于雪涛，2016)。

1. 可视性

利用点、线、二维图像、三维体和动画来对数据进行显示。

2. 交互性

可视的交互界面能够让用户快速、有效地观察、管理、探索、分析大容量数据，整个过程可以人为地修改和引导，从而发现数据里隐藏的关系、形态和结构。

3. 多维性

我们通常对维度的理解是：点表示零维，线表示一维，面表示二维，体表示三维，如果再加上时间概念，就是四维。而在可视化中，维度表示对象或事件的数据的多个属性或变量，不同主题数据也具有不同维度，按照数据每一维的值对其进行分类、排序、组合等操作，并进行显示。重庆数字城市模型如图 1-4 所示，通过构建数字城市模型，帮助用户对城市状况有全方位的了解，可广泛应用于监测指挥、分析研判、展示汇报等场景。

图 1-4 重庆数字城市模型

1.3.3 信息可视化

信息可视化研究的对象是抽象高维数据集合，致力于创建可直观传达抽象信息的手段和方法，从而充分利用人类视觉感知能力，将人脑与计算机这两个最强大的信息处理系统协同起来(李杰，2015)。数据分析与信息表征是信息可视化的核心技术，数据分析的目标是抽取数据中需要可视化表达的信息和规律，包括统计分析(如假设检验、回归分析、主成分分析)、数据挖掘(如关联分析、聚类分析)以及机器学习方法(如分类、决策树)等；信息表征则是对需要表现的信息进行视觉编码与图形呈现，采用的方法包括：基础图表、多维视图(如平行坐标、散点图矩阵)、变形聚焦可视化[如鱼眼视图、交点+上下文(focus+context)视图]等(戚森昱等，2015；任磊等，2008；Keim，2002)。随着计算机技术和数据采集技术的飞速发展，人们需要处理的信息体量与维度日益增加。人们在信息的海洋里常常面临"认知过载"和"视而不见"的双重困境，而信息可视化则是辅助人类洞悉数据内部所隐藏的知识和规律的重要手段。对信息进行直观化、关联化、艺术化的可视化表达，避免信息过载与表达抽象，同时构建高交互性的人机界面是信息可视化的发展趋势(林一等，2015)。图 1-5 反映的是成渝城市群内部城市间人口流动强度和联系规律。图 1-5 说明在成渝城市群中，成都占据绝对地位，与其他城市均存在联系，且与重庆市联系最为密切。

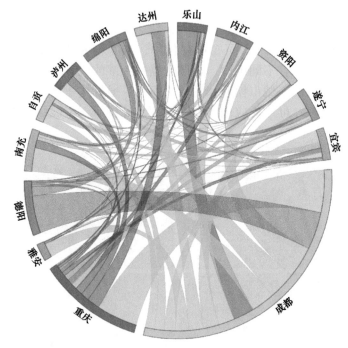

图 1-5　成渝城市群内部城市间人口流动强度和联系规律(张蓉，2021)

1.3.4　知识可视化

知识可视化是在科学计算可视化、数据可视化、信息可视化基础上发展起来的新兴研究领域。Eppler 和 Burkard 在他们 2004 年发表的文章中认为：知识可视化的目标在于通过提供比信息可视化更加丰富的、表达用户所知道内容的方式，提高人们之间的知识传播和创新。一般来讲，知识可视化领域研究的是视觉表征在提高两个或两个以上人之间的知识传播和创新中的作用。这样一来，知识可视化指的是所有可以用来建构和传达复杂知识的图解手段。除了传达事实信息之外，知识可视化的目标在于传输见解、经验、态度、价值观、期望、观点、意见和预测等，并以这种方式帮助他人正确地重构、记忆和应用这些知识。图 1-6 表示的是涵盖了滑坡孕灾环境、致灾因子、承载体及显在特征的滑坡灾害隐患知识图谱。

知识可视化作为一个新兴研究领域，其实质是将人们的个体知识以图解的手段表示出来，形成能够直接作用于人的感官知识的外在表现形式，从而促进知识的传播和创新。知识可视化是在数据可视化、信息可视化的基础上发展起来的，因此有着更多的技术背景(王伟星和龚建华，2009)。从表面上看，知识可视化只是知识的一种图解式表示手段，但若往深层次发展，需要人工智能、知识科学、计算语言学和认知语言学等的强力支持。知识可视化的工具有：概念图(concept map)、思维导图(mind map)、认知地图(cognitive maps)、语义网络(semantic networks)、思维地图(thinking maps)。

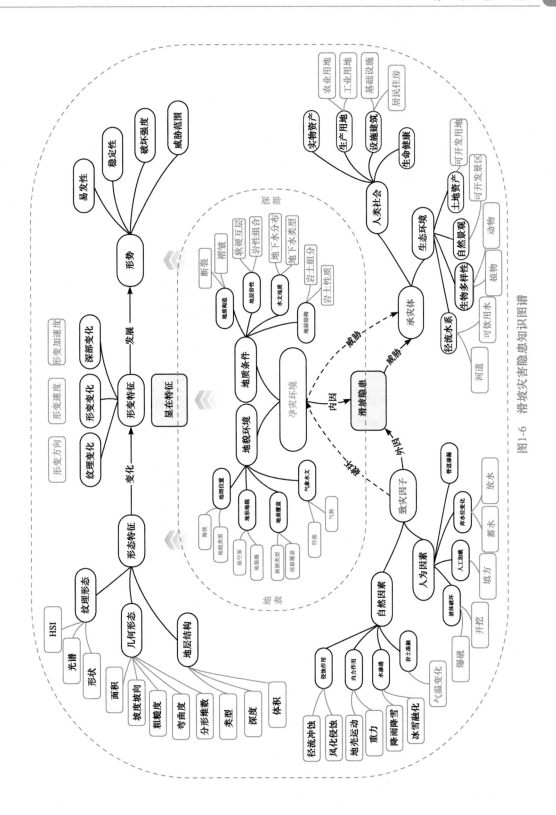

图 1-6　滑坡灾害隐患知识图谱

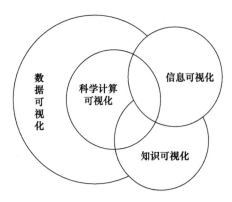

图 1-7   可视化方法的关系(刘波和徐学文，2008)

1.3.5   几种可视化比较

现代可视化技术在发展过程中逐步分化出科学计算可视化、数据可视化、信息可视化和知识可视化，它们之间既有联系也存在区别。从处理对象来看，数据到知识是一个不断抽象的过程，数据是信息的载体，信息是数据的含义，知识又是信息的"结晶"，它们的抽象层次是逐渐增高的(张卓等，2010)。这也反映了数据可视化、信息可视化和知识可视化的发展规律，信息可视化源于数据可视化，而知识可视化则是在数据可视化和信息可视化的基础上发展起来的。随着可视化技术的不断发展，这四种可视化的界限也越来越模糊，有一些可视化方法可以归为这四种可视化方法中的任意一种(刘波和徐学文，2008)。图 1-7 大致说明了几种可视化方法之间的关系。

针对几种可视化，表 1-1 从可视化对象、处理技术、可视化目的和研究重点等方面，对 4 种可视化技术进行了全面对比，通过比较可以看出它们的差异。

表 1-1   可视化技术比较表(张卓等，2010)

比较项	科学计算可视化	数据可视化	信息可视化	知识可视化
可视化对象(数据源)	科学计算和工程测量数据	大型数据集(库)中的非空间数据	多维非空间数据集	人类知识
处理技术	等值线、面绘制、体绘制、流场显示	平行坐标法、枝形图法、树图、面向像素技术	轮廓图、锥形图、双曲树	概念图、思维导图、认知地图、语义网络、思维地图
可视化目的	将科学与工程计算过程中产生的海量(空间)数据用图形图像输出，便于分析	将海量非空间数据用直观的图形图像表示，便于理解	将多维非空间数据用适当的图形表达，便于了解数据间的相互关系以及隐含的发展趋势	用图形图像表达相关领域的知识，促进群体知识的传播和创新
研究重点	真实、快速地显示三维数据，偏重于算法改进及可视化方法创新	易于理解的图形展示方式	展示数据隐藏关系的图形展示方式，偏重于心理学和人际交往	便于理解和知识传播的表现方式
图形生成难度	难	一般	一般	一般
交互方法	人-机交互	人-机交互	人-机交互	人-人交互

1.4   空间信息可视化

现代科学技术，尤其是计算机科学和网络通信技术的发展，极大地改变了人类社会的生产和生活方式，改变了人类存储、表示和传输空间信息的途径和方式。多媒体技术的产生及可视化方法的应用也使得计算机能够把文字、图形、图像、动画、声音及视频等各种媒体信息集成到信息系统中，进行交互式、直观化的操作处理，从而实现空间信息的可视化和虚拟现实(王建华，2002)。

地理空间信息可视化是信息可视化中的一种重要技术，它涉及大多数国民经济的行业，并已经有广泛的应用。地理空间信息可视化通过强大、有效的地图系统将复杂的空间和属性数据以图形的形式展现出来，从而挖掘数据之间的关联性和发展趋势，做出及时和正确的判断和决策(陈能成等，2018)。地图是空间信息最早的可视化方式，它在古代交通、军事以及其他各种生产和社会实践中发挥着重要作用。到目前为止，地图仍是人类认识自然的最好表现形式。随着计算机技术的发展，地图在一定程度上逐渐被地理信息系统(GIS)所取代，制图学问题在一定程度上转变为 GIS 中的可视化问题(胡最等，2012)。在 GIS 中，可视化概念的提出要早于科学计算可视化，可视化问题是 GIS 中一个非常重要的问题，有人甚至提出空间信息的可视化可以看作数字时代的地图学(芮小平和于雪涛，2016)。

1.4.1　空间信息概念与类型

空间信息是指用数字、文字、图形、图像、语言等各种媒介所表征的地球表面自然环境和社会经济现象或要素的类型、数量、质量、分布特征、联系及其规律的总称。空间信息是信息科学的主要研究对象，具有丰富的内涵，涉及许多学科和领域，因此空间信息的分类是一个非常复杂的问题(Andrienko et al.，2003；Nazemi，2016)。在信息处理过程中，一般可按如下几种方法进行分类研究。

1. 按内容分类

按内容可分为两大类，即自然类信息和社会经济类信息。这是一种基于地学研究方法论而对空间信息进行的分类，其中自然类信息主要描述自然环境的事物、事件和现象；社会经济类信息主要描述人类社会生活和生产活动以及经济现象、条件、相互关系等。这种分类方法的特点就是可以按照系统科学理论对空间信息按类型、等级、层次进行系统、有机的划分，便于建立空间信息处理的数学模型。

2. 按几何分布特征分类

按几何分布特征，空间信息可分为点状信息、线状信息、面状信息和体状信息。这种分类主要是为了适应计算机数据处理的需要。事实上，把空间信息抽象为点状信息、线状信息、面状信息和体状信息，即可应用计算机图形学的原理和各种数学方法对空间信息进行一系列的处理，同时也便于对空间信息进行管理、分析和应用。

此外，按照表达形式的不同，还可将空间信息分为图形信息和非图形信息(也称统计信息)，这种分类方法也是为了适应计算机图形学的需要，便于计算机对空间信息进行数字化的存储、处理、传输(王建华，2002)。

1.4.2　空间信息特点

空间信息具有丰富的内容和复杂的结构，为了有效地描述、表征空间信息，必须把握住空间信息的本质特征，从而通过对其特征的表示来实施对空间信息的描述、处理、传输和利用(Oliveira and Levkowitz，2003)。

一般认为空间信息具有如下几个特征。

1. 定位特征

表示空间环境中现象或事件的空间位置。通常用地理经纬度(γ, Ψ)或者平面直角坐标(X, Y)来表示。

2. 属性特征

表示空间环境中现象或事件的类型、数量、质量等级、名称等。

3. 多维结构特征

空间信息除了平面组合方式外,还有交叉组合、立体组合等方式,而且在同一组合方式下,往往还存在着多种专题信息的叠加。地理环境现象内部及各现象之间还存在着复杂的相关联系,它们都是空间信息多维结构特征的内容和具体表现形式。

4. 时序特征

表示空间客体现象或物体随时间而发生的变化,通常用时间维来表示。

1.4.3 空间信息可视化特征

空间信息可视化是一门基于科学计算可视化、地图学、GIS 和人类认知科学等,以识别、解释、表现和传输为目的而直观表示地理信息的技术和方法的学科。它的研究内容包括空间信息的创建、组织、表达、认知、图形设计等几个主要部分,其结果可以被符号化、图形化、形象化,而区别于那些文字和公式化的表述(Freitas et al,2002)。从认知科学和视觉思维角度出发,又可把空间信息可视化理解为:为人类感知空间环境信息和视觉思维而进行的可视图形的表示过程、方法和工具,它着重研究计算机与空间信息理解、表达和传输之间相互协调的人与计算机的机理(王建华,2002)。

表 1-2 对几种空间信息可视化的特征进行了总结。

表 1-2　空间信息可视化特征

特征	体现
交互性	有效控制信息、自由操纵空间信息
信息表达的动态性	信息检索和表示动态化、动态表示移动过程、真实表现实地状况
媒体信息的集成性	文本、图形、图像等有机地结合、综合表现空间环境信息

空间信息可视化是现有计算机可视化技术的具体应用,它以地理环境为依托,目的在于强调地理认知与空间分析,通过视觉效果,探讨空间信息所反映的规律(芮小平和于雪涛,2016)。

空间信息可视化的特征具体体现在如下几个方面。

1. 交互性

交互性是空间信息可视化技术向用户提供灵活、有效地控制和使用信息的主要手段和方法,是空间信息系统推广应用的重要前提。借助交互性,系统用户可以自由地操纵和使用空间信息,主动地找出所需要的客体、现象或事件,甚至可以使用户自己介入某一事件的发展过程中。按照使用方式和层次的不同，空间信息可视化的交互性可分为三种类型(层次)，包括系统界面的交互性、信息检索的交互性以及系统交互性。

2. 信息表达的动态性

在空间信息系统环境下，动态性主要是由数据库中时间维的引入而产生的，通过对时间维的描述，并借助可视化方法，可以直观地表达空间信息的动态变化。空间信息可视化中信息表达的动态性主要体现在以下四个方面：信息检索的动态性、信息表示的动态性、借助动态地图和时间序列地图表达瞬间或某一时间段内某种现象的移动和变迁过程，以及借助视频图像真实地表现某一环境现象的实地状况。

3. 媒体信息的集成性

媒体信息的集成性是空间信息可视化的另一个重要特征。在早期的 GIS 和计算机图形学中，文本、图形、图像等媒体技术都可以单独使用，但都是单一、零散、互不关联的，实际上并没有充分发挥系统的集成功能。在基于多媒体技术的空间信息可视化条件下，文本、图形、图像、色彩、动画、声音和视频图像等被有机地结合并连接成一个整体，从而可以多形式、多视角、多层次、综合地表现空间环境信息。

1.4.4 空间信息可视化主要内容

空间信息可视化就是把三维空间分布的对象转换为图形或图像在屏幕上显示，经空间可视化模型的计算分析，转换成可被人的视觉感知的计算机二维或三维图像，基本流程如图 1-8 所示。

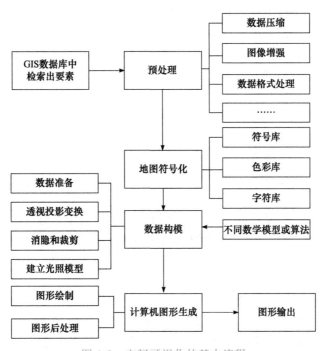

图 1-8 空间可视化的基本流程

具体来说，空间信息可视化的主要内容和基本过程可归结为如下几个方面。

1. 从地理数据库中检索图形数据

可以按可视化的目的对一定区域、一定属性组合的地理对象进行属性检索、区域检索、拓扑检索和各种特定检索、组合检索，得到全部对应表达的地理对象；或者根据可视化目的，进行检索对象的质量和数量的分级分类调整、变更和合并，主要对可视化要素质量和数量进行概括；也可以根据变更后的分类分级编码，确定、切换或建立相应符号库，并建立与新的分类分级编码一一对应的映射表。

2. 数据预处理

空间信息可视化处理的数据对象归纳起来包括数值数据、几何数据和图像数据等。数值数据又称为属性数据，主要用于表示空间物体对象或现象的名称、类型、等级、性质、强度等质量或数量特征。几何数据又称为空间位置数据，主要用于表示空间物体对象或现象的绝对或相对位置关系。几何数据是一类独立变量，但在大多数情况下又与其表示对象的属性相联系，这也是空间信息可视化的主要特点之一。图像数据通常以点阵(位图)数据的形式表示客观实体的分布形态，如卫星遥感图像、航空摄影图像、医学图像、计算机生成的光栅图像等。

数据预处理就是对上述几种数据进行(但不限于)如下几个方面的处理，以满足可视化图形、图像生成的需要，主要包括数据变换处理、数据压缩处理、图像平滑处理、地图符号化、数据构模、计算机图形生成、图形输出等(方雷等，2019)。

1) 数据变换处理

数据变换处理包括投影变换处理、几何变换处理、坐标变换处理及线性变换处理等。只有经过数据变换，才能进行下一步操作。当可视化对应的地图投影与空间数据库不同时，就必须进行地图投影变换，把数据具有的空间数据库地图投影转换为对应投影。

2) 数据压缩处理

空间数据库内的几何数据密度匹配于数据库比例尺，当所需可视化比例尺变化后，数据冗余很大，必须压缩。

3) 图像平滑处理

线实体以折线和光滑曲线两种方式延伸，在空间数据库内，几何数据一般以中心轴线上特征点离散方式存储。为正确表达呈光滑曲线延伸的要素，必须依据该曲线的离散数据进行光滑，使符号化后的线状符号达到要求。

3. 地图符号化

在地图制图输出时，根据空间实体类型从符号库中找出相应符号，对实体进行符号化，常见的地图符号库有矢量数据符号库和栅格数据符号库。地图符号库操作主要包括对地图符号进行修改、定义、存储、检索和重组。地图符号的设计质量直接影响地图信息的传递效果。

4. 数据构模

数据构模主要是针对不同的数据处理对象、不同用户的需求或系统设计目的，选择或设计不同的数学模型或算法对预处理的结果进行可视化预处理，如生成二维数据、三维数据或四维时空数据以及表面重构或面向物体的重构。主要包括以下步骤。

1) 数据准备

获取地形可视化所需的各类数据，将数据组织成表达地形表面的三角形网格。

2) 透视投影变换

根据视点位置和观察方向，建立地面点与图像点之间的透视关系，对地面进行图形变换。

3) 消隐和裁减

消去图形的不可视部分，裁减掉图形视野范围以外的部分。

4) 建立光照模型

建立一种能逼真反映地表明暗、颜色变化的数学模型。计算可见表面的亮度和颜色。

5. 计算机图形生成

即利用计算机图形学技术将各种数据生成直观、易读的计算机图形，也包括图像的明暗、阴影和纹理映射处理等。进行图形绘制，依照各种算法(如几何重建、纹理映射)绘制并显示地形图；进行图形的后处理，添加地物符号、注记等。

6. 图形输出

即将可视化处理生成的数据按用户要求显示在计算机屏幕上，形成二维、三维、四维的直观化图形、图像；或者将生成的可视化图形直接打印出来；也可以转换为其他相关系统可读的可视化数据文件(崔铁军等，2017)。

1.4.5 空间可视化方法

空间信息的可视化形式也特别丰富，可归纳为以下几个方面(芮小平和于雪涛，2016)。

1. 二维图形图像学方法

通常意义上的 GIS，其可视化采用的方法即二维图形图像学方法。GIS 中空间信息的可视化方法主要是对传统地图学以及制图学可视化方法的数字化实现。但在数字化基础之上，计算机可以非常灵活与便捷地处理空间信息，因此可以极大地丰富传统地图学的可视化方法。例如，为了满足军事、旅游以及导航等需求，可以制作动态地图；为了满足专门行业的需求，可以制作突出行业信息的专题地图；为了满足特定任务，如新冠病毒感染病例分布的实时统计，可以结合计算与分析功能制作专题图等。图 1-9 展示了 2020 年 3 月 31 日全球多个国家新冠病毒感染确诊病例的统计情况。

2. 三维图形图像学方法

从常识性的认知角度看，现实世界是一个三维空间，使用计算机将现实世界表达成三维模型更加直观逼真，因为三维的表达不再以符号化为主，而是以对现实世界的仿真为主。

三维空间的表现方式与手段随应用需求的不同而有很大的差异。常用的三维电子地图，大多直接利用已有的二维空间数据库的空间数据，通过添加少量的空间信息，将现实环境中的主要实体表达成简单的几何形体，形成具有一定直观性的三维地图。如果再给这些几何形体粘贴纹理图像，则形成了具有一定逼真度的三维地图。目前利用数字摄影测量方法，可以方便、快捷地构建整个城市的三维电子地图。

近年来，三维地理信息系统在城市领域的发展非常迅速，代表性的研究方向即人们比较熟悉的数字城市模型。国内外在这一方面已经有一系列的代表性成果，在城市小区建筑景观模拟、城市发展规划设计等方面有着广泛的应用(图 1-10)。

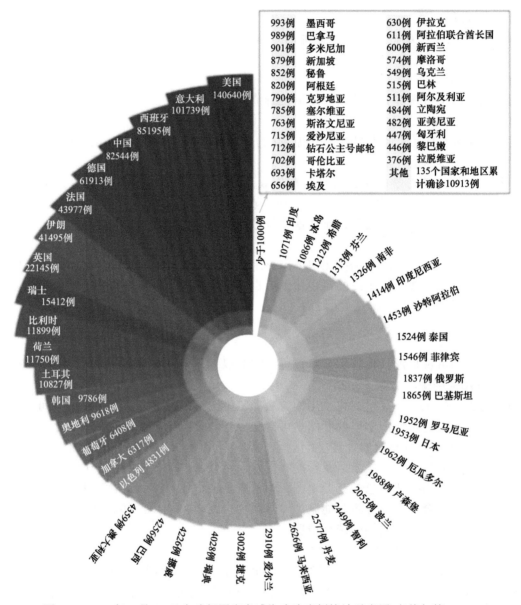

图 1-9　2020 年 3 月 31 日全球新冠病毒感染确诊病例统计示意图(李德仁等，2020)

3. 三维表达及虚拟现实技术

　　空间信息理想的可视化是对现实世界真实的写景，随着虚拟现实(VR)技术的发展，这一理想越来越成为现实。为了进一步提高人机交互性，将先进的计算机可视化技术与虚拟现实技术引入 GIS 领域是 GIS 发展的趋势，人们早就开始了虚拟现实技术与 GIS 结合的研究。

　　目前，人们已经初步实现了对地理环境的真实仿真，这种仿真能较好地重现现实景观。比较典型的应用是在考古领域，利用考古人员采集的原始数据，可以复原古代地理环境以及主要建筑物。更重要的应用是在军事领域，如构建虚拟战场环境，供军事演习与训练，目前

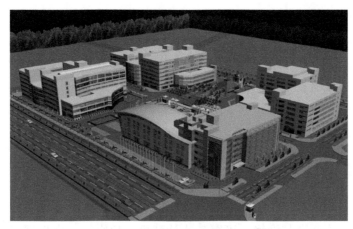

图 1-10 深圳市某科技园虚拟三维场景

美国已经建立了供海陆空三军进行联合演习的虚拟仿真平台。另外，在商业领域，广为人们熟知的是动画与电影的制作，自然景观模拟可视化达到了极高的水平。此外，虚拟现实技术在城市规划、环境、数据可视化等方面也有广泛的运用(Lv et al.，2016；Kaj et al.，2008)。图 1-11 展示了基于 VR 技术构建的室内火灾 VR 场景与人员疏散模拟。

图 1-11 室内火灾 VR 场景与人员疏散模拟(佘平，2019)

4. 三维表达与增强现实技术

增强现实技术融合了虚拟环境与真实环境，其在交互性与可视化方法方面开辟了一个崭新的领域(孙敏等，2004)。

目前 AR 与 GIS 结合的研究比较广泛，如将空间超媒体、GIS 与 AR 技术结合，为已有的各种系统提供新的功能或开发新的系统；将 AR 与 GIS 空间数据库结合，可用于车辆自主导航；将 AR 与 GIS 结合，可用于解决环境变化的可视化问题；将 AR 作为 GIS 的新界面，可在面向公众的应用领域开辟广阔的市场前景。此外，AR 可视化可以实现洪水场景与地形场景的三维表达，提升人们对洪水灾害的认知水平，为防灾减灾和辅助决策提供良好的依据，如图 1-12 所示。

图 1-12   基于增强现实的洪水三维可视化(阮舜毅，2020)

未来 GIS 的发展将逐渐与网络、可穿戴式计算机、超媒体、虚拟现实、增强现实、科学计算可视化以及动画等技术相结合。

5. 时空可视化

在空间信息领域，另一个人们非常关注的问题是多维动态可视化问题，即以时间为主导的信息可视化问题。目前，一方面缺乏有效的描述模型，另一方面在增加时间维之后，信息量急剧增加，现有计算机技术难以处理与管理，因此，时空可视化方面的研究尚有待深入。但时空可视化将是空间可视化发展的一个极具吸引力的方向，时空可视化的实现将提供对自然地理现象变化的动态仿真，包括历史回溯与未来预测等，将从根本上改变现有地理信息系统的理论体系(Zhang et al.，2015)。

不同的可视化方法有着迥然不同的可视化效果，但总体上说，计算机可视化的理论与技术对空间信息的显示、分析产生了很大的影响，对于理解各种空间现象，加快信息处理以及寻找科学规律起着不可替代的作用(Liu et al.，2017；Winkler et al.，2018)。其应用将随着理论与技术的不断提高，逐步渗透到社会生活的各个领域。

图 1-13 是以安县肖家桥堰塞湖为案例，进行的全溃情形下的溃坝洪水模拟实验。它立体地展现出溃坝洪水的时空发展过程和未来可能的发展趋势，用户可直观自然地获取溃坝洪水的淹没范围、淹没面积等信息，并用不同颜色显示实时水深、淹没面积、剩余容量等。

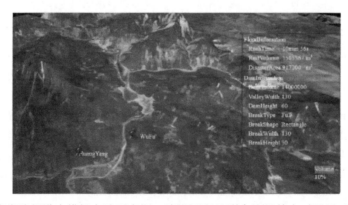

图 1-13   堰塞湖溃坝洪水模拟实验下水深、淹没面积及剩余流量等实时显示(朱军等，2015)

图 1-13 （续）

第2章 空间信息可视化技术基础

空间信息可视化是运用计算机图形学、地图学和图像处理技术，将空间信息输入、处理、查询、分析以及预测的数据和结果用符号、图形、图像，并结合图表、文字、表格、视频等可视化形式显示，同时进行交互处理的理论、方法和技术。因此为了系统而又本质地表述、传输和使用空间信息，必须把握住可视化的基本技术。可视化能够全面且本质地把握住地理空间信息的基本特征，便于最迅速、形象地传递和接收它们，因此空间信息从来离不开可视化。可视化技术成为空间信息阅读、理解进而交互最重要的工具。本章重点介绍可视化基本流程、视觉变量、可视化设计原则、视觉感知及空间认知等相关知识，以便读者对空间信息可视化技术有一个全面而深刻的认识和了解。

2.1 可视化基本流程

可视化是利用计算机图形学和图像处理技术，将数据转换成图形或图像在屏幕上显示出来，再进行交互处理的理论、方法和技术。早期的可视化流程中，常用的是 Haber 和 McNabb(1990)提出的线性流程，即从数据空间到可视空间的映射，包含串行处理数据的各个阶段：数据分析、数据滤波、数据的可视映射和绘制，如图 2-1 所示。自 Card 和 Mackinlay 在流水线各阶段加入用户的交互形成回路后（Card and Mackinlay，2002），后继的回路流程成为主要的可视化流程，如图 2-2 所示。

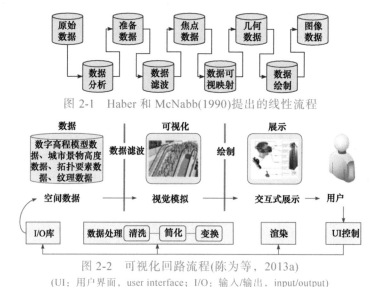

图 2-1 Haber 和 McNabb(1990)提出的线性流程

图 2-2 可视化回路流程(陈为等，2013a)

(UI：用户界面，user interface；I/O：输入/输出，input/output)

常规的空间数据可视化流程可以分为三部分：数据、用户和可视化。其中，数据包括数据获取、数据处理、数据分析；用户则包括目标任务与交互；可视化包括确定可视化形势及可视化编码和交互方式。

在数据部分，首先是获取空间数据，根据空间数据获取来源的不同，选择不同的数据获取方式。例如，基于对地观测体系的数据获取来源，可以选择卫星遥感、无人飞机等技术获取航片或卫片。其次是数据处理，对获取的数据进行数据清洗、简化、变换等处理，得到便于计算机处理的结构化数据表示形式，同时忠实地保持数据的特性和内容。最后，是对空间数据进行分析。因为每次可视化的数据都是不同的，数据类型、数据结构均有变化，所以数据的维度也可能成倍增加。数据分析包括分析数据类型、数据结构、数据组织存储方式、数据特点、数据内涵等多个方面。例如，22.8、30.5、18.3、…，可能是某天的气温值，从而赋予这组数值特别的语义，并进行下一步的分析(如统计分析一天中的温度变化)。此外，将不同类型、不同来源的信息合成为一个统一的表示，使得数据分析人员能及时聚焦于数据的本质即分析重点。

在用户部分，数据可视化的目的是服务于用户，因此，设计人员需要全面深刻了解目标用户对可视化的需求。在大多数情况下，用户知道如何处理数据，但难以将需求转述为数据处理的明确任务。通用的目标任务可分成三类：生成假设、验证假设和视觉呈现。数据可视化可以用于从数据中探索新的假设，也可以证实相关假设与数据是否吻合，还可以帮助数据专家向公众展示其中的信息。交互是通过可视的手段辅助分析决策的直接推动力。因此，设计人员需要收集与问题相关的信息，建立系统原型，并通过观察用户与原型系统的交互过程来判断所提出方案的实际效果。

可视化部分需要首先根据数据特点和用户需求确定合适的可视化形式(Ware，2019)。统计图表是最早的数据可视化形式之一，对于很多复杂的大型可视化系统来说，这类图表更是基本的组成元素，不可缺少。基本的可视化图表按照所呈现的信息和视觉复杂程度通常可以分为三类：原始数据绘图、简单统计值标绘和多视图协调关联，如图 2-3 所示，其中(a)为原始数据绘图中的饼图；(b)为原始数据绘图中的简单盒须图，表示数据的大致范围；(c)为可视化系统中的多视图协调关联，是将不同种类绘图组合起来，每种绘图单独展示一种属性的可视化图。

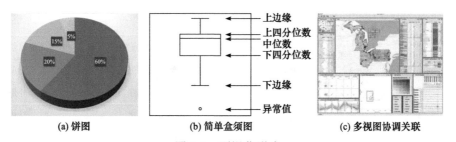

(a) 饼图　　(b) 简单盒须图　　(c) 多视图协调关联

图 2-3　可视化形式

其中，设计可视化编码和交互方式是可视化研究的核心内容之一。视觉编码和交互这两个层面通常相互依赖。在数据抽象过程中，可视化设计人员需要考虑是否要将用户提供的数据集转化为另一种形式，以及使用何种转化方法，以便于选择合适的可视编码，完成分析任务。可视化设计方法主要包括以下四种：第一种方法是根据感知和认知理论判断设计是否合理。如果不确定可视化设计是否违反了某种指导原则，启发式评价和专家评审则可以有效地弥补这方面的缺陷。第二种方法是以用户实验的方式进行规范的用户研究，通过定量或定性分析统计结果或者通过用户偏好来检验所使用的设计方案的效率。第三种方法是向测试人员展示可视化结果(图像或视频)，报告设计结果并做定性讨论。这类定性讨论有时以案例分析的方式展开，主要目的是确定工具是否对特定的任务和数据集有用。第四种方法是定量地评估可视化结果(图像或视频)。例如，通过与可计算的美学标准或标准结果来进行比较，实现差异的定量化评估。

2.2　视　觉　变　量

能引起视觉变化的基本图形、色彩因素称为视觉变量，也称为图形变量。视觉变量是构成地图符号的基本元素。地图设计中，通过这些量的变化可表达地理现象间的差异。根据表现形式，视觉变量主要分为静态视觉变量、动态视觉变量、三维视觉变量及语义视觉变量。

2.2.1　静态视觉变量

静态视觉变量有简单变量，也有复合变量。复合变量由多个简单子变量构成，其变化取决于子变量的变化。常见的基本视觉变量包括：颜色、形状、方向、尺寸、纹理、密度及位置等(蔡孟裔等，2000)。静态视觉变量将地图符号变量分为图形变量和色彩变量两种一级类型，其中图形变量又分为形状、尺寸、纹理、密度、位置五种二级类型，色彩变量又分为色相、亮度、纯度三种二级类型。这种分类提升了色彩变量的地位，并让地图符号视觉变量的类型变得简单、清晰，也更有逻辑性。不同视觉变量具有的功能各不相同，主要表现在用于表达地图内容系统性特征和表征对象的个体属性。在表达地图内容系统性特征方面，形状、纹理、色相变化主要可用于更好地表达分类信息，尺寸、亮度、纯度变化的变量主要可用于表达内容的等级、层次、数量的对比信息(表 2-1)。

表 2-1　静态视觉变量的分类方案及视觉效果

视觉变量类型		视觉效果	
一级变量	二级变量	内容系统性感受	其他属性感受
图形变量	形状	类型对比感强	外形
	尺寸	等级对比感强	外形
	纹理	类型对比感强	尺度
	密度	类型对比感强	尺度
	位置	类型对比感强	位置
色彩变量	色相	类型对比感强	表面结构、内在质地等
	纯度	等级对比感强	表面结构、内在质地等
	亮度	类型对比感强	表面结构、内在质地等

1. 色彩

色彩也称为颜色，是最活跃的一种视觉变量。在地图设计中，色彩不仅可以增强地图的美感，也能够提高地图的清晰性，从而增大地图的信息量。色彩能同时表达地理要素定性特征和定量特征的变化。色彩的三个自变量，色相、纯度和亮度(图 2-4)，对制图来说各有作用，因而也可以各自成为一种视觉变量。此外，纹理的中性混合造成的属性特征也应看作色彩变量。

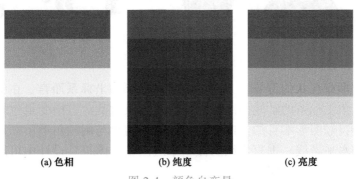

| (a) 色相 | (b) 纯度 | (c) 亮度 |

图 2-4　颜色自变量

色相变量对地图内容表达的主要作用有两方面：其一，适用于表现地图内容的类型对比，如用蓝色表示河流，红色表示道路，利用色相表达了分类意义，让内容变得容易识别。其二，可用于表达客体的色彩、肌理、质地、冷暖、密度等外在和内在的物理及社会经济属性信息。

纯度(彩度)变量对地图内容表达的主要作用有两方面：其一，适用于表现地图内容的等级对比。如用红色表示人口密度数值大的区域，用浅红色表示人口密度数值小的区域，这样说明了它们是同类型的内容，只是有数量上的不同。运用纯度对比有利于造成不同层次或数量既有联系又有区别的效果，具有同类之间的对比感。其二，与色相变量一样，可用于表达客体外在和内在的物理及社会经济属性信息。

亮度变量对地图内容表达的主要作用有两方面：其一，适用于表现地图内容的等级、数量、层次对比。其二，不同亮度的色彩其轻重、硬度、肌理等感受不同，因此亮度可用于表达客体密度、色彩、肌理等外在和内在的物理及社会经济属性信息。

2. 形状

形状是视觉上能区别开来的几何图形的单体。对于点状符号来说，符号本身就体现了形状的变量。形状变量在线状符号中是一个个形状变量的连续，在面状符号中是一排排形状变量的连续，而不是整条线段或整个面积同属一个形状变量。线状要素、面状要素的形状都取决于地理要素本身的空间分布特征。因此，地图设计中的形状变量主要应用于点状符号的设计，以不同形状的符号表达不同类型的地理要素。

形状包括圆形、三角形、椭圆、方形、菱形等抽象几何形状，还包括客观世界自然和人文事物的具象形状。客观物象的形态是分类的主要依据，给人以强烈的分类感受，却没有分级感。例如，用三角形表示山峰，用动物符号表示动物(图 2-5)。形状变量对地图内容表达的作用主要表现在两方面：其一，适用于反映地理要素的类型对比，用形状来表达分类信息、定性信息是最为理想的，因为形状对比能给人以较强的分类差异感。形状类型对比比纹理对比感强。但是对于大面积的面状符号而言，读者会淡化形状的概念，放大纹理结构的作用。其二，可用于表示事物的形态特征，或象征社会经济事物的抽象属性信息。

图 2-5   符号形状变化

3. 方向

方向适用于长形或线状的符号。方向变化是对图幅的坐标系而言，在整幅图中必须和地理坐标的经线或直角坐标系的轴线呈统一的交角才不致混乱。方向变量包括两个层次：一是指基本变量中整个符号图形本身的方向变化，如正三角形与倒三角形；二是指网纹中同类纹理的方向变化，如水平晕线、垂直晕线与倾斜晕线。在地图符号设计中可以通过方向的变化来表示地理要素定性特征的不同。

方向变量可以看作形状变量的一种变化方式，是一种微小的形状变化，它在地图符号设计中发挥的作用也很小，可归入形状变量之中。因为同一个图形改变方向，其视觉意义会随之改变。例如，正方形改变方向后可以看作菱形；同样一个矩形，纵向放置具有高耸感，横放具有扁平感；正三角可能被当作山峰，但是倒三角不会被认为是山峰。方向的改变会造成语义的不同，影响人对符号意义的认知结果，具有与改变形状一样的效果。线状符号在图中的走向(非纹理方向变化)对地图符号设计来说没有多少价值，只对整张地图的构图有意义。有些学者还将纹理排列方向也归入方向变量。虽然改变符号内部纹理线条或个体符号排列方向也能产生差异感，但是，对于纹理变量来说，方向仅仅是其中的部分情形，是微小的变化。因为纹理的变化有无穷之多，如果要细分变量则十分复杂(详见第 5 小节)。图 2-6 展示了部分点、线、面状符号添加方向视觉变量后的情况。

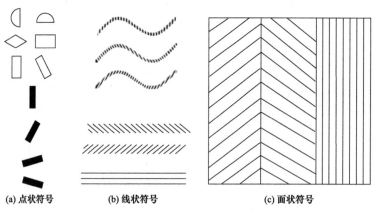

(a) 点状符号   (b) 线状符号   (c) 面状符号

图 2-6   地图符号的方向视觉变量

4. 尺寸

尺寸即图形的大小。通常指图形构成在长度、宽度、高度、面积、体积等方面的度量变化。大小可分为绝对大小和相对大小，在地图符号设计中相对大小对地图内容表达的作用更大。从实验观察结果来看，尺寸对比令人产生数量多少、等级高低、距离远近等感觉。在地图设计中，点状和面状符号的尺寸(面积)，线状符号的宽度在表现等级对比方面发挥着主要作用。尺寸对比也有一定分类感，但是远不及形状对比的效果。与纹理中的图案形状变量一样，有些学者将面状符号中个体符号的大小纳入尺寸变量，这样会弱化尺寸变量的真正意义，其原因与形状变量相似，这里不再赘述。面状符号内部单体符号的尺寸变化再单独从纹理变量中分出，只能当作纹理结构的微量变化来看待。

尺寸变量对地图内容表达的作用表现在两方面：其一，适用于反映地理要素的等级、数量、层次对比，因为尺寸对比能给人以较强的等级差异感。其二，表达对象个体自身尺度信息，或象征等级、数量等社会经济事物抽象属性信息。图 2-7 展示了部分点、线、面状符号添加尺寸视觉变量的情况。

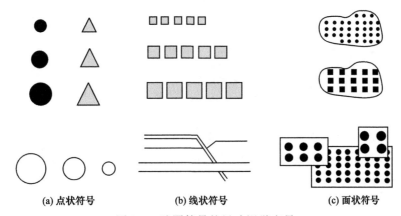

(a) 点状符号   (b) 线状符号   (c) 面状符号

图 2-7   地图符号的尺寸视觉变量

5. 纹理

纹理也称网纹，指在一个符号或面积内部对线条或图形记号的重复交替使用。通常所说的线状符号的线型也可以说是纹理，它是点、线图案沿一定路径排列的结果。例如，境界线通常由点、线交替排列而成；铁路符号由相等长度的黑条、白条相间构成；铁丝网符号则由长实线附加等间隔的十字符号形成等。纹理在某种意义上起着与颜色同样的作用，并主要应用于面状符号的填充，故纹理也可以称为底纹。在面状地图符号设计中，可以用不同的纹理表达不同的定性特征，或者通过纹理间隔的变化来表达定量特征的变化。点状符号的纹理形式与面状符号相同，它也是通过对具有一定面积的符号进行图案填充实现的。

纹理也可以被看作符号的内部结构。纹理可以在填充元素的方向、排列、密度、形状、大小等多种方面发生变化。有的学者只将排列、网纹、方向作为纹理的分变量，其实这样理解是不全面的，因为这些仅仅是其中的一部分，纹理还有更为复杂的变化，如水波、木纹、森林纹理。纹理的样式与色彩一样，变化无穷。若仅将形状、密度、尺寸、方向等当作纹理的视觉变量，是不符合逻辑的，这会让人们误认为只有这几种纹理的变化形式。如果纹理要再分类，可分为几何纹理和非几何纹理或者分为自然纹理和人工纹理。更细的分类难以再进行，只要能用于区分内容，传达语义并达到目的即可。图 2-8 为部分不同类型的自然纹理与人工纹理。

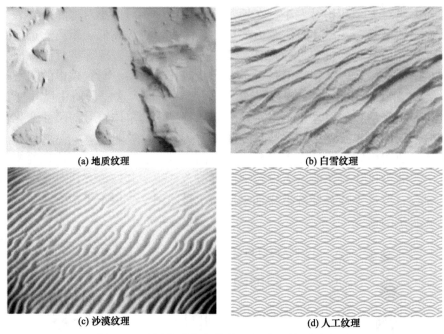

(a) 地质纹理   (b) 白雪纹理

(c) 沙漠纹理   (d) 人工纹理

图 2-8   不同类型的自然纹理与人工纹理示意图

因为纹理可以看作对象表面或者内部的装饰，所以可以将纹理映射到线、平面、曲面、三维体的表面，以对不同的事物进行分类或表示不同的信息。形状的变化或者颜色的变化都可以用来组成不同的纹理。

6. 密度

密度变量指的是符号总体平均亮度不变的情况下改变表面像素(个体元素或线条)尺寸与数量，造成像素密度变化。有的学者将其当作基本的视觉变量。从应用效果来看，不同密度的情况下显示的是纹理上的微小差异，是相似度较高的纹理对比，应属于纹理变化中的一种微小变化，没有必要将其当作一种主要变量来看待。图 2-9 展示了部分点、线、面状符号添加密度视觉变量的情况。

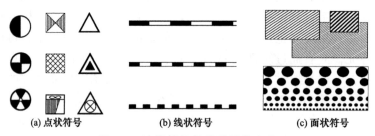

(a) 点状符号   (b) 线状符号   (c) 面状符号

图 2-9   地图符号的密度视觉变量

7. 位置

位置变量指的是符号在地图上的分布范围，它主要由事物的分布规律决定。这种变量对地图图面构成设计有重要意义，如在专题地图上，位置常用来表示专题要素的空间地理分布。它是地图区别于其他事物的基本特征，是构成元素中的"常数项"，一般不可缺少。在进行拓扑关系表示时，主要有包含关系、交叠关系、分离及邻接关系。

包含关系，指一要素包含另一要素或者无共同边界，可分为三种：一为轮廓不交包含，二为共界内接包含，三为相等包含；交叠关系，指两要素相互穿过或者经过边界交叠，可分为两种：一为不贯穿交叠，二为贯穿交叠；分离及邻接关系，指两要素分离不相接或者邻接于边界，可分为两种：一为分离关系，二为相邻外接关系(图 2-10)。

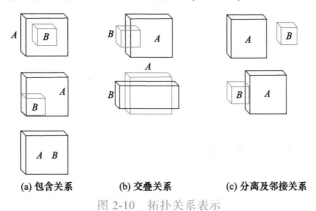

(a) 包含关系　　　　(b) 交叠关系　　　　(c) 分离及邻接关系

图 2-10　拓扑关系表示

2.2.2　动态视觉变量

在传统静态制图中，地图符号的视觉变量主要有符号的颜色、形状、尺寸、方向、纹理、密度和位置等。而动画是由静态场景序列构成的，因此静态视觉变量对动画来说依然有效。动态地图中，把时间作为一个基本的制图变量来处理，可以衍生出 5 个动态视觉变量，即时刻、持续时间、频率、幅度、次序与同步（Köbben and Yaman，1995）。这些变量的组合运用可以获得各种时间模式，用其来实现动态制图。

1. 时刻

时刻是动态事件出现的起始时间点。属于事件中的时间刻度定位，与静态视觉变量中"位置"功能相似。时刻这个变量在有的动态视觉变量划分中不存在，没有把其当成一个独立的动态视觉变量。实际上，在动画中确定事件的起始时刻对整个动态现象的表现具有很重要的意义，因此，把"时刻"作为一个独立的动态视觉变量(图 2-11)。

2. 持续时间

持续时间是各个静态场景之间的时间长度。通过控制持续时间可以把静态地图做成动态地图，这样每一瞬态都变为动画中的一帧，一系列没有变化的帧就构成场景(scene)。一系列连贯的帧称为事件(event)。持续时间是可以被准确控制的量，一个场景或一帧的持续时间可以用来描述顺序或量化的数据。静态过程应用中，事件中帧的持续时间短的场景可与无明显意义的特征相关，持续时间长的场景与有明显意义的特征相关；在动态过程中，事件中帧持续时间短的场景表达"光滑的"运动，持续时间长的场景表达"粗糙的"运动。于是，事件中帧的持续时间或单位时间的帧数决定了动画的"时间纹理"，这在商业动画软件中称为"步调"(pace)(图 2-12)。

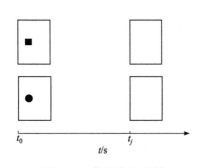

图 2-11　符号发生时刻

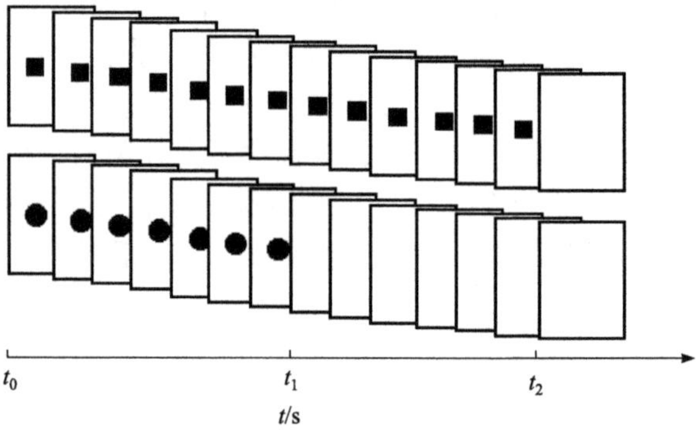

图 2-12　符号的持续时间

3. 频率

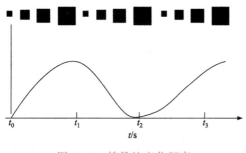

图 2-13　符号的变化频率

频率是单位时间内完成周期性变化的次数。频率一个特别重要的应用是在色彩循环(color cycling)中，色彩循环通常用于表达线性特征的运动。在非时间动画地图应用中，制图动态变量也可以使用符号化特征的属性来表达。例如，用"持续时间"来表达不确定性；用"阶段"来表达方向；用"色彩循环"来表达某种特征的流动方向等(图 2-13)。

4. 幅度

幅度是指相继场景之间变化的大小程度。在帧与帧之间的行进中，所有的静态视觉变量和动态变量中的帧持续时间都可以发生变化，不同视觉变量的变化组合及其不同的变化率都可形成不同的视觉效果。例如，位置变量的持续变化可以形成运动的视觉效果，帧持续时间的变化则可以加速或减速位置和属性的变化。变化率既可以是常量也可以是变量，当变化率不为常量时，会造成更加奇异的视觉效果，例如，帧持续时间的下降和位置的稳定变化将造成由慢速粗糙(间断)运动到加速连续运动的视觉效果。大幅度产生跳跃感的动画，小幅度产生平滑感的动画(图 2-14)。

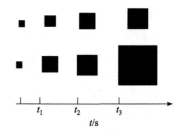

图 2-14　符号的变化幅度

5. 次序与同步

次序是动画帧或现象时间出现的先后顺序。同步是指按照一定规律，把两个或多个现象进行匹配。次序和同步对表示事件因果关系尤其重要。时间本身就是有序的，将地图或地图符号动画中帧的顺序与现象的时间顺序相对应，是使用"顺序"作动态变量的一个最明显的方法。在动态制图中可以按时间顺序用图形符号的方法来表达其他特征的顺序，例如，按时间顺序用柱状图形符号表达我国 2000~2020 年的人口出生率(图 2-15)。

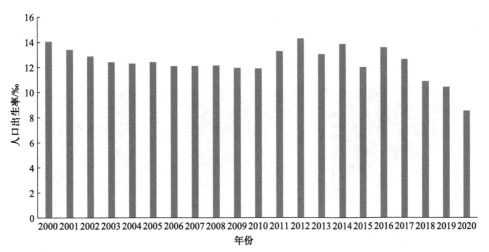

图 2-15 符号的次序与同步

2.2.3 三维视觉变量

三维模型的视觉变量作为立体地理语言表达的基础，已经突破了传统的一维文字表达和二维图形符号化的抽象化表达，促进了三维以及多维语言表达的诞生，使传统二维的、静态的地理语言表达向三维的、动态的场景表示方向发展。在进行三维场景设计时，基于二维的常规视觉变量以及基于时间要素的动态视觉变量仍然有效。为了更好地表达三维场景视觉特性，本书在已有三维变量基本上（高玉荣等，2005），增加细节层次(level of detail，LOD)、空间姿态、纹理、光照(明暗度)、阴影、清晰度/模糊度六个三维视觉变量。

1. 细节层次

平面地图符号的形状变量是指视觉上能够区别开来的几何图形的单体。对于三维模型来说，模型本身就体现了形状的变量，如长方体、圆球、圆柱、圆台、圆锥、棱台、棱锥或由这些基本的几何形体组成的其他复杂的形状。设计三维模型时，一般情况下都是按照它们的真实面目来加以区分的。但是由于计算机处理能力和成本的局限，要重建模型的所有详细细节往往是不现实的，也没有必要，特别是同一场景中不同远近的物体往往具有不同的显示细节。因此，对三维模型的几何形状和纹理进行 LOD 表示成为三维模型的显著特点之一(图 2-16)。

2. 空间姿态

空间姿态变量是指视觉上能够感觉到的空间实体相互以及个体之间的角度、方向和排列的差别。方向指三维模型的方位变化，在三维空间中，所有模型的空间方位和次序都具有一定的规律，并且都是基于真实的空间定位，不再局限于二维的四方向或八方向。如描述太阳系中的地球不仅需要用坐标(x, y, z)来表达空间位置，还需要地轴的倾角参数来表达地球在太阳系中的倾斜度。在真实的三维空间中，每一个空间实体都应该有自己的空间姿态，只有姿态的差别才能构成空间的多样性，所以在三维场景中，模型之间应该体现出空间姿态的差别。三维模型的设计基本上是依靠形状和空间姿态的差别来区分的，因为它们能引起读者视觉上最重要的差别。三维模型的形状变量包括：有规律的立体模型或有机组合(如点体：电线杆，线体：管线，面体：建筑物)、无规律的立体模型。形状变量往往都是由不同的立体图形及结构组成的。而在同等体积的三维模型中存在空间姿态的多样化，这给三维模型设计带来了丰富的形式(图 2-17)。

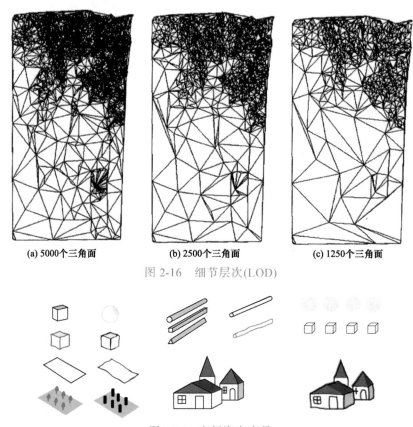

(a) 5000个三角面   (b) 2500个三角面   (c) 1250个三角面

图 2-16   细节层次(LOD)

图 2-17   空间姿态变量

3. 纹理

针对三维模型，纹理已经不再是二维表面的人为设计的简单图案变化，而是物体在真实的空间中呈现出的区别于其他物体的表面图案、质地或材质。一个纹理图就是一个二维图像。它可以映射到一个模型的表面上，就像把墙纸贴到墙上一样。纹理主要用于区别不同的地理目标或现象，有时也用来区分同一类型目标或现象的不同的属性性质。现代遥感技术可以提供大范围的、各种尺寸目标的、丰富及时的影像。再加上数码成像技术，使得快速获取空间目标(包括大范围的地形表面)的逼真表面纹理成为可能。在三维环境中，使用纹理映射技术可以大大提高表示的逼真度。在平面地图中，纹理变量的使用，一定程度上减少了色彩变量的设计，因为纹理已具备色彩的许多因素(陈泰生，2011)。而在三维场景中已经不再使用色彩变量，因为纹理已隐含了色彩变量的内容，原因包括以下两点：①三维环境逼真度的需要，人为设计的色彩不能满足高效逼真度的需要，只有真实的纹理才能使读者产生"熟悉"和"认识"的感觉，所以纹理远比色彩形象生动。②利用三维可视化技术可以方便地将纹理映射到物体的表面，而设计复杂的色彩变量要浪费很多的人力和物力。在三维环境中，纹理的意义可以简单归纳为：用图像来替代三维模型中可模拟或不可模拟的细节，提高模拟逼真度和显示速度(图 2-18)。

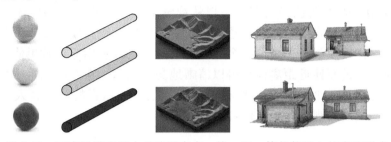

图 2-18　三维视觉变量中的纹理在点、线、面、体状符号上的表现形式

4. 光照(明暗度)

在三维环境中，光照(明暗)是指模型受光、反光和背光的变化。三维环境中存在光源(固定或一定方向的光源，或者是泛光源)。因为模型本身的方位、材质、表面粗糙度等属性不同，所以对照射到其表面上的光的吸收率不同，并且对光产生不同程度的反射和漫反射，进而引起空间物体表面视觉效果(明暗度)的不同。物体在光线照射下出现三种明暗状态，称为三大面，即亮面、中间面、暗面。亮面部分是受光区域，物体反射较多的光线；中间面接收的光线则不如亮面(受光区)的多，光线呈现出半明半暗状态；暗面(背光面)根本没有光线到达，因此形成阴影区域。于是在物体的表面就形成了不同的明暗度。进行三维模型可视化时，应该遵循这个规律，使模型的不同部分产生不同的明暗度，明暗度的不同不仅增强了三维模型的立体感，还可以表达出模型与模型之间的区别(图 2-19)。

图 2-19　亮面、中间面和暗面示意图

5. 阴影

阴影的产生更能体现和加深人的视觉感知。阴影以另一种方式描述了三维模型的尺寸大小变化，体现了模型之间形状和方位的不同。空间物体的不透光性导致了阴影的产生，三维模型阴影的不同可以使读者产生视觉的差别。阴影会随着光线的变化而相应地发生变化，如北半球太阳光照下的空间物体：早晨，空间物体的阴影在其西方，并且阴影比较长；正午，阴影将移到物体的北方，并且影子比较短；下午，阴影将移到物体的东方，并且影子比较长。在三维可视化时，如果要利用三维模型的阴影产生立体效果，往往应遵循以下规则：①在一个三维场景中，一般只允许存在一个光源，并且空间地物的阴影方向应该是一致的。②对一个完整的上部没有洞口的物体，有阴影的一面是远离光源的一面(背光面)；但是对顶面带有洞口的物体，其洞内的阴影就在靠近光源的一面(图 2-20)。

6. 清晰度/模糊度

在三维场景中，清晰度的设计是为了适应人眼分辨率视觉感知的需要，所以清晰度是适应人眼睛的分辨率的变量。在三维场景中，清晰度的设计一般通过以下两个方面来体现：一是远小近大的透视原则；二是距离不同模糊度不同的原则。众所周知，在现实的空间中，大气能够散射太阳光线，所以远处的天空在人们的视觉中呈现出蓝色的色调。实际上，任何光线都具有散射的过程，所以处于三维场景中的远距离模型在人的视觉中应具有以下两个特点：①远距离模型散射的蓝色光线多，所以从视觉上说，远距离模型应该呈现出蓝色的色调。②因为光线并不是以直线的方式到达人的眼睛，所以远距离模型没有近距离模型清晰，相对来说应表现得比较模糊。在表达一个三维场景时，可以利用雾化效果使远距离模型看起来更加遥远和模糊，进而使近距离模型得以清晰地突出显示。在三维场景中往往将清晰度、明暗度以及阴影结合起来使用，使三维模型之间产生更加逼真的、符合人眼视觉的立体效果，进而提高模型之间的视觉差异(图 2-21)。

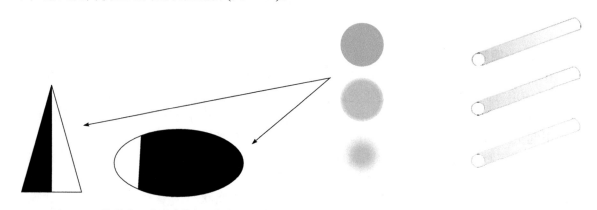

图 2-20   物体外观构造不同而形成的不同阴影   图 2-21   清晰度对三维符号产生的影响

2.2.4   语义视觉变量

语义视觉变量是通过基本视觉变量的组合来描述可视化数据/信息/实体的视觉语义。基本视觉变量是指颜色、大小和纹理等导致地图元素视觉变化的变量。如图 2-22 所示，在视觉变量的发展过程中，地图中的视觉变量是针对静态二维地图符号设计的，只提供了低层次的基础性描述；GIS 中的视觉变量是针对二维或三维地物符号设计和地图可视化，支持动态交互，增加了基础层次和附属层次的视觉变量；增强现实中的视觉变量则是针对人机物融合的多粒度时空对象及其复杂关联关系的增强现实表达，提供了多层次的语义视觉变量，可以实现抽象与具象表达协同，宏观与微观统一，支持多层次的可视分析(Li et al.，2020)。

视觉变量决定了可视化中与视觉认知相关的可控变量，是符号化设计、聚焦+上下文等可视化的基础。基础视觉变量之间存在着内在联系，对其分析归纳出三个基本维度，即时间、空间和外观，这三个维度囊括了现有视觉变量的特征，同时支持扩展其内容。可以通过建立以"聚焦"为核心语义的语义视觉变量，其特征由三个因素来描述：感兴趣程度(degree of interest，DOI)、细节层次(LOD)和抽象程度(degree of abstraction，DOA)，为不确定性场景中多粒度时空对象易感知的可视化表达提供了参数化的视觉描述，如图 2-23 所示。

DOI：反映时空对象感兴趣程度的因子。可用于描述单个对象、连续区域或一组对象/区域，具体取决于所描述时空对象的形式和所分析的问题。DOI 主要由可视化任务、分析上下文、位置、用户交互和其他因素决定。

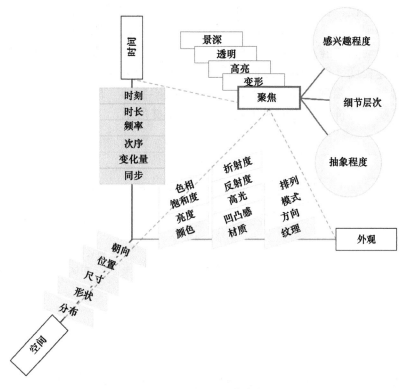

图 2-22　语义视觉变量

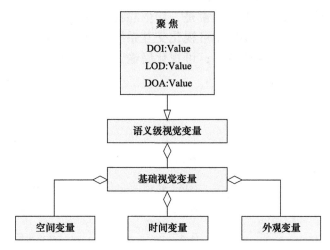

图 2-23　以"聚焦"为核心语义的语义视觉变量

LOD：描述时空对象可视化精度变化的因子，变化从粗略到精确。LOD 对于以更高的精度呈现感兴趣的部分，同时以更低的精度呈现其他部分非常有用；另外对多视图之间不同尺度的协同表达也有所帮助。LOD 不仅取决于待可视化对象的视距与分辨率等，还取决于感兴趣程度和视图尺度。

DOA：描述实体抽象性变化的因子。抽象是指在保持事物主要特征的情况下减少甚至去除其冗余细节的过程，在该过程中，事物的几何、纹理和其他方面按需进行综合，其特征得以保留而真实感则减弱。DOA 由感兴趣程度、视图比例、视图类型等因素决定。

连续与离散、动态与静态、精细与概略、真实感与抽象相宜的自适应可视化面向任务，自适应调整感兴趣程度、细节层次与抽象程度，量化计算并用于全局控制增强可视化，构建符合人类认知规律的增强现实场景，实现"任务-数据-感知"聚焦，通过语义视觉变量，实现真实感、非真实感及符号化的可视化表达，如表 2-2 所示。

表 2-2　增强现实可视化视觉变量功能要求

名称	特征	典型应用
真实感	对现实事物的几何、形状、纹理、光照和着色进行仿真	虚拟景观、虚拟旅游、展览、演示、教育、娱乐等
非真实感	样式化、示意性、艺术化、夸张化、综合泛化	采用描绘轮廓、夸张化着色和光照等表现手法来增强、高亮和聚焦特征
符号化	抽象、综合泛化、专题性等	具有很强的抽象能力，广泛用于多种应用场景下并显著提高人类的认知

2.3　可视化设计原则

空间信息可视化设计必须符合一定的原则，常用的可视化设计原则包括：信息密度、美学因素、动画与过渡及可视化隐喻四个部分，如表 2-3 所示。其中信息密度可以合理规划可视化视图所需要包含的信息量；美学因素是一切依靠视觉进行信息传达的设计门类不可忽视的重要准则；动画与过渡效果主要用于可视化交互系统，可以增加可视化结果视图的丰富性与可理解性，增加用户交互的反馈效果；可视化隐喻是一种映射关系，是将抽象概念通过隐喻来具体化，以加深对抽象概念的理解。

表 2-3　可视化设计原则、要求及作用

可视化设计原则	原则要求	作用
信息密度	密度适中	合理规划可视化视图所需要包含的信息量
美学因素	表达清楚	依靠视觉进行可视化表达的方式
动画与过渡	交互明确	增加用户交互的反馈效果
可视化隐喻	具体表示	将抽象概念通过隐喻来具体化

2.3.1　信息密度

设计者必须合理规划可视化视图所需要包含的信息量，这里信息量的多少是指信息密度。一个好的可视化应当展示合适的信息，过少或过多都会带来负面影响(图 2-24)。

图 2-24　信息密度的三种情况

第一种情况是可视化展示了过少的数据信息。过低的信息密度会让用户"无所适从"。如果信息太少，太过极简主义，用户可能无法找到相关信息或者查找信息要费"九牛二虎"之力，这直接影响了用户体验的舒适度。可视化是辅助用户认识和理解数据的工具，过少的可视化数据信息并不能给用户对数据的认识和理解带来好处。

第二种情况是设计者试图表达和传递过多的信息。过高的信息密度会带来"选择困难"。过多的信息会让用户在一瞬间有被"淹没"的感觉，他们可能会在众多的信息之中迷失方向，在与可视化的互动中越发迷茫。另外，包含过多信息会使可视化结果变得混乱，造成重要信息被掩藏。

第三种情况是可视化展示了合适数量的信息。在该情况下传递的信息量既没有超过用户的认知能力范围，也能消除一切可能带来问题的干扰项。为了做到这一点，设计者应该对可视化的整体布局作好详细严谨的规划。一种解决方案是可视化应向用户提供对数据进行筛选的操作，从而可以让用户选择数据的哪一部分被显示，而在需要的时候才显示其他部分。另一种解决方案是通过使用多视图或多显示器，将数据根据它们的相关性分别显示。

2.3.2　美学因素

美学因素是一切依靠视觉进行信息传达的设计门类不可忽视的重要准则。设计结果最终以视觉形态进行呈现，客户对设计产品的最初感知也来源于视觉呈现。视觉呈现的差异可能会对客户是否对这款产品有深刻、积极的印象，以及是否选择或继续使用这款产品产生决定性的影响。

美学因素在可视化的设计中主要体现在三个方面：完整性、功能性、审美性。完整性用于判断可视化呈现的信息结果是否完整。例如，在没有任何标注的坐标轴上的点，用户既不知道每个点的具体值，也不知道该点所代表的具体含义。解决这一问题的做法是给坐标轴标记尺度，然后给相应的点标记一个标签以显示其数据的值，最后给整个可视化赋予一个简洁明了的题目(图 2-25)。

功能性帮助用户更快速地获取信息以及更好地理解信息。用网格组织内容、划分层次，是设计中的重点。当设计信息量庞大、需要反复修改、截稿紧迫时，网格系统就显示出它的优越性。它可以帮助设计师大批量、快速地处理信息，使所有信息保持层次清晰、有条理，这种系统性所带来的信息层级的一致性对设计的功能极其重要。在网格系统中，隐藏的对齐和间距能引领读者视线，将信息集连接。合理的信息群组让读者相信这些放置于同一区域的信息是相关的，设计师可利用这一原理，将相关信息并置在一起以加强信息联系，或将不相关的信息位置分开以避免信息误读。在网格的规范化下，读者对信息的呈现结构有清晰的把

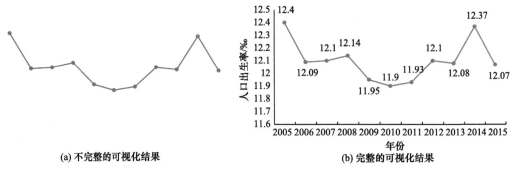

(a) 不完整的可视化结果   (b) 完整的可视化结果

图 2-25   可视化结果

握，信息接收速度就会更快(图 2-26)。

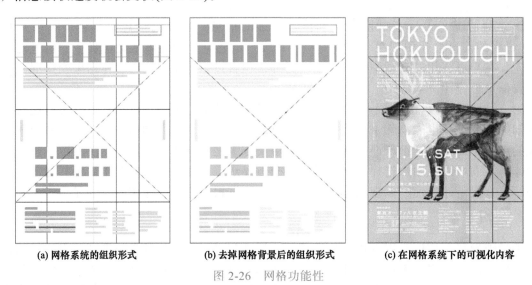

(a) 网格系统的组织形式   (b) 去掉网格背景后的组织形式   (c) 在网格系统下的可视化内容

图 2-26   网格功能性

审美性使用户在满足获取信息的基础上能有更舒适的视觉体验。在可视化设计的方法学中，有许多方法可以提高可视化的审美性，总结起来主要有包括三类：聚焦、平衡和简单。

1. 聚焦

设计者必须通过适当的技术手段将用户的注意力集中到可视化结果中最重要的区域。如果设计者不对可视化结果中各元素的重要性进行排序，并改变重要元素的表现形式使其脱颖而出，则用户只能以一种自我探索的方式获取信息，从而难以达到设计者的意图。图 2-27 表示了合理聚焦与不合理聚焦的情况。图 2-27(b)的不同省（区、市）用了不一样的鲜艳颜色，导致用户无法迅速在众多信息中抓住重点

2. 平衡

平衡原则要求可视化的设计空间必须被有效利用，尽量使重要元素置于可视化设计空间的中心或中心附近，同时确保元素在可视化设计空间中的平衡分布。图 2-28(a)是一般标注结果，存在要素标注重叠问题，页面空间未得到有效利用；图 2-28(b)是平衡后的标注结果，分布均匀，合理利用了现有的页面空间。

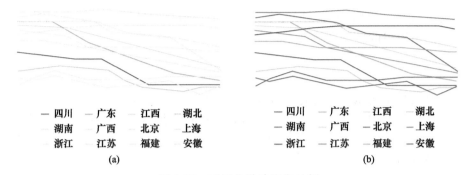

图 2-27 可视化设计聚焦示例

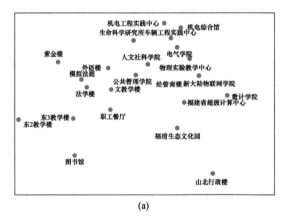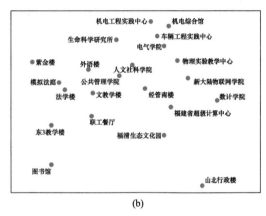

图 2-28 可视化设计平衡原则示例(梁娟珠等，2019)

3. 简单

简单原则要求设计者尽量避免在可视化中包含过多的造成混乱的图形元素，也要尽量避免使用过于复杂的视觉效果(如带光照的三维柱状图等)。在过滤多余数据信息时，可以使用迭代的方式进行，即过滤掉任何一个信息特征，都要衡量信息损失，最终找到可视化结果美学特征与传达的信息含量的平衡。图 2-29 展示了两幅旅游行程路线图。可以看到图 2-29(a)

图 2-29 旅游行程路线图

设计页面包含了许多无关紧要的图形元素，反而使得最重要的路线不突出；图 2-29(b)则重点突出路线，配以简单的辅助图形元素，一目了然。

2.3.3　动画与过渡

动画与过渡效果主要用于可视化交互系统，可以增加可视化结果视图的丰富性与可理解性，增加用户交互的反馈效果，操作自然、连贯；还可以增强重点信息或者整体画面的表现力，吸引用户的关注力，增加印象。主要包括三类应用场景：信息的变换、表现形式的变换、交互反馈及吸引注意力。

1. 信息的变换

信息的变换指同样的表现形式下信息从一种状态表现为另一种状态，如滑坡的时空运动过程，如图 2-30 所示。这种情况下使用动画与过渡，有助于用户跟踪不同时刻下元素的变换。

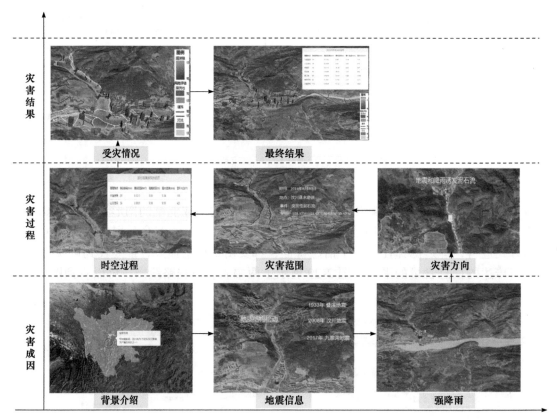

图 2-30　泥石流灾害全过程增强表达

2. 表现形式的变换

表现形式的变换指同样的数据从一种表现形式变为另一种表现形式，例如，某城市不同年龄段的人身体健康状况信息，从以柱状图过渡到以饼状图展示的过程。这时使用动画与过渡可以减轻视图变换给用户带来的"冲击"，避免用户在变换中"迷失"。图 2-31 反映了柱状图过渡到饼状图的过程。

图 2-31 形式变换的过渡：柱状图过渡到饼状图的过程

3. 交互反馈及吸引注意力

实时反馈效果有助于用户获得此次操作的确认，避免用户盲目重复操作。当鼠标移动到特定可视化区域，出现光晕或者微动，发生相应变化，可以指引用户进行操作。运动、闪烁、虚拟物体的动作等动画效果很容易引起观赏者的注意力。有重要信息需要观赏者快速捕捉时，可以选择这类互动效果吸引观赏者的注意力。此外，动画与过渡经常用于增加设计的趣味性，提高观赏者的兴趣，使观赏者产生情感上的共鸣。

但是，动画与过渡使用不当会带来适得其反的效果。要做到合理利用动画与过渡，首先需要充分考虑用户的需求。根据用户获取信息的方式以及研读信息的内容和目的可以将用户分为以下三种类型。

第一类是专家型用户。这类用户一般都是学生、教师、研究人员或者相关学者等专业技术人员。他们愿意探索和分析这些数据和信息，并以他们的专业知识和学术背景对可视化所表示的概念进行深入的研究。他们舍得花时间在具体数据上，而对于信息可视化的视觉表现形式不会太过留意。

第二类是随意型用户。这类用户可能无意间会接触到信息可视化所带来的获取信息的便利和乐趣，但之后却很少愿意再继续主动了解和认识其他各方面的信息可视化内容，这类用户学习意愿不强烈，也并未关注这个领域。

第三类是主流用户。这类用户占信息可视化适用人群的大多数，他们不会因为对某项科研数据或某种关系感兴趣而去深入研究，而是被这种简单易懂、视觉美观的信息表现形式所吸引。

总结来看，以上三类用户中前两类是对可视化传递的信息感兴趣的，而第三类用户对信息不感兴趣，只是对可视化新奇的表现形式感兴趣。在考虑用户需求的基础上，可视化设计者需要明确自己的目标以及主要针对的用户，进行权衡之后找到一种最合适的折中处理方法。在使用动画与过渡时，可以参考以下几点普遍原则。①适量原则：动画不宜使用过多(尤其是自动播放的)，避免陷入过渡设计的危机中。②统一原则：相同动画语义统一，相同行为与动画保持一致，以保持一致的用户体验。③易理解原则：简单的形变、适量的时长、易判断、易捕捉，避免增加观赏者的认知负担。

2.3.4 可视化隐喻

隐喻是一种映射关系，是将抽象概念通过隐喻来具体化，以加深对抽象概念的理解。具体来说，通过相似属性的比较，隐喻常常会用熟悉的、简单的、具体的、直觉的、众所周知的概念或事物，来解释和描述另一个崭新的、复杂的、抽象的、不知名的概念或事物。其目的无非是让后者更容易被识别、交流、理解和记忆(Serig，2006)。根据结构映射理论，隐喻由源域、源域子项、目标域、目标域子项、映射关系 5 个要素构成。源域指隐喻的来源，是现实世界在人脑中的反映。目标域是隐喻中需要被解释和描述的对象域。子项代表源域或目标域中的概念、要素、组成部分等，是映射关系一一对应的喻体和本体(张薇薇，2009)。隐喻在本质上不只是喻体和本体的相似性联系，更是源域和目标域之间的基于人类共同经验的类同。隐喻过程作为一个由抽象数据到可视化形式的映射过程，可以使信息在设计者和接收者之间更加准确、简洁、美观地传达。隐喻认知过程如图 2-32 所示。

图 2-32　隐喻认知过程

可视化隐喻是隐喻在可视化中的应用。在进行可视化隐喻设计时，需要考虑三个因素：本体、喻体和可视化变量。利用隐喻进行可视化表达具有避免交流障碍、提高认知效率、提高信息接收者满意度等作用。可视化方法设计可大致分为基于形状的可视化设计方法、基于位置的可视化设计方法、基于层级结构的可视化设计方法(徐永顺，2017)。

1. 基于形状的可视化设计方法

在可视化中为顾及主题表达、特征发现，有些重点内容需突出显示，而另一些内容则需弱化，焦点+上下文技术是常用的表达手段。焦点+上下文技术在凸显局部细节的同时顾及整体上下文信息，使受众在对局部特征研究的同时，又不失对整体的把握，便于特征的快速发现及分析。如对变形地图实现焦点+上下文表达，对隐喻地图作变形处理，在保持各区域相对位置关系和拓扑结构的基础上，将对象属性信息映射为其面积大小(图 2-33)。

图 2-33　变形地图(信睿等，2017)

2. 基于位置的可视化设计方法

身处三维空间之中，来自现实世界的数据包含了大量的位置信息。而目前广泛使用的移动设备以及传感器每时每刻都产生海量的位置数据，此类数据的可视化在气象预报、航线规划、生存环境调查等领域产生重要的影响。认知和思维的隐喻使得地理位置信息可视化设计师在帮助人类理解新的、复杂的事物和现象时有了更好的参照标的。图 2-34 反映的是 2007 年 2 月 20 日上海市出租车上下客点的空间分布，颜色越深，表示上下客点越密集。由图 2-34 可知，上下客点集中分布在以黄浦区和陆家嘴为中心向外辐射的市中心。在主要的交通枢纽点，如虹桥机场和浦东机场，上下客点密度较大。

3. 基于层级结构的可视化设计方法

隐喻在层次与网络数据的可视化方面的应用对人类的认知起到了非常重要的作用。通过层次数据及社交网络结构数据的分析，隐喻思维可以从原先互不相干的层次结构、网络数据中发现相似点，并建立起直观简洁的联系。在抽象的数据与结构之间通过创意的方法将其直观地展现在用户面前是信息可视化设计的基本目标(图 2-35)。

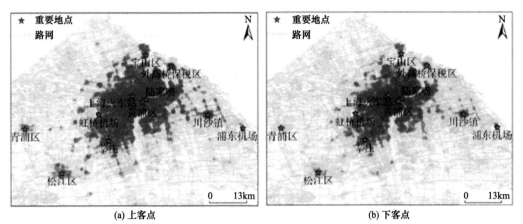

图 2-34 2007 年 2 月 20 日上海市出租车上下客点的空间分布热图(陈锐等，2019)

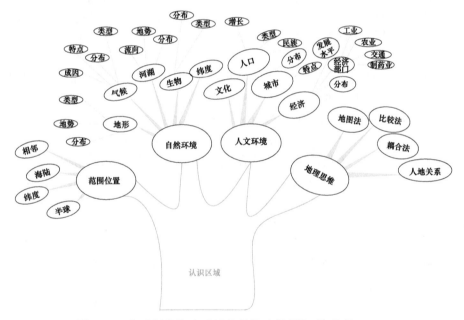

图 2-35 主动视觉隐喻"树状结构喻指图"(陈燕燕，2012)

2.4 视 觉 感 知

2.4.1 视觉感知理论

感知是客观事物通过感觉器官在人脑中的直接反映。人类的感觉器官包括眼、鼻、耳，以及遍布身体各处的神经末梢等，对应的感知能力分别称为视觉、嗅觉、听觉和触觉等。视觉感知通过接收及聚合光线，得到物体的影像，然后接收到的信息会传到脑部进行分析，以作为思想及行动的反应(陈为等，2013a)。

视觉感知到的信息主要有四个方面：明暗、空间、形状和色彩，它也对应了人眼与生俱来的四种视觉能力。当有光线时，人眼能辨别物象本体的明暗。物象有了明暗的对比，人眼便能产生视觉的空间深度，看到物象的立体程度。同时，人眼能识别形状，有助于我们辨认物体的形态。此外，人眼能看到色彩，称为色彩视觉或色觉。此四种视觉的能力，是综合使用的，作为我们探察与辨别外界数据、建立视觉感知的源头。

视觉感知三要素包括外部环境输入刺激、神经信息处理机制及视觉感知输出三部分(Norman，2014；Gordon，2004)。①外部环境输入刺激：生物视觉感知系统的输入信号是外部环境的输入刺激，它是视觉感知的基本要素，也是视觉感知的基本条件之一。②神经信息处理机制：如果我们把外部环境的输入刺激作为视觉感知的前提，那么视觉感知的核心要素便是视觉感官系统及其神经信息处理机制。视觉感官系统的神经信息处理机制也可以按层次(系统行为层与抽象行为层)进行分析。③视觉感知输出：视觉感官系统是整个生物视觉感知系统中最简单的部分，但其输出极为复杂多样，因此视知觉是一个极其复杂的过程，不可割裂地仅看它的输出意义。从整个生物视觉感知系统来看，视觉感知的输出包括三方面：①显式的有关"什么"对象的知识，它告诉主体外部环境中存在什么对象。②隐式的有关"怎样"反应的知识，它指导主体对外部刺激作出适当的反应。③主观的视觉体验，这属于哲学家的意识(明悦，2015)。

视觉感知光、色，任何感觉皆由一定的外界刺激所引起，引起视觉的外在刺激物是光，光是由电磁运动引起的，但人的眼睛并不能感受所有的电磁波，只有 400～780nm 的电磁波才能够被人类感知(Gal and Linchevski，2010)。所以，400～780nm 的电磁波称为可见光，低于 400nm 的电磁波称为紫外线，高于 780nm 的电磁波称为红外线光，两者均为不可见光。眼睛是光线的敏锐感受体，不仅能够感受到发光体直射过来的光线，也能感受到发光体投射到物体之上又反射过来的光线。通过视觉感知的外界物体分为发光体和反光体两类，太阳、火焰、灯光就是发光体，它们是环境中的光源所在。山川、树木、房屋、器物等我们所看到的许多物体则是反光体，本身不发光，在切断光源后，视觉就无法感知它们。光是视觉之本源，没有光，视觉无法发生，也就谈不上视觉形态了。在人的眼球中，中央窝区的视锥细胞分为三种，一种是感受黑、白光的，一种是感受红、绿光的，一种是感受黄、蓝光的，不同的光色引起不同视锥细胞的兴奋。由此，人感受到了光与色千姿百态的变化。

视觉感知形状，形状是一次视觉的影像，是物体在平面的视网膜上的投影。因此，其片面性是必然的。那么，获得完整、正确的视觉有两种情况，其一是通过多角度的、多次的视觉观察，叠加形成对物体完整的认识。视觉在把握外界物体的形状时不仅仅表现为对外轮廓线的描述，还表现为对形态的概括与对结构特征的认识。视觉在感受外在形态时表现出来的概括能力是视觉最初阶段的理性特质。

感知外部世界的体积与空间显然是人类视觉一种不可缺少的能力。因为我们生活在三维(立体的)空间内，在生存活动中，必须随时随地对周边事物的远近、高低、方向做适当的判断，否则生存活动就会发生困难，甚至遭遇危险。空间知觉是指深度知觉，亦即立体知觉和远近深广的知觉。视觉对深度的知觉是以环境中视觉刺激物之间的空间关系为现实资料，加上我们已有的经验，对整个情境所做出的了解与判断。

视觉格式塔理论，格式塔是由德文 Gestalt 音译而成，指具有不同部分分离特性的有机整体，即完形(Park et al.，2010)。将这种整体特性应用在心理学研究中，产生了格式塔心理学。在格式塔心理学家看来，感知的事物大于眼睛见到的事物：任何一种经验的现象，其中每个成分都牵连到其他成分，每个成分之所以有其特性，是因为它与其他部分具有关系。由此构成的整体，并不取决于其个别的元素，而局部过程却取决于整体的内在特性。完整的现象具有完整特性，它既不能分解为简单的元素，其特性也不包含于元素之内(李有生，2017)。

2.4.2　视觉感知处理过程

要感知外在环境的变化，需要靠眼睛及脑部的配合。眼睛负责感知接收信息，大脑用于处理接收到的信息，这整个完整的视觉感知处理过程称为认知。认知指个体对感觉信号接收、检测、转换、简约、合成、编码、储存、提取、重建、概念形成、判断和问题解决的信息加工处理过程。

认知心理学将认知过程看成由信息获取、编码、储存、提取和使用等一系列认知阶段组成的按一定程序进行信息加工的系统。信息获取指感觉器官接收来自客观世界的刺激，通过感觉的作用获得信息；编码有利于后续认知阶段的进行；储存是信息在大脑里的保持；提取指依据一定的线索从记忆中寻找并获取已经储存的信息；使用指利用提取的信息对信息进行认知加工(MacEachren et al.，2012)。如图 2-36 所示，视觉感知处理过程中，眼睛相当于镜头，先获取外界的刺激，视网膜就像图像传感器，将获取的刺激传递给大脑，大脑则好比一个图像信号处理器，通过对信号进行编码解析，提取有用信息，此外还对它们进行存储和使用。

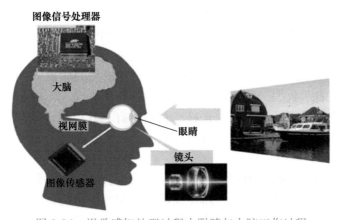

图 2-36　视觉感知处理过程中眼睛与大脑工作过程

人脑的视觉信息感知过程是一个层次化、递进式的完美阶段。神经生理学和解剖学的研究结果显示，视觉感知信息在人脑中有其特定的传递通路。首先，外界信息的信号通过视网膜细胞接收。柱状细胞负责感应光照变化，而锥状细胞可以感应视觉信号的颜色变化。神经在进行视觉信息处理的过程中，既有信息的横向流动，又有信息的纵向流动，其主要特点可以总结如下：人类视觉感知系统包含两个主要通路，腹部通路用来形成感受和进行对象识别，背部通路用来处理动作和分析其他空间信息(Eriksen and Eriksen，1971)。总之，在视觉感知过程中，视网膜通过光电感受器将外界的亮度、形状、颜色、运动等信息表达出来，并由神经节细胞传送到下一层的视觉感知层。视网膜这种独特的生理结构决定了其在视觉感知过程中的重要性，特别是视网膜的非均匀感知机理，实现了视觉感知资源的合理分配，使得视网膜表现出极高的感知效率。

2.4.3　视觉编码与解析

视觉编码指将数据映射到可视化结果的过程。例如，2019 年各国国内生产总值(gross domestic product，GDP)总量数据最终以柱状图的可视化形式呈现，从单纯的数据到柱状图的过程就要经过视觉编码。视觉编码的过程并不简单，需要考虑许多因素，如可视化元素的形态、配色、亮度等。掌握视觉编码的一般原则将有助于设计者更好地进行可视化结果的展示。

视觉编码主要从三个方面考虑：标记、视觉通道和视觉差异。其中，标记和视觉通道是视觉编码的主要内容。标记是数据的可视化形态，如几何图形元素中的点、线、面等；视觉通道考虑标记的视觉效果，具有可变性，如柱状图的配色、表格的布局排版等，这些视觉效果是可以人为调节的；视觉差异基于视觉效果的可变性，在对比中产生相对差异，如红色这一视觉效果，在对比中会有深红、浅红等(陈为等，2013a)。

1. 标记

视觉编码的第一步是确定标记。标记用于直观代表数据的性质分类，同样的数据可以由不同的标记来表示。例如，地图上的城市放大时表示为面，缩小时表示为点。同样的标记可以传递不同的含义，例如，三角形在地图上可以表示山峰，在房屋平面图中可以表示房顶等。

视觉标记分为抽象与具象两类。抽象标记虽然包含一定的信息，但不能传达具体的信息，只能通过一定的形态来暗示某种含义，如利用图形的引申、类比或象征。抽象元素在特定的语境中能产生特定的含义。抽象元素的基本形式是点、线、面。而由点、线、面所组成的抽象的几何形体，在人们的潜意识里会激发出很多相关的联想。图 2-37 展示了分别用点、面、线来可视化表示数据，传递信息。

具象标记是构成可视化画面的基本素材，它们只有与其他标记结合，才能构成完整的可视化作品。常见的具象标记有四类：人物形象、动物形象、植物形象和自然景观。

2. 视觉通道

视觉通道用于控制标记的表现特性，包括标记的位置、大小、形状、方向、色调、饱和度、亮度等。根据人类对视觉通道的感知模式可将视觉通道分为两大类：定性的视觉通道和定量的视觉通道。定性的视觉通道得到的信息是关于对象本身的特征和位置等，如形状、颜色的色调、空间位置，对应视觉通道的定性性质和分类性质；定量的视觉通道得到的信息是对象某一属性在数值上的大小，如直线的长度，区域的面积，空间的体积、斜度、角度，颜色的饱和度和亮度等，对应视觉通道的定量性质或者定序性质。然而两种分类不是绝对的，如位置信息，既可以区分不同的分类，又可以分辨连续数据的差异。图 2-38 是不同视觉通道的部分实例。

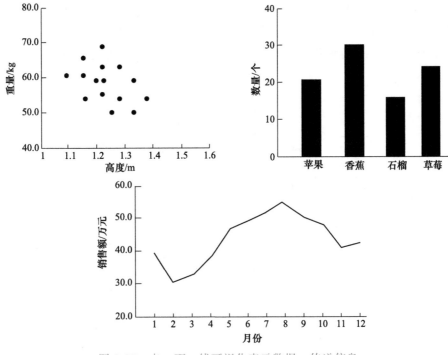

图 2-37　点、面、线可视化表示数据，传递信息

图 2-38　不同视觉通道

进行视觉编码时我们需要考虑不同视觉通道的表现力和有效性。表现力指视觉通道表达数据完整信息的能力，其判断标准主要有视觉通道编码信息时的精确性、可辨性、可分离性和视觉突出四个方面。有效性指可使用户更容易获取数据中相对重要的信息的能力，也体现了视觉通道的高表现力。

因为人类感知系统对不同的视觉通道具有不同的理解与信息获取能力，所以可视化设计者很自然地应该使用高表现力的视觉通道编码更重要的数据信息，从而使得可视化的用户可以在更短的时间内更加精确地获取数据信息。例如，在编码数值的时候，使用长度比使用面积更加合适，因为人们的感知系统对长度的模式识别能力要强于对面积的模式识别能力。视觉通道的有效性要求具有高表现力的视觉通道用于更重要的数据属性编码(图 2-39)。

3. 视觉差异

人类感知系统的工作原理取决于对所观察事物的相对判断。例如，人们通常会选取一个参照物，而将另外一个物体的长度描述为其相对于参照物的长度的变化量。判断的参照标准的确定至关重要，在同一标准下，对事物的判断才会比较准确(图 2-40)。图 2-40(a)的 *A*、*B* 摆放无标准，所以难以准确判断谁长谁短；图 2-40(b)以同一水平基准线为参照，可轻松判断两者的长度关系。

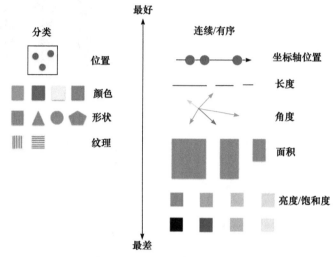

图 2-39   视觉通道表现力排序

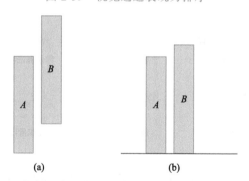

图 2-40   判断因素：长度，参照标准：对齐至同一水平线

有的时候，参照标准并不是显式的，会受到其他许多无关因素的干扰，产生视觉误差，从而影响我们对物体的真实判断。例如，图 2-41(a)是水平对齐放置的黑色正方形和圆，你觉得哪个较高？是不是感觉左边的正方形比右边的圆大很多？那再看图 2-41(b)，用水平线标注后可以很明显看到它们是等高的。

图 2-41   水平线衡量下的高度相同

上述现象是一种视觉误差，即视错觉或错觉。产生错觉的原因，除来自客观刺激本身特点的影响外，还有观察者生理上和心理上的原因。视觉误差不能消除，但设计者若能利用这个特点，便可得到视觉感受更舒适的可视化结果。例如，设计一组图标时，很重要的一点是让这组图标看上去是一样大的，这样就不会有某些图标过于突出，也不会有某些图标看起来太小。如图 2-42 所示，从几何角度上看几个黑色图标实际大小不一样，如果将它们放在正方形区域中，方形图标看起来会比实际更大一点，但是通过微调，便可在视觉上看起来像是一样大。

图 2-42　正方形约束下图标大小视觉效果对比

2.5　空　间　认　知

空间认知是对现实世界的空间属性的认知，包括位置、大小、距离、方向、形状、模式、运动和物体内部关系等，是通过获取、处理、存储、传递和解译空间信息来获取新的空间知识的过程(陈毓芬，2000)。空间认知也是研究人们对周围地理事物的位置、形状、空间分布、相互关系及其动态变化认识过程的科学，它研究人们在认识空间事物的过程中，大脑是如何进行信息加工的，属于思维过程研究(高俊等，2008)。空间认知的主体是人，不是机器；认知的对象是大脑，不是客观实在；认知的模式是大脑与客观实在之间的相互作用和反复深化，也包括再认知(re-cognition)；同时，电脑认知客观实在、大脑通过使用电脑来认知客观实在、计算机模拟大脑来认知客观实在也是空间认知的研究内容。本节通过介绍空间认知模型与应用，让读者对空间认知有一个全面而深刻的认识和了解。

2.5.1　空间认知模型

现实世界具有无限的复杂性，各种事物和现象充斥其中，错综复杂，用不同的方法或从不同的角度认知世界，可能产生不同的空间认知(王家耀，2001)。将空间认知过程抽象为空间认知模型有助于对地理空间信息形成统一的认识和一致的使用方法。空间认知模型的本质是指导 GIS 进行概念建模。人们在地理空间认知模型的基础上，结合自身知识与经验，通过对 GIS 空间语言的理解来认知现实世界。开放地理信息系统协会(OpenGIS Consortium，OGC)将 OpenGIS 基本地理空间认知模型抽象为 9 个层次，逐层派生，实现了由现实世界到 GIS 工程世界的转换(图 2-43)(王家耀，2001；方成和江南，2018)。

OpenGIS 基本地理空间认知模型层次划分细致，相对来说也比较烦琐，故后来又出现了许多更为简洁的模型，如国际标准化组织下的地理信息标准化技术委员会建议的"论域-概念"模型、国内常见的"现实世界-概念模型-逻辑数据模型-物理数据模型"模型等。

不同的地理空间认知模型看待世界的方法不同，产生的概念模型和数据模型也将不同。

在此基础上，根据空间认知模型产生的 GIS 数据组织和处理的方式，可将常见的地理空间认知模型分为 3 类：基于对象、基于网络和基于域的地理空间认知模型。

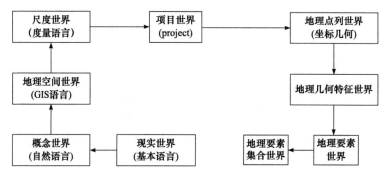

图 2-43 OpenGIS 基本地理空间认知模型(王家耀，2001)

1. 基于对象的地理空间认知模型

基于对象的地理空间认知模型将整个地理空间看成一个空域，而地理实体和现象则作为独立的对象分布在其中。在该模型中，河流、湖泊、植被等自然地物以及行政区划、道路、居民地等人文现象都可以视为独立的对象，并可从整个地理环境中分离出来，而各种各样的"对象"相互关联，构成了丰富多彩的客观世界。在对事物、关系、边界、事件、过程、性质以及所有这些方面的数量的理解上，"对象"与"实体"被认为具有相同意义(Smith and Mark,1998)。但是，在实际应用中，两者之间还是有差异的，尽管这种差异不很明显。"实体"是指现实世界中占据一定空间位置，并具有某种物理形态的物质，它具有客观实在性；而"对象"则强调了人们对现实世界中客观实在的主观描述，它反映人们对现实世界的认知理解，即客观世界的主观反映是一个层次结构，而该结构的每个层次的组成单元就是对象(方成和江南，2018)。

边界问题在这种模型中具有重要意义。一个对象之所以能独立于其他对象，需具有确定的形状、位置、属性以及独立的行为。因此，基于对象的地理空间认知理论只适用于边界完整的地理事物或现象，而无法描述大气、地形等边界不完整或模糊的事物或现象。空间对象按其边界的不同，可分为两大类型：一类是具有真实边界的对象，如河道、湖泊、土地利用类型等；另一类是边界需要制定或划分的对象，如行政管辖区、海湾、土壤类型等(王家耀，2005)。而根据边界制定方式的差异，后一种空间对象又可进一步划分为公认对象(如海湾、半岛)、法定对象(如国界、行政区划)、科学计算对象(如土壤类型、植被覆盖)(Smith，1998；Hahmann and Burghardt，2013)。由此可见，空间对象边界的划分容易受到对象存在环境的不同和人们在有关对象认识和处理方式上差异的影响(鲁学军等，2005)。

2. 基于网络的地理空间认知模型

基于网络的地理空间认知模型认为地理空间可以看成无数"通道"的互相连接，如道路网、水系、管道以及各种物质流、能量流和信息流等。空间中的若干点以及彼此之间的联系构成了现实世界中多种多样的地理网络，地理网络的集合组成了整个地理空间。在这种模型中，世间万物被抽象成点和线，地理空间由点、线以及它们之间的空间关系构成。因此，基于网络的空间认知模型也只能描述现实世界中不连续的事物或现象(方成和江南，2018)。

3. 基于域的地理空间认知模型

基于域的地理空间认知模型把地理空间中的事物和现象作为连续的变量或体来看待(高俊，2004)，如大气的流动、水域的流通、车辆行人的移动等，因此其适合描述连续的事物，但对各事物间复杂的联系却难以进行充分描述。

以上三种地理空间认知模型从不同的方面来描述现实世界，但都局限于某一范围或只适用于地理空间的某一侧面，而不能对客观现实世界进行全面的描述。

2.5.2　空间认知的应用

1. 在人工智能方面的运用

从计算机应用系统的角度出发，人工智能是研究如何制造出人造的智能机器或智能系统，来模拟人类智能活动的能力，以延伸人类智能的科学(Russell and Norvig，2010)。对地观测脑是空间认知在人工智能宏观尺度上的应用。将脑科学与认知科学中的脑感知认知功能集成于天基信息网络系统中，增强系统的感知、认知能力，能够提升天基信息网络系统智能化水平，实现系统对所获取数据的快速处理，提取有用的信息和驱动相应应用，实现脑认知中的感知、认知和行动这三个过程，进而形成对地观测脑(李德仁等，2017)。

对地观测脑是一种模拟脑感知、认知过程的智能化对地观测系统，通过结合地球空间信息科学、计算机科学、数据科学及脑科学与认知科学等领域知识，在天基空间信息网络环境下集成测量、定标、目标感知与认知、服务用户为一体的智能对地观测系统。对地观测脑实质上是通过天上卫星观测星座与通信导航星群、空中飞艇与飞机等获取地球表面空间数据信息，利用在轨影像处理技术、星上数据计算分析技术等对获取的数据信息进行处理分析，获取其中有用的知识信息，服务于用户决策，从而实现天、空、地一体化协同的实时智能对地观测(图 2-44)。

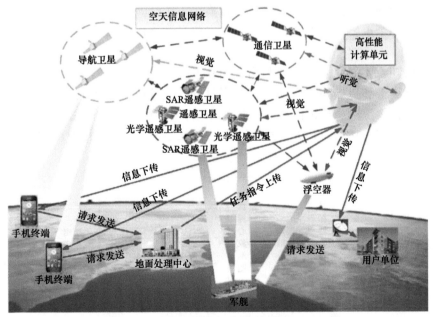

图 2-44　对地观测脑概念图(李德仁，2018)
(SAR：合成孔径雷达，synthetic aperture radar)

人脑有视觉、听觉等功能，通过视觉、听觉等功能获得人类所处环境的周围信息，利用神经元将周围环境信息传送到左右半脑，左右半脑通过推理分析周围环境信息，从而指导人的行为活动。与人脑类似，对地观测脑同样也具有视觉、听觉、脑分析等相应功能，包括中观尺度和微观尺度。

1) 中观尺度

中观尺度上的空间认知是智慧城市脑，它是在数字城市建立的网络空间上，通过物联网各种传感器自动和实时地采集现实城市中人和物各种状态和变化的大数据，利用人工智能和数据挖掘等智能手段，由云计算中心处理其中海量和复杂的计算，实现对城市的感知、认知与控制反馈，为城市应急、城市管理、智能制造、经济发展和大众百姓提供各种智能化的服务的一种城市运行管理服务系统(李德仁等，2011)。

2) 微观尺度

微观尺度上的空间认知是智能手机脑，它利用手机和智能手表上的加速计、传声器、摄像头、陀螺仪、定位装置和人体健康参数测量仪等各种传感器，能实现室内外优于 1 m 的定位精度，通过实时捕获人类行为数据、记录位置信息、感测环境变化和手机主人的健康参数(血压、血糖、血脂、心率、脉搏、心电图)等信息，通过手机内置的高度智能芯片对各种数据进行上下文分析推理，将分析推理的有用信息实时推送给手机的主人。这种智能手机脑可分析手机持有人的行为学、健康学、生理学和心理学特征，并可成为主人的智能助理。

2. 地图空间认知

地图是空间认知结果的再现，它记载了客观环境的相关信息，而人们也就是通过对这些信息的认知，才得以认识客观环境，所以说地图与客观环境具有相当程度的关联性(高俊，2004；王家耀和陈毓芬，2000；艾廷华，2008；Nurminen，2008)。但是，因为人类对客观环境的认知是局部的，所以两者之间信息的转换免不了会产生扭曲、差别或不完整性。研究地图空间认知的一个重要出发点就是要减少两者信息转换的差异，以更好地指导人类认识周围的环境。

地图空间认知主要研究人是如何利用地图获取空间信息、对信息认识和记忆、利用信息发现问题、进行决策和指导外部行动等一系列过程。地理研究者将地图空间认知过程分为如下四个阶段，即初读阶段、精读阶段、对比判断阶段和解决问题阶段。这四个阶段也分别对应着人的认知过程中的感知过程、表象过程、记忆过程和思维过程(图 2-45)(张本昀等，2006)。

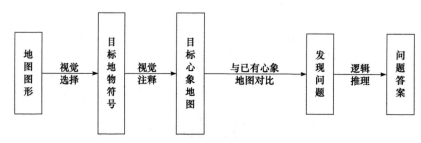

图 2-45　地图空间认知过程(张本昀等，2006)

1) 初读阶段

在初读阶段，研究者大致浏览一下地图图形，目光从一个符号或一组符号移向其他符号，并对其进行比较，然后再回头考虑一些"突出特征"，细心地查看各个要素，这时他就能对符号、图形的细部以及它们的关系作出判断。这种情况下，研究者就会把与研究目的相一致的河流符号纳入自己所形成的初次地图形象(或称为概略水系心象地图)之内，通过大致浏览地图图形，可以在研究者心中产生两个作用：第一，了解地图图形的总体背景，即地形特点、植被状况、河流流向等；第二，探求并逐个查看与仔细研究地图形象的不变性。引起注意的是明显的主支流流向、河流的曲直情况、河流之间的间距等。研究者力求搞清楚水系的分布规律，而这些规律使研究者初次形成地图形象，并获得初级的水系信息——河流水系概况。

2) 精读阶段

在精读阶段，研究者根据所获取的地图信息是否与预定目标相符对其做出评估。如果研究者所注意的地图形象与预定目标关系不大，这时所获得的信息就会弃之不用，并继续向下寻找。只要信息与研究目标哪怕是少许相符，研究者便会设法将其"牢牢抓住"，并详细观察该处的图形，注视的范围也会向周围各处扩大，并修正心中原有的模糊抽象的图形。同时把该处的图形在心中具体化、系统化，形成清晰的心象图形，并记住该心象图形，然后把它作为研究者继续寻找并比较其他地图形象的依据和标准，继续寻找与之类似的图形。只要这种综合具体的形象一经形成，识别过程便会大大简化，识别速度就会大大加快。

3) 对比判断阶段

在对比判断阶段，主要做两个工作：一是把前述取得的信息与研究目标进行对比，判断它与目标是相同还是相异；二是判断这些信息是否能够满足与目标对比的需要，是否需要继续寻找信息。这一阶段实际上是研究者对信息进行分类、评估，舍弃冗余信息，并对所形成的心象地图反复校正，使其愈加准确。

4) 解决问题阶段

在解决问题阶段，研究者通过对比分析，给出是或非的回答，然后提出问题，寻求解决问题的办法。这时候，研究者会根据问题重新审视河网异常区的地貌、土质植被特点，以及这些要素同水系结构的关系，把原来被抑制目标的刺激兴奋重新激活，与由研究目标引起的刺激交互作用，以寻求形成该问题的一般原因，并给出一个满意的解释。

第3章　空间信息多维可视化表达方法

空间信息可视化是运用计算机图形学、地图学和图像处理技术，将空间信息输入、处理、查询、分析以及预测的数据和结果，用符号、图形、图像，结合图表、文字、表格、视频等可视化形式显示，并进行交互处理的理论、方法和技术。空间信息可视化为人们提供了一种空间认知工具，在提高空间数据复杂过程分析的洞察效果、多维多时相数据和过程显示等方面，将有效地改善和增强空间地理环境信息的传播能力(宁津生等，2004)。本章将重点讲述空间信息多维可视化表达方法相关知识，以让读者对空间信息可视化有一个全面深刻的认识和了解。

3.1　二维空间信息可视化

二维空间信息可视化是一种将数据和信息以图形的方式展示在二维平面上的方法。这种可视化方法可以让人们更容易地理解数据和信息，识别模式和趋势，以及发现潜在的关联关系。二维空间信息可视化的方法大致可分为几何图形表示法、色彩灰度表示法两类。

3.1.1　几何图形表示法

几何图形表示法通过把三维图形透视变换映射成二维图形，用折线、曲线、网络线等几何图形表示数值的大小。这种方法的优点是直观、准确，但反映的信息有局限性。具体包括等值线法、矢量符号法、阴影条纹干扰法、流线箭标图法、等值面法，高度图法、拓扑法等(表3-1)。

表 3-1　几何图形表示法

方法	应用
等值线法	天气预报等温线、等压线等
矢量符号法	气压梯度、梅雨锋线、风力
阴影条纹干扰法	地壳形变、湿度变化、地球磁场变化
流线箭标图法	洋流、热带气旋移动
等值面法	地形起伏
高度图法	区域地形表达
拓扑法	海洋流场等

1. 等值线法

1) 等值线的概念和性质

等值线绘制是二维标量场最常用的几何可视化方法。二维标量场可以看作一个二元函数 $F = F(x, y)$，等值线就是找到使得函数值为某一常数 c 的所有点的集合，即满足 $F(x, y) = c$

的点的集合。该等值线将二维标量场分成两个区域：$F(x, y) < c$ 和 $F(x, y) > c$，这两个区域分别称为该等值线的内部和外部。流场可视化中常用的等温线、等压线就是等值线的具体应用(李思昆等，2013)。

等值线法是用一组等值线来表示连续面状分布的制图现象数量特征渐变的方法。用等值线法对空间数据多尺度表达的不确定性进行可视化表达，其不确定性数据被作为数据集的Z值来对待。等值线的绘制方法较多，可以分为规则格网(grid)法和不规则格网法。其关键是在构建格网的基础上，寻找各格网边上的等值点，连接等值点并进行光滑。在此基础上还可以综合等值线注记、色彩等方面，表示空间数据多尺度表达区域内的不确定性变化及分布状况。图3-1(a)是空间中的离散点，这些离散点都具有自身的不确定性值，图3-1(b)是根据其不确定性绘出的不确定性等值线。

(a)　　　　　　　　　　　　　(b)

图 3-1　等值线法表示空间数据多尺度表达的不确定性

其中，等值线的值越大表示该区域的Z值越大。用等值线法表示空间数据多尺度表达不确定性的主要优势是表达直观形象，并容易与二维可视化方法配合使用，但是在三维表达方面具有较大的局限性(徐丰和牛继强，2014)。

一般情况下，等值线图具有以下性质特点(刘超，2016)。

(1) 等值线可能是首尾相连的闭合曲线，也可能是首尾不相连，首尾特征点在边界或者断层上的开曲线。

(2) 等值线一般是一条光滑且连续的曲线，不存在折角或者不平滑的线段。

(3) 对于一个相同的Z属性值，等值线可能有一条或者多条，并不只代表唯一的一条曲线。

(4) 一般情况下，不同等值线之间是并列或者包含关系，不同等值线之间不会相交。

等值线图作为数字的一种具体图像可视化表达方式，能直观地表示出数字的具体特征变化趋势。在二维屏幕上，等高线可以有效地表达相同高度的区域，揭示走势和陡峭程度及两者之间的关系，寻找坡、峰、谷等形状。等值线最适用于表达地形起伏、气温、降水、地表径流等布满整个制图区域的均匀渐变的自然现象。

2) 等值线的生成

由于数据是存储或定义在离散点处的，为了生成等值线，必须采用插值。最常见的插值方法是线性插值法，同时，在流场数值模拟中，大多数情况下也是假设单元内流场呈线性变化，因此，采用线性插值在单元网格的边上生成点，连接这些点便可生成等值线。例如，一条边的首尾端点的值分别是 0 和 10，如果要生成值为 5 的等值线，则等值线通过这条边的中点。

Marching Squares(MS)算法是生成等值线的通用方法。它采用分治策略，分别处理每一个网格单元。该方法的基本思想是：等值线与网格单元相交的方式(从拓扑结构角度考虑)是有限的，可以把这些情况枚举出来，对每一种情况分别处理。对于四边形网格来说，等值线和网格单元一共有16种相交方式，如图3-2所示，其中，黑点表示该顶点在等值线内部，空心点表示该顶点在等值线外部。每个顶点的状态(内部还是外部)可以用1bit编码，因此，可以用4 bit对这16种情形编码。这16种情形只是确定了等值线与网格单元相交的拓扑方式，还需要用线性插值法或其他插值方法确定两者相交的几何位置。

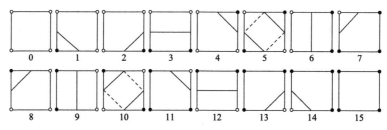

图 3-2   等值线与四边形网格相交的 16 种情形

MS 算法步骤如下(图 3-3)。

(1) 将所有网格单元标记为未处理。

(2) 选择一个未处理的网格单元。

(3) 计算该网格单元的每个顶点在等值线内部还是外部。

(4) 根据每个顶点的状态生成 4 bit 编码。

(5) 根据编码查找等值线与网格单元相交的情形。

(6) 通过插值计算等值线与网格单元相交的几何位置。

(7) 将当前网格单元标记为已处理，如果所有网格单元都已处理，则算法结束；否则，选择一个未处理的网格单元，转到步骤(3)。

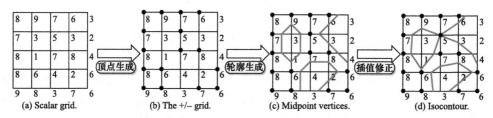

图 3-3   MS 算法流程示意图

通过以上过程，每个网格单元内都会生成等值线与该网格相交形成的交点和线段。所有线段的集合就是所需要的等值线。由于对每个网格是单独处理的，在相邻网格的公共边界上，有可能会出现重复的交点和线段，最后需要进行点和线段的去重处理。

对于图 3-2 中所示的 5 和 10(每条边两个顶点的状态不同，但对角线两个顶点的状态相同)各有两种连接方法，分别如图 3-2 中实线和虚线所示。对于这种二义性问题，按照实线和虚线连接都可以生成等值线，分别如图 3-4(a)和图 3-4(b)所示，其区别在于一种连接方式将等值线分成两部分，而另一种方式将生成一条完整的等值线，这两种连接方式都是合理的。

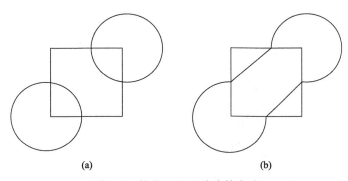

图 3-4　等值线的两种连接方式

2. 矢量符号法

矢量符号用于表示矢量场中的数据特征。矢量场与标量场的区别在于空间中的任意位置都对应一个矢量，而非标量(唐晋生等，2008)。矢量场数据也可以看成流场数据，即每一个点的矢量方向都代表流体在这个位置的流向，矢量的大小代表流速。

最基本的矢量场表示方法就是用可以标识方向的标记(如三角形、箭头等)来编码不同位置上的矢量的方向和大小。矢量场的例子如图 3-5 所示。

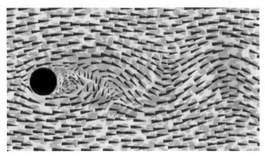

图 3-5　气压梯度的分布特征

矢量符号法有一定的局限性，如可显示空间的尺寸会限制标记的数量，也就限制了可视化的精度，离散排布的标记也缺乏对场数据连续性的直观表达。

3. 阴影条纹干扰法

1) 阴影条纹干扰概念

阴影条纹干扰是基于光波叠加原理。当两束光满足频率相同、振动方向相同以及初相位差恒定的条件时，会发生干涉现象，在干涉场中产生亮暗交替的干涉条纹。当干涉场中的光程差发生变化时，干涉条纹也随之变化，通过分析干涉条纹的变化，可以获取被测量的有关信息，如地壳运动、地表沉降等(董少春等，2019；Chaussard et al.，2014)。

2) 阴影条纹干扰应用

利用 InSAR 技术进行地面沉降监测，具有全天候、大范围、高精度的优势特点。InSAR技术的出现和成熟，推动了地面沉降监测工作的迅速发展。通过差分处理对时序 SAR 数据进行分析研究，得到反映地面沉降大小及分布的干涉条纹图，如图 3-6 所示，颜色代表形变量，颜色越鲜艳表示形变越大。

图 3-6　地表形变干涉图
(资料来源：http://www.irsa.ac.cn/xwzx/kydt/201107/t20110713_3308630.html)

4. 流线箭标图法

在气象图绘制中，流线是根据风向、风速绘制的一种带箭头的曲线。流线即用箭头表示气流的流向，流线上处处都与相应点的风向相切。流线不能交叉但可以分支，流线密集处的风速较大，流线不仅可以起止于图的边缘，而且也可以起止于风向有急剧变化的地方(刘其真等，1992)。流线箭标图具有如下特点：①流线能起止于图边，也能起止于中间(风向有剧变的地方)。②流线可以合并、汇合，也可以分支，但不能交叉，因为在交叉点上风向不可能有两个方向。③流线的疏密程度可视风速大小而定，风速大，流线应画得密些(图 3-7)。

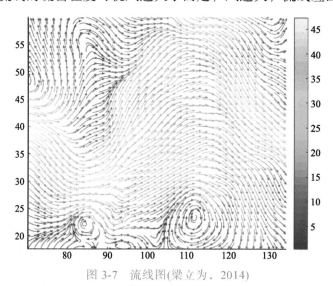

图 3-7　流线图(梁立为，2014)

5. 等值面法

1) 等值面概念

等值面的构造也就是等值线构造方法的三维扩展，最典型的等值面生成算法是基于体素的移动立方体(marching cube，MC)算法。移动立方体算法在构造等值面的过程中存在着二义性，而基于四面体的移动四面体(marching tetrahedra，MT)算法则可以很好地解决这个问题。与移动立方体方法类似，在移动四面体追踪等值面的算法中，等值面与四面体相交有16 种情况。利用对称性，等值面与四面体相交的情况可简化为 3 种，如图 3-8 所示。

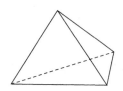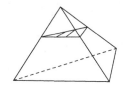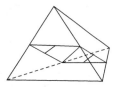

图 3-8　四面体与等值面相交的 3 种情况

第一种情况，四面体的四个顶点均大于(或均小于)给定的等值面阈值，等值面与四面体不相交，四面体内不存在等值三角形；第二种情况，四面体的四个顶点中，仅有一个顶点大于(或小于)给定的等值面阈值，其余三个顶点均小于(或均大于)给定的等值面阈值，四面体内存在一个等值三角形；第三种情况，四面体的四个顶点，各有两个顶点大于(或小于)给定的等值面阈值，四面体内存在由两个等值三角形组成的等值四边形，且等值四边形的四个顶点共面(李海生，2010)。

2) 提取等值面的 MC 算法

MC 算法是由 Cline 提出的等值面提取算法，该算法的基本思想是在体数据的每一个立方体单元中根据其 8 个顶点的数据值与给定数据值的关系在单元的 12 条边上寻找等值点，然后用三角形将等值点连成等值面。等值面与网格单元一共有 256 种相交方式。将 256 种情况都枚举出来代价太大，算法也会显得烦琐，因此可以考虑利用对称性进行简化。在 Cline的工作中，他们利用了两种对称性：旋转对称性和反射对称性，分别定义如下。

(1) 旋转对称性：单元 C 和 C_2 是旋转对称的，存在一系列的旋转操作，使得旋转后单元 C 的每个顶点的状态与单元 C 对应顶点的状态相同。

(2) 反射对称性：单元 C 和 C_2 是反射对称的，单元 C_1 的每个顶点的状态与单元 C 对应顶点的状态相反。

利用如上两种对称性，等值面和网格单元的相交可以简化为15 种情形，如图 3-9 所示。

如果利用镜面对称性(如果存在一个平面，单元 C_1 对于该平面的镜像的每个顶点的状态与单元 C 对应顶点的状态相同，则称单元 C_1 和 C 是镜面对称的)，可以进一步将等值面与单元相交情形简化为 14 种(情形 11 和情形 14 是镜面对称的)。

MC 算法步骤和 MS 算法步骤相同，只是两者处理的网格单元不同，此处不再赘述 MC算法的步骤。虽然两者的步骤相同，但是因为 MC 算法处理的维数更高，所以 MC 算法更加复杂，其中的一个表现便是二义性问题。

6. 高度图法

1) 高度图的概念

高度图是将二维标量场数据中的数据值映射为三维空间中的第三个维度。二维标量数据场中的数据大小不能给人带来直观的感受，将数值转为高度图后，可以通过图像上的高低起伏，直观感受数据场的大小变化。图 3-10 是某公园人流密度分布图，人流密度越大的地方就越高。

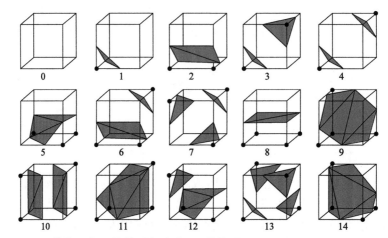

图 3-9   等值面与网格单元相交的 15 种情形(Lorenssen and Cline，1987)

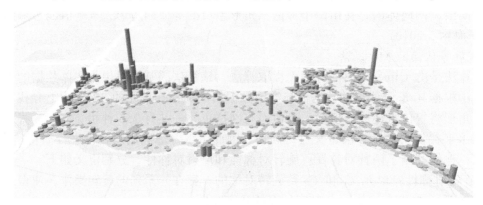

图 3-10   某公园人流密度分布情况

高度图可以用来创建地形，与位图不同的是，它把像素的颜色值映射为地形的高度值，建立起高度图像素的灰度值与地形高程之间的映射关系。每个像素表示一个 0～255 的高度值，0 表示地平面，255 表示地形最高点，并且利用一个高度缩放因子乘以相对高度，就可以得到该像素的真实高度值。图 3-11 是基于高度图的地形模型。高度图可以通过航空摄影和遥感卫星等多种途径获得。

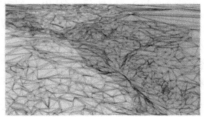

图 3-11   地形高度图

2) 高度图的应用

高度图在地形表示中的应用最为广泛。一个高度地图，也可以称为高度区域图，可以认为是一张灰度图像，每个像素点处的灰度值表示该位置的高度值。一般地，黑色表示最小的高度，白色表示最大的高度[图 3-12(a)]。将高度图置于地平面，然后根据每个像素点的高度将其凸出到特定高度。图 3-12(b)显示了一个 16×16 的小型高度图以及由其创建的地形，以地平面为 xy 平面，像素点高度沿着 z 轴方向凸起。

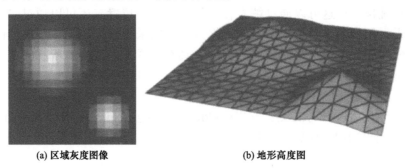

(a) 区域灰度图像　　　　　　　　　(b) 地形高度图

图 3-12　高度图的两种形式

高度图具有以下优势：首先是非常简单，有大量的数据可以作为高度图，其次就是有大量的工具可以用于生成和修改高度图。甚至免费绘制程序中的梯度填充工具可以用于生成图 3-12(b)所示的简单地形高度图。由于这些特征，高度图的应用非常广泛。

高度图有时被称为 2.5 维图，因为在每一个 xy 平面中的位置只存储了一个高度值。单个高度图无法表示一些地形特征，如垂直峭壁、悬挂地形特征(盒子、隧道和拱门)等。但是我们仍然可以通过高度图生成一些精彩的地形图。垂直峭壁可以通过峭壁所在的位置的相邻点高度的变化来近似，但是此情况下高度图必须具有足够大的分辨率。悬挂的地物(如盒子和隧道)通常采用分割模型的方式处理。

7. 拓扑法

向量场可视化中的拓扑方法主要基于临界点理论：任意向量场的拓扑结构由临界点和连接临界点的曲线或曲面组成(Laramee et al.，2007)。其中，临界点是指向量场中各个分量均为零的点。该方法是一种对向量场抽象描述的方法，让用户抓住主要信息，忽略其他次要信息，并且能够在此基础上对向量场进行区域分割，如图 3-13 所示。基于拓扑的向量场可视

图 3-13　基于拓扑的向量场可视化结果(Tricoche，2010)

化方法能够有效地从向量场中抽取主要的结构信息。由于具备丰富的数学理论基础，该方法适用于任意维度、离散或者连续的向量场(Post et al.，2003)。

传统的向量场拓扑可视化方法主要由两步组成：临界点位置的计算与分类；连接临界点的积分曲线或曲面，即向量场区域边界的计算(陈丽娜，2009)。

1) 计算临界点的位置

临界点是指矢量的各个分量均为零的点。为了绘制矢量场的拓扑结构，应先定位出矢量场中临界点的精确位置。这可以通过解方程求得临界点的位置，还可以通过二分法求得临界点的位置。如果采用的矢量场是由散乱的数据点构成的采样空间，无法用具体的表达式来表示，此时可以使用二分法求解。向量场的临界点具有这样几个特性：所有的流线汇聚于这些临界点，因此这些临界点被认为是流线的"交点"；在这些临界点处，速度光滑地变化为零；临界点的类型决定了向量场的局部格局。

一般地，临界点可以分为五类：鞍点(saddle)、螺旋点(spiral)、交点(node)、聚点(focus)和中心点(center，同心圆临界点)，如图 3-14 所示。

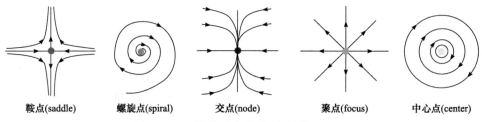

鞍点(saddle)   螺旋点(spiral)   交点(node)   聚点(focus)   中心点(center)

图 3-14　二维临界点分类(秦勃等，2010)

对找到的每一个临界点，求其位置矢量处的偏导数，计算其雅可比矩阵 J，然后利用数学方法求解矩阵 J 的特征值及特征向量，根据特征值在复平面上的分布对临界点进行相应的分类。

2) 绘制积分曲线

在将临界点进行分类后，为了构造矢量场的拓扑结构，还要用积分曲线或曲面将临界点连接起来。为了便于控制，构造积分曲线时，交于起始点的曲线条数应该是有限的。因而可以从马鞍点、入点和出点出发，用数值积分的方法形成积分曲线。沿着当前临界点处雅可比矩阵 J 的特征矢量的方向，以距离临界点非常近的位置作为起始位置，绘制积分曲线。对于二维马鞍点，从起始位置出发可以产生四条积分曲线，其中，两条沿着特征值大于零的特征向量的方向，另外两条沿着特征值小于零的特征向量的方向。确定了曲线的起始位置及方向之后，积分曲线的计算可以使用四阶龙格-库塔法。每条积分曲线均终止于下列三种情况之一：终止于流场边界；终止于结束点(即除马鞍点、入点、出点之外的其他临界点)；终止于另一起始点，在此情况下应由此点开始产生新的积分曲线。

基于拓扑的向量场可视化方法只考虑了向量场的结构信息，忽略了次要信息，可以视为对向量场的一种简化，因此效率高，在侧重于对向量场特殊结构进行可视化分析的应用中具有较大的优越性。

3.1.2 色彩灰度表示法

色彩灰度表示法利用色彩、灰度来描述不同区域的数值，表达空间信息，包括颜色映射法、数字图像法、区域填充法、晕渲法、体绘制法和纹理法等(表 3-2)。

表 3-2 色彩灰度表示法的分类及应用

方法	应用
颜色映射法	X 射线检查、CT、风场强度可视化
数字图像法	地图制图
区域填充法	区域统计、地图制图
晕渲法	地形可视化、日照分析
体绘制法	CT、地质勘探、气象分析、分子模型构造；流体、云、烟等三维气象可视化
纹理法	环境污染评估、大气海洋建模、地球物理

1. 颜色映射法

1) *颜色映射法性质*

灰度映射和彩色映射统称为颜色映射(color mapping)。颜色映射是利用颜色空间中的控制点构成颜色路径，建立一张将数值转化为颜色的颜色映射表，再将二维空间中的标量值按照颜色映射表转化为显示的颜色，除了颜色，平面之外的第三维度高度，也可以作为视觉通道用于映射。颜色映射过程可以理解为一种函数变换 $T:C(x,y)=T[f(x,y)]$。其中，$f(x,y)$ 为目标图像；$C(x,y)$ 为变换后的图像。可视化过程中，根据场中的数据确定点或图元的颜色，从而以颜色来反映数据场中的数据及变化。

颜色映射表的选择非常重要，不合理的映射方案将会影响特征的感知，甚至产生错误的信息。当屏幕映射空间大于原始二维数据空间时，离散的二维空间标量场需要采用插值算法(如双线性插值)重建相邻数据点之间的信号，再将插值得到的数值映射为颜色。

2) *颜色映射法应用*

颜色映射主要包含灰度映射与彩色映射。目前医学图像，如 X 射线检查、CT、磁共振成像(magnetic resonance imaging，MRI)、B 超等，多数仍是灰度图像。利用人体不同组织对 X 射线的吸收和透过率的不同，将 X 光机辐射后的物理数据映射为从黑到白不同深浅的灰度图像。彩色映射为通过色彩差异传递数据的空间分布规律(陈为等，2013a)。例如，对灰度图像进行颜色映射处理的颜色传递技术，即根据源彩色图像的颜色特征对目标图像进行着色的处理技术。这种简单的可视化方法被广泛应用于各个领域，如图 3-15 所示，对黄土高原 2020 年植被覆盖度等级进行颜色映射，将数据大小映射到颜色映射表，覆盖度等级越低的映射后的颜色越浅，越大的映射后颜色越深。

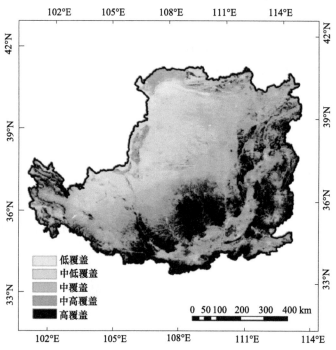

图 3-15　黄土高原 2020 年植被覆盖度分级图(王逸男等，2022)

对于彩色映射，选择合理的颜色方案很重要，不合理的颜色方案无法正确、有效地显示标量场特征，会影响特征的感知，甚至产生错误的信息。当屏幕映射空间大于原始二维数据空间时，即原始数据空间小于映射空间时，需要采用插值算法，重建相邻数据点间缺省的信号，再将插值得到的数值映射为颜色。

2. 数字图像法

数字图像对应的是描述数据元素的颜色和光强的二维阵列，具有表现直观、多元展示等优势。如图 3-16 所示，西南交通大学影像直观展示了校园的空间布局。

在一般情况下，图像的传送和转换，如成像、复制、扫描、传输和显示等，经常会造成图像质量的下降。在摄影时，由于光照条件不足或过度，图像会过暗或过亮；光学系统的失真、相对运动、大气运动等都会使图像模糊，传输过程中也会引入各种类型的噪声。总之，输入的图像在视觉效果和识别方便性等方面可能存在诸多问题。尽管由于目的、观点、爱好等的不同，图像质量很难有统一的定义和标准，但是根据应用要求改善图像质量却是一个共同的目标。图像增强是指根据特定的需要突出图像中的重要信息，同时减弱或去除不需要的信息。通过进行适当的增强处理，可以将原本模糊不清甚至根本无法分辨的从不同途径获取的原始图像处理成清晰的、富含大量有用信息的可使用图像，有效地去除图像中的噪声、增强图像中的边缘或其他感兴趣的区域，从而更加容易地对图像中感兴趣的目标进行检测和测量。

常用的遥感影像增强处理一般可以分为空间增强和辐射增强两种。空间增强采用卷积增强、非定向边缘增强、聚焦分析、纹理分析、锐化处理等方法；辐射增强采用直方图均衡化(图 3-17)、直方图匹配、亮度反转、去霾处理等方法。

图 3-16　西南交通大学影像

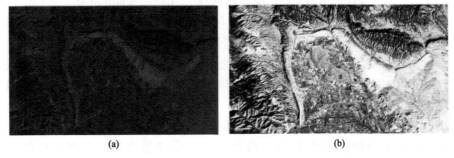

(a)　　　　　　　　　　　　　　(b)

图 3-17　直方图均衡化处理前(a)后(b)对比图

　　图像增强的目的是增强图像的视觉效果,将原图像转换成一种更适合人眼观察和计算机分析处理的形式。它一般要借助人眼的视觉特性,以取得看起来较好的视觉效果,很少涉及客观和统一的评价标准。增强的效果通常都与具体的图像有关系,靠人的主观感觉加以评价。在方法上,是通过突出重要信息,去除不重要或不必要信息来实现。

3. 区域填充法

　　区域填充是将由一定边界围成的一个区域,以不同的颜色、灰度、线型、符号等加以区别或者增加立体感的过程。多边形区域填充可以分两步进行:第一步确定需要填充的像素集;第二步确定需填充像素集的属性值。区域填充属性包括填充颜色、填充样式及填充图案等。图 3-18 反映的是某城区内火锅店数量空间分布情况。

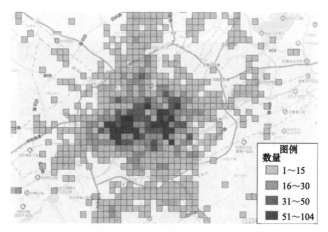

图 3-18   某城区火锅店数量空间分布情况

4. 晕渲法

1) 地貌晕渲基本原理

晕渲法，是指通过光源对地面的照射所产生的明暗对比来展示地貌起伏变化、分布及形态特征(周启明和刘学军，2006)。地貌晕渲法形成的必要条件是光照，当光照射到地表时，地形表面的起伏变化会产生明暗对比，这种明暗对比能使人建立空间立体感，依靠这种明暗对比绘制的图就是晕渲图。地貌局部的明暗变化通常会受到地貌单元坡度及坡向的影响，同时，也随着光线方向的变化而变化(丁宇萍和蒋球伟，2011；Wang et al.，2009)。

太阳是地球上各地貌要素形成明暗变化的主要光源，但地貌要素和光源的位置随着地球的自转及公转处于不断运动和变化的状态，而且由于受到大气层和地面物质的影响，地面的明暗程度也一直在发生变化。这样的情况比较复杂，所以在实际制图中，为了方便操作，一般假定光源在固定的位置，并发出一个恒定强度的平行光束。地貌晕渲法主要采用直照、斜照和综合照三种光源。

(1) 直照光源。直照晕渲是光垂直照射在地面上且假定的光源在正上方，又称坡度晕渲。地面的受光量与倾斜程度有关，坡度越大，受光量就越小，即地面的受光量与倾斜角的余弦成正比，地面的受光量随着坡度从 0°增加到 90°而逐渐减小，水平面上受光量最大，垂直受光量最小。因此，依据该种光照原理，我们可以得到“坡度越陡阴影越暗”的规律。在这种垂直光照下，因为地面各部分的受光量不同，所以呈现的亮度也不一样。但是，这种亮度变化是在无阻的垂直光线下形成的，地面的亮度只与坡度有关，而与高度无关，所以，在这种光源下制作的晕渲图可以很好地表现坡度的变化，但是不能很好地反映高度的变化，阴影变化急促、明暗悬殊、立体感较差，因此，多作为辅助光源，很少单独使用。

(2) 斜照光源。斜照光源是假定光源倾斜照射到地面上，在这种情况下，地表微单元的受光量由地表与光源的夹角所决定。通过光源方向，可以确定每个地表微单元所处的是阴坡面还是阳坡面，而通过阴阳坡面的明暗反差就可以反映地貌的形态变化。斜照光源的特点是地貌的立体形态塑造得比较真实，具有很强的立体感和表现力，而且产生的阴影面积小，因而广泛应用于多种地图中。

　　30°～60°是斜照光源常见的角度设置范围，通常将假定光源设置为西北 45°方向，即光源位于地图的左上方。在实际制图中，我们可以根据不同的制图要求或者根据地貌的表示来选择合适的光源。例如，当山脉是西北至东南的走向，就可以将整体的光源都调整为统一的光源。不同的光源方向会对地貌产生不同的阴影效果。图 3-19(a)(光照高度 45°)和图 3-19(b)(光照高度 70°)是利用数字高程模型(digital elevation model，DEM)数据，在 ArcGIS 软件中生成的不同光照高度的地貌晕渲图(仲佳等，2016)。

(a) 光照高度45°　　　　　　　　　　　　　(b) 光照高度70°

图 3-19　不同光照高度的地貌晕渲图

　　地球表面的地貌要素大多数选择西北方向的斜照光源就能较好地表达，但是有些局部的地貌类型需要进行光源的局部调整，如台地、河谷地貌、阶地等，此时，我们可以采用综合照光源。

　　(3) 综合照光源。综合照光源是晕渲图制作中最常见的光照模式，它通常是将两种或两种以上的光照模式结合在一起使用，常见的综合照光源为"以斜照为主，直照为辅"的光照模式。在两种或两种以上光源的结合下，地貌各部位的阴暗程度首先受直照光源的影响，遵循坡度越陡越暗的规律；其次受斜照光源的影响，地貌区分出阴、阳坡面。根据不同地貌特征将两种光照互相配合使用，能够提高地貌图形的立体效果。

　　2) 墨色晕渲和彩色晕渲

　　按色调晕渲可分为墨色晕渲(图 3-20)和彩色晕渲(图 3-21)。

图 3-20　墨色晕渲　　　　　　　　　　　　　图 3-21　彩色晕渲

在手工制图时期，晕渲只体现在平面纸质地图上，而伴随着计算机科学、计算机图形学等的发展，它可以将抽象的、数量概念的 DEM 数据用可视化的方法显示出来，给人以感性的认识，并可作为检查 DEM 数据准确度的工具(李少梅和孙群，2003)。

5. 体绘制法

体绘制(volume rendering)，有时又称为三维重建，它能够通过设置不透明度值来显示体数据内部不同成分的细节。在应用中将数值代表的原型以原实物实景形式或用真彩色和光影效果显示出来，以使数值真实地可视(Prokop et al.，2003；Tony et al.，2010)。体绘制包括间接体绘制和直接体绘制，它是探索、浏览和展示三维标量场数据最常用且最重要的可视化技术，支持用户直观方便地理解三维空间场内部感兴趣的区域和信息。其中，间接体绘制提取显式的几何表达(等值面、等值线、特征线等)，再用曲面或曲线绘制方法进行可视化。直接体绘制(direct volume rendering)过程不构造中间几何图元，由离散的三维数据场直接产生对应的二维图像。整个流程包含一系列三维重采样、数据值到视觉属性(颜色和不透明度)的映射、三维空间向二维空间映射和图像合成等复杂处理。

常见的三维数据集包括 CT 或 MRI 扫描数据、地震勘测数据、气象检测(图 3-22)数据(秦绪佳等，2012)。由于体绘制技术的实质是将离散的三维空间数据场转换为离散的二维数据场。为此，首先必须进行三维空间数据场的重新采样。其次，应该考虑三维空间中每一个数据点对二维图像的贡献，因而必须实现图像的合成。所以，体绘制技术的实现是一个三维离散数据场的重新采样和图像合成的过程。它需要很强的计算能力和较大的存储空间才能实现。按照不同的重新采样方法，体绘制技术又可以分为按图像空间扫描和按物体空间扫描两种不同的方法。

(a) CO的体绘制效果

(b) NO_2的体绘制效果

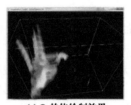
(c) O_3的体绘制效果

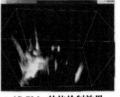
(d) $PM_{2.5}$的体绘制效果

图 3-22   不同气体体绘制效果图(毕硕本等，2020)

在按图像空间扫描的体绘制方法中，根据算法对显示屏幕逐行、逐点地进行处理。当计算某一个像素点的光强度值时设想从该点发出一条射线，穿过数据场矩阵。沿这条射线选择若干个等距的再采样点，由距离某一采样点最近的 8 个数据点的函数值作 3 次线性插值，求出该采样点的函数值，再根据对函数值的分类结果赋予不同的颜色值及不透明度值。然后，再从前往后将每一个采样点的颜色值及不透明度值依次按照上述计算方式进行迭代处理，得到像素点的最终颜色值。

与按图像空间扫描的体绘制方法相反，按物体空间扫描的体绘制方法不是从图像空间的像素点出发逐点计算，而是从物体空间的数据点出发。首先根据对每个数据点的函数值的分类给定不透明度值及颜色值，并给定视平面及观察方向。然后将每个数据点的坐标由物体空间(object space)变换到图像空间(image space)，再根据选定的光照模型计算出每个数据点处的光照强度。此后，即可根据选定的重构核函数计算出由三维光照强度到二维图像的映射关系，得出每个数据点所影响的二维像素的范围及对每个像素点光照强度的贡献。将不同的数据点对同一像素点的贡献加以合成，即可得出最后的图像。

　　体绘制形成的图像一般是半透明的图像，颜色一般是人工指定的伪彩色。体绘制首先需要对数据进行分类处理，不同类别赋予不同的颜色和不透明度值，然后根据空间中视点和体数据的相对位置确定最终的成像效果(图 3-23 为台风体绘制可视化效果图)。直接体绘制的代表算法主要包括光线投射法(ray casting)、最大强度投影算法(maximum intensity projection)、抛雪球法(splatting)和剪切曲变法(shear-warp)等。直接体绘制技术最大的优点是能从所产生的图像中观察到三维数据场的整体和全貌，能够探索物体的内部结构，可以描述非常定形的物体，如肌肉、烟云等，而面绘制在这些方面比较弱。缺点是数据存储量大，计算时间较长。

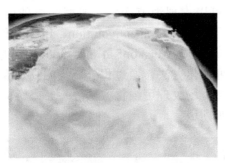

图 3-23　台风体绘制可视化效果图(王伟等，2014)

　　在直接体绘制中，传输函数定义了体数据从数据属性到光学属性(不透明度、颜色等)的映射规则，它决定了体绘制的效果，是体绘制研究的关键。然而传递函数的设计比较复杂，现有的算法存在盲目性、用户界面不直观、参数调节复杂等问题。近来对传递函数的研究进展包括高维传递函数、基于特征的传递函数等方法，用于更有效地提高绘制的效果。非真实感绘制(non-photorealistic rendering)的方法也被用于体绘制。这类方法通过边界增强(boundary enhancement)、剪影(silhouettes)、网点模式(stipple patterns)等方法，强调关注的特征，利用艺术化的方法，获得特殊的可视化效果(图 3-24 为风暴体绘制可视化效果图)。

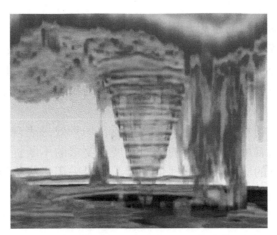

图 3-24　风暴体绘制可视化效果图(郑坤等，2014)

6. 纹理法

1) 纹理可视化方法性质

纹理映射技术是计算机图形学中表现客观世界的一种常用技术，纹理是指颜色按照一定方式排列组成的图案，兼具形状和颜色两种属性(Laramee et al.,2004)。在图形学中，纹理映射是指将纹理映射到物体表面，从而真实地模拟物体表面的细节。纹理可以是载入的图片数据，也可以由函数过程生成。在矢量场可视化中，纹理主要指利用噪声函数和矢量场方向信息生成的具有描述矢量场方向能力的颜色数组。

纹理可视化主要指利用生成的纹理对流场的方向变化信息进行可视化描述的一种方式，如图 3-25 所示。基于纹理的矢量场可视化方法与图标法相比，具有更大的优越性，它以图像形式显示场的全貌，而且可以表现细节变化。典型的纹理可视化方法有点噪声技术(spot noise techniques)、线积分卷积(line integral convolution，LIC)法和纹理平流方法(Jarke and Van Wijk，1991；葛瑶和鲁大营 2020；Weiskopf et al.，2007；Cabral and Leedom，1993)。其中，基于 LIC 的矢量场纹理可视化方法，通过积分流线的纹理卷积连续表达矢量场全局方向特性，已成为当前最主流的矢量场纹理可视化方法之一，广泛应用于环境污染评估、大气海洋建模、地球物理模拟等专业领域。

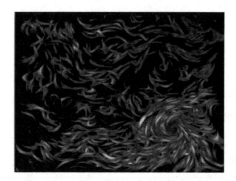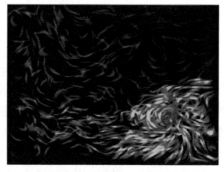

图 3-25　台风速度场数据可视化(徐华勋等，2013)

2) LIC 法原理

LIC 法源于一种运动模糊的思想，用卷积来表示矢量场的方向，即矢量场中任一点处的局部特性由一卷积核函数沿从该点开始向前、向后跟踪出的一段流线积分的结果决定。其基本原理是：以随机生成的白噪声作为输入纹理，然后根据矢量场方向信息对噪声数据进行卷积，则可以得到在图像空间上连续的纹理。这样生成的纹理既保持了原有的模式，又能体现出向量场的方向(图 3-26)。

光照计算对纹理绘制场景的表现效果非常重要，场景效果表现的好坏很大程度上依赖于光照模型的准确应用。随着可视化技术的不断发展和要求的不断提高，真实感光照模型逐渐在可视化领域得到了广泛的应用。在纹理生成后，可以采用边缘检测技术对纹理进行冷暖颜色处理，提高可视化质量(图 3-27)。

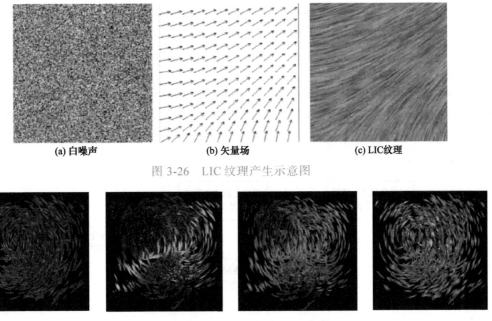

(a) 白噪声　　　　　　　　　(b) 矢量场　　　　　　　　　(c) LIC纹理

图 3-26　LIC 纹理产生示意图

图 3-27　几种光照模型下的纹理效果(徐华勋，2011)

3.2　三维空间信息可视化

地理空间中的对象具有三维空间特性，其对象信息具有广阔的范畴、丰富的内容和复杂的结构。为了系统而又本质地表述、传输和使用地理空间信息，必须把握住它们的基本特征。空间信息可视化是指运用计算机图形图像处理技术，将复杂的科学现象和自然景观及一些抽象概念图形化的过程。具体地说，就是利用地图学、计算机图形图像技术，将地学信息以图形、图像、图表、文字、报表、动画等形式展示、查询、分析以及交互处理的理论、技术和方法。本节重点介绍三维可视化原理，地形、地物、地质体三维可视化技术，人群行为建模可视化以及三维空间信息可视化优化方法等相关知识，以让读者对三维空间信息可视化有一个全面、深刻的认识和了解。

3.2.1　三维可视化原理

三维可视化技术的发展和应用，缩短了现实世界和计算机虚拟世界的差距，拓宽了人们的视野。三维可视化是利用计算机图形学和图像处理技术，将三维空间分布的复杂对象或过程转换为图形、图像在屏幕上显示并进行交互的技术和方法(唐泽圣等，1999；Wood et al.，2005)。首先，对三维实体对象进行计算机建模，形成数据文件；其次，对数据量过大的原始数据进行精炼简化处理，在保证精度的前提下尽可能地减少数据量，降低计算负荷；再次，进行场景显示与交互，使三维场景显示在特定的窗口系统中，完成图像的几何格式转换以及动态输出等功能；再其次，将经过处理的原始数据转换成可绘制的几何图形要素，如点、线、面或其他组合，进行三维建模、纹理映射、选择光照模型，实现三维场景的可视化映射；最后，借助 OpenGL、Direct3D 等图形软件或其他图形硬件，按照选定的光照模型将几何要素转换为可供计算机显示的图像，包括视点变换、光照计算、隐藏面消除等，实现三维可视化。

1. 三维可视化处理流程

近年来，随着计算机图形显示设备性能的提高，以及一些功能强大的三维图形开发软件的推出，使在普通计算机上进行高保真的三维图形显示成为可能。为了保证由三维空间向二维平面映射时图像显示的立体感，三维数据显示前需要进行一系列计算图形的技术处理，流程如图 3-28 所示。

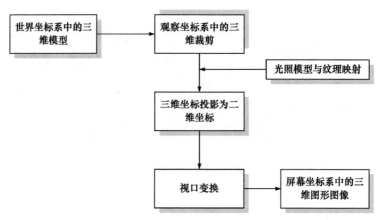

图 3-28　三维可视化的处理流程

地形、地物等三维对象的数学模型在世界坐标系(地理坐标系)(x, y, z)中建立，经坐标变换后转换为观察坐标系(u, v, w)，并在观察坐标系中实现三维地形在视景体的裁剪、光照以及纹理映像；之后的投影变换将观察坐标系的三维坐标转换投影为平面的二维坐标，并经视口变化转换成屏幕坐标(用户观察坐标)；最后经栅格显示在屏幕上，如图 3-29 所示。

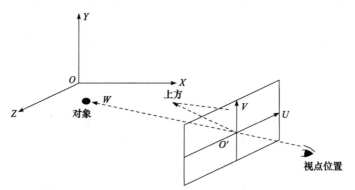

图 3-29　三维可视化的世界坐标系和观察坐标系

2. 观察坐标系空间三维裁剪

因为人眼观察范围的限制，人们只可能观察到视点前方一定角度和一定距离范围内的物体。所以，在计算机中显示三维图形时，其观察范围也是有限的。这一范围通常利用远、近、左、右、上、下六个平面来确定，即视景体。根据视景体性质的不同，可以简单地将视景体分成两类，即平行投影视景体和透视投影视景体，如图 3-30 所示。当投影中心到投影平面的距离无限远时，物体投影后在某一方向的投影大小与距离视点的远近无关，即为平行投影；若距离视点越远的物体投影后越小，反之越大，则为透视投影。若要确保物体间的度量关系不变，一般选择平行投影，而透视投影在三维视觉方面更具有优势。

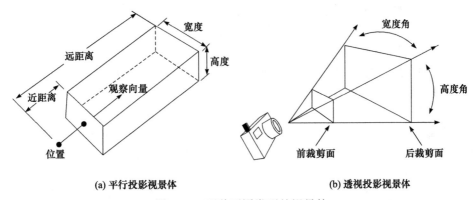

(a) 平行投影视景体　　　　　　　　　　　(b) 透视投影视景体

图 3-30　两种不同类型的视景体

观察空间的三维裁剪就是指在图形显示时，位于视景体范围以外的物体将会被裁剪掉不予显示。图 3-31 是透视投影的视景体裁剪示意图。通过判断图形对象与远、近、左、右、上、下六个裁剪面的关系可以确定对象是否在视景体内部。除了视景体定义的六个裁剪面外，用户还可以定义一个或多个附加裁剪面，以去掉与场景无关的目标。尽管计算机实施裁剪要花费一定的运算时间，但在通常情况下，因为裁剪运算可以大大减少图形的绘制数量，所以三维裁剪无疑会提高图形绘制的整体性能。鉴于对象裁剪牵涉复杂的求交运算，人们逐渐开发了基于显卡硬件的对象裁剪算法，以进一步减少图形裁剪的时间。

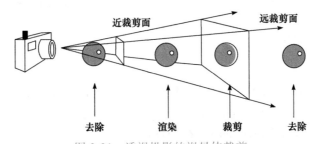

图 3-31　透视投影的视景体裁剪

3. 颜色、光照与纹理

空间信息丰富多彩，细节精致而复杂。影响三维物体表达真实感的特性主要有：①几何特性，即它在三维空间的位置、大小和方向；②颜色、光照、纹理和透明度。因此，三维可视化只有考虑了上述特征，才可能产生具有真实感的图形。

1) 颜色

颜色是外界光刺激作用于人的视觉器官而产生的主观感觉，对于生成高度真实感的图形来说必不可少。颜色具有三个特性：亮度、色调和饱和度。亮度与物体的反射率成正比，表示颜色的相对明暗程度。色调是当人眼看到一种或多种波长的光时所产生的彩色感觉，它反映颜色的种类，是决定颜色的基本特性；不同波长产生不同颜色的感觉，如红、橙、黄、绿、青、蓝、紫。饱和度是指颜色的强度或纯度，表示颜色的深浅程度。

常用的颜色模型有 RGB 颜色模型、HSI 颜色模型以及 CMYK 颜色模型等。

(1) RGB 颜色模型。RGB 颜色模型可以表示在笛卡儿坐标系中，如图 3-32 所示。在 RGB 模型立方体中，3 个轴分别代表红(R)、绿(G)、蓝(B)分量，原点所对应的颜色为黑色，它的 3 个分量值都为 0。距离原点最远的顶点对应的颜色为白色，它的 3 个分量值都为 1。立方体内的每个点对应不同的颜色，3 个分量分别代表该点颜色的红、绿、蓝亮度值，可用从原点到该点的矢量表示，其亮度值范围限定在[0, 1]。

(2) HSI 颜色模型。HSI 颜色模型以人眼的视觉特性为基础，利用 3 个相对独立、容易预测的颜色心理属性：色调(hue，H)、饱和度(saturation，S)和强度(intensity，I)来表示颜色。HSI 颜色模型定义在圆柱坐标系的双圆锥子集上，如图 3-33 所示。色调 H 由水平面的圆周表示，圆周上各点(0°～360°)代表光谱上各种不同的色调。一般假定 0°表示的颜色为红色，120°表示的颜色为绿色，240°表示的颜色为蓝色。饱和度 S 是颜色点与中心轴的距离，在中心轴上的各点饱和度为 0，在锥面上的各点饱和度为 1。光强度 I 的变化是从下锥顶点的黑色(0)渐变到上锥顶点的白色(1)。

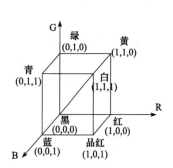

图 3-32　RGB 颜色模型坐标

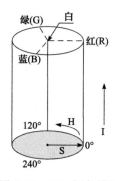

图 3-33　HSI 颜色模型

(3) CMYK 颜色模型。CMYK 颜色模型也是一种常用的表示颜色的方式。它是通过颜色相减来产生其他颜色的，也被称为减色模型。CMYK 的原色为青色(cyan)、品红色(magenta)、黄色(yellow)和黑色(black)。在处理图像时，一般不用这种模型，主要是这种模型的文件大，占用的磁盘空间和内存大，其一般用在印刷工业中。

物体的颜色不仅取决于物体本身，还与光源、周围环境的颜色以及进行观察的视觉系统有关。为了尽可能真实地模拟这些丰富多彩的视觉效果，计算机图形学中使用颜色模型和具有明暗效果的光照模型一起形成多种配色方案，常见的如过渡色、分层设色等(李成名等，2008)。

2) 光照

光照决定了现实世界中物体的外在视觉效果。三维模型的光照主要涉及三个方面：环境光、漫反射光、镜面反射光。

(1) 环境光。在现实生活中，许多物体虽然并没有被光线照射，但是同样能被看见，这是因为存在环境光。其特点是照射在物体上的光线不是直接光源，而是来自周围所有方向的光线，同时又均匀地向不同方向反射，不同物体反射光的强度及颜色也不一样，取决于其表面特性。

(2) 漫反射光。光线照射到粗糙、无光泽的物体表面时，物体表面会将光源射来的光线向周围不同方向散射，这种现象称为漫反射，如图 3-34 所示。漫反射与光线强度、反射角、观察视点及位置没有关系，与光线是否与物体表面呈垂直状态(即入射角)有关。根据点光源的不同，漫反射光的亮度也不同。

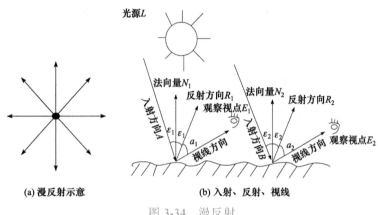

图 3-34　漫反射

(3) 镜面反射光。当物体表面光滑如同镜子时，光线照到物体表面产生亮度很强的光，这种现象称为镜面反射现象或者高光现象。此时，只有当视点在光照射线方向上时才能看到镜面反射的光线，其他方向则看不到。镜面反射模型如图 3-35 所示。镜面反射的特点是光线强度与视角相关，遵循光的反射定律。

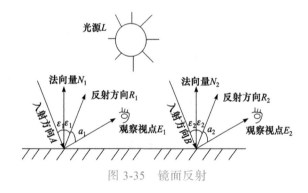

图 3-35　镜面反射

3) 纹理

尽管颜色模型和光照模型可以直观反映地表起伏状况和地物表面的明暗效果，但模型表面过于光滑和单调，不能重现其真实面貌，还需要表现物体表面的细节信息，如植被、建筑物墙面材质、装饰物等，即纹理(李成名等，2008)。纹理用图像来代替物体模型中的可模拟或不可模拟的细节，提高模拟逼真度和显示速度，是简化复杂几何体的有效方法。纹理映射能低成本地表达复杂的视觉效果。例如，现实环境中花草、树木、路灯等不规则物体渲染是提高三维场景逼真度必不可少的部分，但均不是重点展示的要素，若都用实体表示，会带来严重的资源耗费，然而纹理映射就能较好地模拟这类物体，实现真实感表达和高效绘制。此外，纹理还可以表达许多难以制作的光照效果，如聚光灯、阴影灯等。

纹理映射是把纹理影像"贴"到由几何数据所构成的三维模型上。映射可以用式(3-1)表示，其关键在于如何实现影像与数据之间的正确套合。

$$(u, v) = F(x, y, z) \tag{3-1}$$

其中，(u, v) 和 (x, y, z) 分别为纹理空间和物体空间中的点。

纹理映射的主要流程如图 3-36 所示。首先，获取纹理；其次，定义一个纹理空间到待贴图物体空间的映射函数，这是最关键的一步，决定了纹理图案贴到物体表面是否产生变形或扭曲；最后，选择一种纹理重采样方法(即纹理映射函数)对图形进行反走样处理。

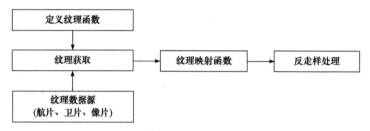

图 3-36　纹理映射的主要流程

对于地形而言，就是要使每一个 DEM 格网点与其所在的影像位置一一对应。对于原始影像，可以根据成像时的几何关系，利用共线方程解算出每一个 DEM 格网点所对应的像坐标，作为纹理映射时的纹理坐标依据。但为了避免纹理映射时复杂的纹理坐标计算，提高纹理映射的运算效率，通常采用经过数字微分纠正后的正射影像作为纹理影像，使地面坐标与纹理坐标间的对应关系变得十分简单(李成名等，2008)。

4. 视口变换

视口变换是将经过坐标变换、几何裁剪、投影变换后的物体显示于屏幕窗口内指定区域的过程，上述屏幕上的指定区域称为视口，如图 3-37 所示。视口变换类似于照片的放大与缩小，并取决于投影面与视口大小的比值。在实际应用中，视口的长度比率总是采用与视景体相同的长度比率。如果两个比率不相等，那么显示于视口内的投影图像会发生变形，不能

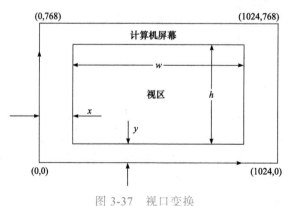

图 3-37　视口变换

显示真实感较强的图像。另外，当视角增大时，投影平面的面积增大，视口面积与投影平面面积的比值变小，但物体的投影尺寸并未发生变化，因此实际显示在屏幕上的物体将变小。反之，当视角增大，实际显示在屏幕上的物体将变大(李成名等，2008)。

此外，为了使屏幕中显示的立体图像能逼真地反映实际物体，还必须消除由于视线的遮挡而隐藏的点、线、面和体，即深度测试。消除隐藏点的算法很多，如深度缓冲器算法、画家算法、区域子分割算法等，常用的图形包里采取的深度缓存(depth buffer)就是深度缓冲器算法。它在缓存中保留屏幕上每个像素的深度值(视点到物体的距离)，有较大深度值的像素会被带有较小深度值的像素替代，即远处的物体被近处的物体遮挡住了。当物体之间的遮挡现象严重时，深度测试可以大大降低实际绘制的图形数量。

目前通用的图形可视化开发包，如 OpenGL、DirectX、QD3D、VTK、Java3D 等，都封装了上述图形可视化的流水线(pipe line)，并提供了一系列的图形显示和交互接口。利用它们提供的应用程序编程接口(application programming interface，API)可以实现三维显示和交互控制。

5. 三维立体显示

三维图形显示的真实与否，主要靠人眼视觉去判断。人之所以能看见有立体感的三维世界，是因为双眼存在一定视差，从而产生深度感，这是通过左、右眼视线在空间的交点而感受到的。只有当深度感连同其他因素，如视野宽度、运动视觉、视差调节和交互作用等时，用户才能在视景仿真系统中获得沉浸感。

为了在三维可视化时增加用户的沉浸感，人们根据人眼立体视觉原理，在三维可视化中引入了立体视觉来增强用户身临其境的感觉。形成人工立体视觉必须具备下列条件。

(1) 所观察的两幅图像必须有一定左右视差，即立体像对。

(2) 左右眼分别观察左右各一幅图像，即分像。

(3) 像片所放位置必须使相应视线成对相交，即无上下视差。

根据其基本工作原理是否为双目视差，可将三维立体显示分为两大类：基于双目视差原理的三维立体显示和非基于双目视差原理的三维立体显示。

1) 基于双目视差原理的三维立体显示

基于双目视差原理的三维立体显示为观看者左右眼提供同一场景的立体像对，采用光学等手段让观看者的左右眼分别只看到对应的左右眼图像，这样便使观看者感知到了立体图像。主要技术有眼镜/头盔式三维立体显示和光栅式自由立体显示两类。

眼镜三维立体显示根据其工作原理主要分为：①基于波长的三维立体显示；②基于时序立体眼镜的三维立体显示，其显示屏分时显示左右视差图，并通过同步信号发射器及同步信号接收器控制观看者所佩戴的液晶快门立体眼镜，使得当显示屏显示左(右)眼视差图像时左(右)眼镜片透光而右(左)眼镜片不透光；③基于偏振眼镜的三维立体显示。

光栅式自由立体显示器主要由平板显示屏和光栅精密组合而成，左右眼视差图像按一定规律排列并显示在平板显示屏上，然后利用光栅的分光作用将左右眼视差图像的光线向不同方向传播，当观看者位于合适的观看区域时，其左右眼分别观看到左右眼视差图像，经过大脑融合便可观看到有立体感的图像。根据采用的光栅类型，光栅式自由立体显示器可分为狭缝光栅式自由立体显示器(图3-38)和柱透镜光栅式自由立体显示器两类。

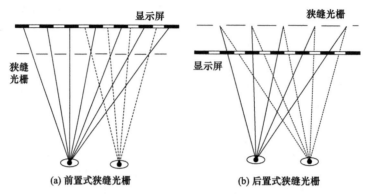

图 3-38   狭缝光栅式自由立体显示器的结构和原理

2) 非基于双目视差原理的三维立体显示

非基于双目视差原理的三维立体显示的工作原理各不相同,如利用光学干涉衍射原理、人眼视觉暂留效应以及人眼视错原理等,不存在观看视疲劳,但技术一般不成熟。主要技术有全息立体显示、集成成像立体显示以及体显示等。

例如,全息技术是利用干涉原理将物体发出的特定光波以干涉条纹的形式记录下来,形成"全息图",全息图中包括了物体光波的相位与振幅信息。当用相干光源照射全息图时,基于衍射原理重现物体的光波信息,从而形成原物体的逼真三维图像,如图3-39所示。

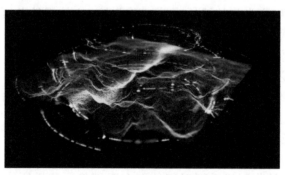

图 3-39   全息地形图

目前,在计算机上实现人工立体观察主要有下列几种方式。①分光法:把具有左右视差的两幅视图显示在计算机屏幕上的不同位置或不同屏幕上,借助光学设备按照立体观察条件使左右眼只看到相应的一个视图,或者把它们再投影到一个屏幕上,用偏振光眼镜进行观察。②补色法:将左右视图用红绿等两种补色同时显示出来并用相应的补色设备观察。该方法简便易行,除补色眼镜外不需要其他硬件设备,但它不适合用于彩色立体观察。③场(幅)分隔法:也称分制法,该方法是将左右视图按场(幅)序交替显示,在计算机屏幕前用液晶方式或偏振光方式进行视图分拣。当显示器采用隔行扫描时,左右视图按奇偶场交替显示;采用逐行扫描时,左右视图按幅交替显示。场(幅)分割法是目前计算机立体显示中被广泛采用的方法。

在计算机显示屏上沿水平方向交替显示两幅用不同视线参数生成的透视景观图,利用液晶眼镜在显示屏与观察者之间分别设置一个像场景遮光同步快门，该液晶快门受逻辑控制电路控制。逻辑控制电路的同步信号取自于计算机的显示接口。在显示屏显示左视图期间，打开左眼液晶快门并关闭右眼液晶快门；在显示屏显示右视图期间，打开右眼液晶快门，从而获得立体视觉。与液晶方式的立体显示方法相比，偏振光方式的立体显示方法的不同点仅在于偏振屏和偏振光眼镜取代液晶眼镜来实现左右视图的分拣。

当采用分隔法来进行三维景观立体显示时，显示卡必须能够先后显示左右视图，并且有足够的显示内存以容纳高分辨率的彩色图像和为实现图像交互所必需的空间。为了克服图像闪烁，所采用显示器的显示场频率应该大于 120Hz。水平方向采用不同视线参数的两幅透视图的实时显示可通过软件来控制实现。基于计算机的立体视觉三维可视化的原理如图 3-40 所示。

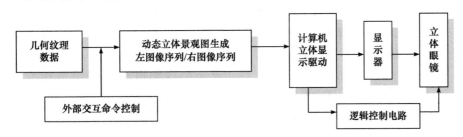

图 3-40　基于计算机的立体视觉三维可视化原理

3.2.2　地形三维可视化

在现实生活中，人类的生活与地形息息相关。随着数字时代的到来，人们不再满足于传统的纸质地图或者一般电子地图，更希望地图能够对地理现象进行可视化动态分析和模拟。基于地形三维可视化的电子地图能动态、交互地分析、显示、处理各种地理数据，主要研究数字地面模型(digital terrain models，DTM)、数字高程模型(DEM)的显示、简化、仿真等，是三维地理信息系统(3D GIS)的基础，涉及地理信息系统、计算机图形学、虚拟现实、科学可视化计算等领域，是计算机技术与 GIS 技术、遥感技术的结合，在军事、工程建设以及现实生活中都具有重要的应用意义。利用地形三维可视化，可以更快地进行数据存储、更新，且可以利用计算机进行辅助分析，减少数据分析工作中的手工操作，提高工作效率。

1. DTM 与 DEM

数字地面模型(DTM)是地形起伏的数字表达，由对地形表面取样所得到的一组点的 x、y、z 坐标数据和一套对地面提供连续的描述的算法组成。DTM 是地形表面形态属性信息的数字表达，是带有空间位置特征和地形属性特征的数字描述。DTM 的核心是地形表面特征点的三维坐标数据和一套对地表提供连续描述的算法。最基本的 DTM 由一系列地面点 x, y 位置及其相联系的高程 z 组成，用数学函数表达为

$$z = f(x, y) \quad x, y \in \text{DTM所在的区域} \qquad (3\text{-}2)$$

简单地说，DTM 是按一定结构组织在一起的数据组，它代表着地形特征的空间分布。DTM 是建立地形数据库的基本数据，可以用来制作等高线图、坡度图、专题图等多种图解产品。DTM 是针对地球表面几何形态——地形地貌的一种数字建模过程，其建模的结果通常是一个 DEM。DEM 作为 DTM 的一种表示方法被广泛使用，是国家空间数据基础设施基

本内容之一，并作为独立的标准产品而纳入数字地理数据框架。DEM 的表示方法主要有以下两种。

1) 数学方法

可以采用整体拟合法，即根据区域所有的高程点数据，用傅里叶级数和高次多项式方法拟合统一的地面高程曲面；也可用局部拟合方法，对地表复杂表面分成正方形规则区域或面积大致相等的不规则区域进行分块搜索，通过对有限的高程点数据进行拟合形成高程曲面。

2) 图形方法

图形方法可分为点模式和线模式。线模式中，等高线是表示地形最常见的形式，山脊线、谷底线、海岸线及坡度变换线等也是表达地面高程的重要信息源。点模式中，用离散采样数据点建立 DEM 是常用的方法之一。数据采样可以按规则格网采样，可以是密度一致的或不一致的；可以是不规则采样，如不规则三角网、邻近网模型等；也可以有选择性地采样，如采集山峰、洼坑、隘口、边界等重要特征点。

在实际使用中，图形表达方法应用较多。其中，规则格网(grid)模型和不规则三角网(triangulated irregular network，TIN)模型是最常见的两种表示 DEM 的模型，也有一些应用是基于 grid 和 TIN 的混合模型。数字地面模型有着广泛的应用，在测绘中可用于绘制等高线、坡度坡向图、立体透视图，制作正射影像图、立体景观图、立体匹配图、立体地形模型及地图的修测；在各种工程中可用于体积、面积的计算，各种剖面图的绘制及线路的设计；军事上可用于导航(包括导弹与飞机的导航)、通信、作战任务的计划制定等；在遥感中可作为分类的辅助数据；在环境与规划中可用于土地利用现状分析、各种规划及洪水险情预报等(杨丽霞，2014；汤国安，2014)。

2. TIN 表达

TIN 是专门为 DTM 数据而设计的一种采样表示系统。TIN 模型由分散的地形点按照一定的规则构成的一系列不相交的三角形网组成，所表示的地形表面的真实程度由地形点的密度决定，并能充分表现高程细节的变化，适合地形复杂的地区。在所有符合 TIN 模型基本要求的三角网中，苏联数学家 Delaunay 于 1934 年推演出的三角网(称为 Delaunay 三角网，如图 3-41 所示)在地形拟合方面最为出色。Delaunay 三角网是由三个相邻的点连接而成的相互邻接且互不重叠的三角形的集合，每一个三角形的外接圆内不包含其他点。

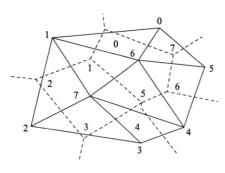

图 3-41　Delaunay 三角网

TIN 的存储采用文件集的形式，如图 3-42 所示，每个文件存储格网的节点坐标、高程坐标、节点号、空间索引标识、边界、渲染和文件指针等信息。依据三角网拓扑关系的记录方式可产生多种 TIN 结构。简单的 TIN 结构可以只包含点和三角形，三角形只记录三个点号。基本元素包括节点、边和面。节点(node)是相邻三角形的公共顶点，也是构建 TIN 的采样数据；边(edge)是两个三角形的公共边界，边同时还包括特征线、断裂线以及区域边界；面(face)是由最近的三个节点组成的三角面，是描述地形表面的基本单元。

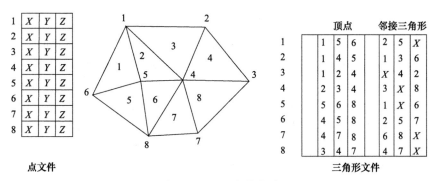

图 3-42　TIN 存储方式

这种方法结构简单，但隐藏了点与点、点与边、边与三角形、三角形与三角形之间的拓扑关系，在分析或三角网修改过程中需要大量计算寻找拓扑关系，造成很大不便。比较复杂的 TIN 结构可包含点、边、三角形、拓扑关系，以及三角网构建过程中用到的树形结构等信息。TIN 的典型结构包含 TIN 的面结构、TIN 的点结构、TIN 的点面结构、TIN 的边结构、TIN 的边界结构等。TIN 的表现形式如图 3-43 所示。

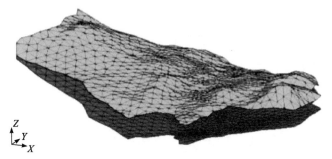

图 3-43　TIN 的表现形式

TIN 是 GIS 数据表达、管理、集成和可视化的一项重要内容，也是地学分析、计算机视觉、表面目标重构、有限元分析、道路计算机辅助设计(computer aided design，CAD)等领域一项重要的应用技术。可以通过不同层次的分辨率来描述地形表面，也可以通过插入特征点、特征线、结构线等来精确逼近地表形态。TIN 的产生方法有多种，根据数据源的不同和生产过程的差异，可以将这些方法进行分类，如表 3-3 所示(史文中等，2007)。

表 3-3　TIN 的产生方法分类

基于离散采样点		基于规则格网			基于等高线	基于混合数据
静态	三角形生长算法	格网分解法		重要点	等高线的离散点直接生成法	将格网 DEM 分解为 TIN，再插入特征线，构建 D-TIN
	分治算法	单格网	单对角线	地形骨架法		
	凸包算法		多对角线	地形滤波法	加入特征点的 TIN 优化法	
	辐射扫描算法	多格网	单对角线	层次三角网法		
	改进层次算法		多对角线	试探法	等高线约束的特征线法	
动态	逐点插入法			迭代贪婪插入法		

构建 TIN 的地形表达，可根据地形的复杂程度确定采样点的密度和位置。TIN 模型不仅能充分表示地形特征点和线，尤其是当地形含有大量特征(如断裂带、构造线)时，能更好地顾及这些特征从而更精确地表达地表形态，同时还能减少平坦地区的数据冗余，将沟坎等边坡点表示出来。与格网数据模型相比，TIN 模型在某一特定分辨率下能用更少的空间和时间更精确地表达更复杂的表面。但其缺点是在构建 TIN 模型时构网计算量大、不利于对大范围作计算和显示；只有专业软件支持 TIN 格式文件的读写，不同软件生成的 TIN 文件格式不通用。

3. grid 表达

规则格网(grid)模型由规则的采样点数据组成，或把不规则采样点数据内插成规则点数据，以矩阵形式来表示地面形状。规则格网是将区域空间切分为规则的格网单元，每个格网单元对应一个数值，数学上可以表示为矩阵，计算机实现则是通过二维数组。每一个格网单元具有唯一的行列标识，每个格网单元都有一个表示其地理特征的值。规则格网通常是正方形，也可以是三角形、矩形、六边形等，如图 3-44 所示(陆守一，2004)。基于规则格网的 DEM 建模(简称规则格网 DEM)方法适合地表形态变化不明显的区域，而对于地形断裂线以及陡峭的山坡处等地表形态变化非常明显的区域，则需要进行增加特征点的密度等特殊处理才能适用，如图 3-45 所示。

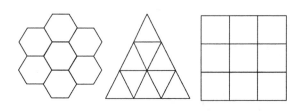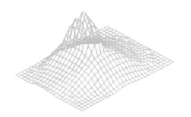

图 3-44   规则格网表达   图 3-45   规则格网 DEM

如果原始数据就是规则格网数据，则只需按建模要求对原始数据进行简化或内插；若原始数据不是规则格网数据，如离散采样点、等高线，则需要先将不规则数据进行内插形成规则格网数据。根据数据内插方法的不同，规则格网的产生方法分类如表 3-4 所示(史文中等，2007)。

表 3-4   规则格网的产生方法分类

基于细网格				基于离散采样点		基于等高线	
简单筛选	隔行重采样	内插采样	最近点法	离散点直接插入法	逐点法	等高线离散法	
	隔 N 行重采样		双线性法		局部法	等高线内插法	预定轴向法
					整体法		最大坡降法
	沿对角线重采样		局部曲面法	TIN 内插法	平面内插法	等高线构 TIN 法	
					曲面内插法		

规则格网是典型的栅格数据结构，可采用栅格矩阵及其压缩编码的方法表示。通常包括以下几种。

1) 元数据

描述 DEM 数据的数据，如数据表示的时间、边界、测量单位、投影参数等。

2) 数据头

DEM 数据的起点坐标、坐标类型、格网大小、行列数等。

3) 数据体

数据体是按行列数分布的数据阵列，可采用栅格矩阵及其压缩编码，如行程编码、四叉树编码、多级格网等方法。

与 TIN 模型相比，规则格网具有数据结构简单，算法容易实现，便于空间操作和存储，以栅格为基础的矩阵计算机处理起来方便，以图像文件形式组织的 DEM 便于查看与查询，文件格式具有通用性，不需要专门的软件支持，尤其适合在栅格数据结构的 GIS 系统中展示，容易计算等高线、坡度、坡向，能自动提取地域地形等优势。但规则格网在平坦地区易出现大量数据冗余，数据量大，通常采用压缩存储，包括无损压缩，如游程编码、链码；有损压缩，如离散余弦、小波变换等。面对不规则的地面特性，规则格网不利于表示复杂地形。同一个采样间隔不能适用于不同的地形条件，即如果不改变格网大小，会无法适应起伏程度不同的地区，但缩小格网又会造成数据量呈几何级数增加，给数据管理带来不便，不能精确表示地形的关键特征，如在山峰、坑洼、山脊线、沟坎等地形突变地区，其精度会有损失。

4. 混合结构表达

用规则格网 DEM 表示地形的缺点是整个区域的格网尺寸必须完全一致，难以随地形的起伏而变化；格网过密会在平坦地区造成数据冗余，格网过疏难以描述地表上的特殊地形信息；在地形简单地区出现大量的数据冗余，而在地形复杂地区分辨率仍然较低，这些缺点给规则格网 DEM 的实际应用带来了众多困难。

针对这些缺点，人们提出了许多对规则格网 DEM 的改进方法，如变格网大小 DEM、grid-TIN 混合式 DEM，利用三角形在形状和大小方面的灵活性对面片进行划分(李志林和朱庆，2003)，如图 3-46 所示。变格网大小 DEM 的采样间隔随地形复杂程度的变化而变化，在地形简单地区采样间隔大，而在地形复杂地区则相应地减小采样间隔。改进后的这种混合 DEM 将不再是"规则"的网格，无疑给数据结构的设计与管理带来了巨大的麻烦，失去了规则格网 DEM 高程定位的方便性。

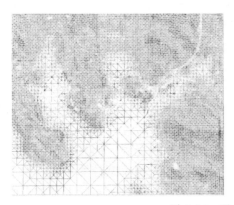

图 3-46　混合结构 DEM

grid-TIN 混合 DEM 由 Ebner 和 Reiss(1984)提出，它在一般地区采用了规则格网 DEM 数据结构(也可以采用变格网大小 DEM)，沿地形特征处(断裂线、构造线、河流线等)采用不规则三角网的数据结构。这种 grid-TIN 混合式 DEM 数据结构虽然能很好地避免平坦地区的数据冗余，但数据结构更为复杂，管理起来更不方便，实际应用中使用较少(李成名等，2008)。

5. 三维真实感地形生成

三维真实感地形可视化的设计思想是依据 DEM 建立地形表面的网格模型，然后通过纹理映射、光照以及立体视觉技术，实现立体现实以及真实再现地形地貌。当前，主要有三种三维真实感地形的生成技术：基于分形几何的地形生成；基于真实地形数据的地形生成；基于数据拟合的地形生成。其中，基于真实地形数据的地形生成是较为常见的技术：采用数字高程模型，将卫星拍摄的遥感地形图像数据和数字高程模型数据相互对应，在用算法重构地形时，这些遥感图像将被映射到与数字高程模型数据相对应的部位(Chen et al.，2015)。三维地形可视化仿真的过程主要经过数据准备、三维地形建模、三维真实感地形模型处理、三维地形的可视化等几个阶段。三维真实感地形生成流程如图 3-47 所示。

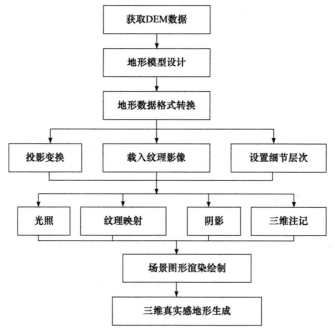

图 3-47　三维真实感地形生成流程

在三维地形场景中，效果的好坏主要受以下几方面因素影响：第一，地形数据的精度高低。一般来讲，DEM 数据及相对应遥感影像数据分辨率越高效果越好，这样地形地貌细节能够表示得更清楚。第二，光照设置，光源包括点光源、线光源、面光源和体光源。使用光照能够使生成的图形更加逼真。第三，纹理映射。在采用光照模型计算景物表面上各点处的光亮度时，仅考虑了表面法向的变化并假定表面反射率为一常数，实际上景物表面存在着丰富的纹理细节，人们正是根据这些纹理细节来区别各种具有相同形状的景物。因而景物表面纹理细节的模拟在真实感图形合成技术中具有非常重要的作用。第四，阴影效果。它对增强画面的真实感有着非常重要的作用，阴影可以反映画面中景物的相对位置，增加图形的立体感和场景的层次感。

3.2.3　地物三维可视化

现实世界是复杂多样的，传统的地图制图学将现实世界中的对象经过抽象划分为水系、交通、居民地与建(构)筑物、管线及附属设施、境界、地貌、植被和土质等制图要素。在二维 GIS 中，上述几类地物根据其在平面上投影类型的不同，又被抽象为点、线、面三类对象。每一类对象又根据具体属性的不同分别配以不同的符号、线型、颜色和填充，经过这种分类、抽象与表达，复杂的现实世界就可以在二维地形图上准确清晰地表达。三维地物实际上也包括这些种类，与二维地物表达的不同之处在于三维需要以真实表达地物外形、外观为目标。三维空间数据的获取是一个采集、挖掘、整合空间定位数据的过程；二维图形数据和三维观测数据对生成的三维模型实现精确定位并对模型结构进行约束，使其与真实场景保持一致；地物纹理数据主要是用来反映真实的地物场景，提供逼真的视觉效果(Liang et al., 2019；Evans et al.，2014)。

1. 点状地物可视化

点状符号是位于某一点的个体图形符号，表示其定位点上的地理空间信息，说明地理对象的位置、属性等，如测量控制点、大部分的独立地物符号、不依比例尺的居民地符号和窑洞符号，以及专题统计图形符号等。

在三维场景中，行道树、路灯、公用电话、垃圾桶、管线点等三维对象可以看作点状对象，使用提前制作的三维模型符号，借助二维数据中点状对象的几何位置信息和属性信息，如树的类别、路灯的高度、管线点的管顶高程等，可以自动生成三维符号，如图 3-48 所示。其中，类别或类型信息控制点状模型的选取，平面坐标决定符号的平面位置，高度、角度控制比例因子和旋转因子。

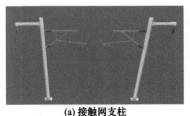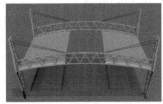

(a) 接触网支柱　　　　(b) 通信基站　　　　(c) 站台

图 3-48　点状三维符号

与二维符号不同的是，三维符号不再只是对平面大小、颜色、线型、点状符号及充填符号的变换处理。三维符号除具有三维方向的大小信息外，还具有样式、纹理等信息，匹配过程更为复杂。为了能真实表达现实世界，同时又能兼顾计算机处理能力和成本的局限，三维模型应尽可能简化，在满足逼真效果的前提下实现高效率场景绘制(Jiang et al.,2011)。

2. 线状地物可视化

地理环境中，空间形态呈现为线状或带状延伸的地物，如河流、道路网和境界线等，经地图概括后，大部分其宽度不能依比例尺表示，需要进行适当的夸大，地图上只是保留其空间延伸的路径信息。线状符号的形状和颜色表示事物的质量特征，其宽度往往反映事物的等级或数值。这类符号能表示事物的分布位置、延伸形态和长度，但不能表示其宽度，一般又称为半依比例符号。线状符号的表现形式包括单线、平行双线、实线、虚线、渐变线、指向线、对称和非对称线划。其中，虚线常常用于表示非实物、不稳固、未完成、暂时性的事物，如行政边界线、在建公路、时令河等；而指向线、非对称性符号往往对线状地物的状态具有特定的含义，如指明河流的流向、地面的陡降方向等。

对于围墙、栅栏、底线管线等线状对象，使用线状对象的匹配算法就可以实现其快速构建，利用线状符号的线型、图案、尺寸、颜色等表示线状实体的地物或现象的位置、类别和等级等属性。图 3-49 显示的是在三维建模软件中对围墙、围栏线状对象建模可视化。

(a) 围墙   (b) 围栏

图 3-49   三维线状对象

在平面图上利用一条线直接表达的一段管线，在现实世界中包含了走向、长度、半径、高度四个方面的信息。其中，走向和长度可以直接从二维几何信息中获取，而半径、高度等需要从属性信息中获取。假设管线的三维符号的长度和直径均为 1 个单位，则任意一段管线可以通过三维管线符号的缩放、旋转和平移实现。具体过程如下。

1) 缩放因子的计算

三维管线符号的缩放因子取决于管线的长度和直径(图 3-50)，由管线的始点和末点的中心线高程可以计算管线在三维空间的长度。

2) 旋转因子的计算

三维管线符号的旋转因子取决于管线两端的三维坐标(图 3-51)，它由水平面和垂直面上的旋转角度决定。

3) 平移因子的计算

三维管线符号的平移因子取决于管线中心点的三维坐标(图 3-52)。

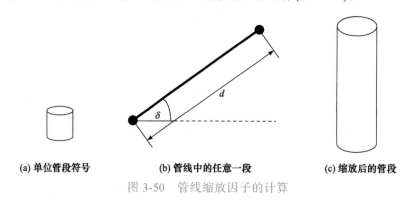

(a) 单位管段符号   (b) 管线中的任意一段   (c) 缩放后的管段

图 3-50   管线缩放因子的计算

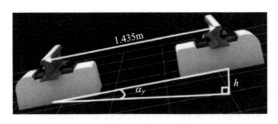

图 3-51　轨道旋转因子的计算　　　　图 3-52　轨道符号匹配的效果

3. 面状地物可视化

客观事物呈面状分布，当实际面积较大，按地图比例尺缩小后，仍能显示其外部轮廓时，用面状符号表示，如大面积的湖泊、森林、沼泽等。面状符号是用轮廓线(实线、虚线或点线)表示事物的分布范围，其形状与事物的平面图形相似，通过在轮廓线内加绘颜色或说明符号以表示它的性质和数量。对于由这类符号所表示的事物，可以从图上量测其长度、宽度和面积，所以一般又把这种符号称为依比例符号。面状符号采用不同的视觉变量组合以表现它的空间特征、质量特征和数量特征。面状地理现象按其空间分布形态可划分为全域连续分布、局域成片分布和离散分布(崔铁军等，2017)。

1) 全域连续分布

全域连续分布是指布满整个地表空间域且连续的二维及三维分布现象，如地貌、高程、气温、气压、行政区划、地表覆盖等。

2) 局域成片分布

局域成片分布是指仅在局部空间范围内存在且间断成片的二维、三维面状分布现象，如湖泊、水库、洪水淹没范围、地震波及范围、降雪范围、油田分布等。

3) 离散分布

离散分布是指在制图区域内整体呈二维或三维面状，但个体单元相对独立且存在间隔分布的现象，如人口分布、植物分布、动物分布等。

在三维地理信息系统中，对面状对象的表达十分丰富，如地面、绿色、道路、河流以及建模物的各个侧面等，对这类对象进行建模的难度也最大。空间对象的建模主要分为两部分：先是以相对规则的空间形状对地物进行建模，然后配以相应的纹理来增强表达的形象化。图 3-53 是对公路和洪水淹没分析进行建模表达。

(a) 公路　　　　　　　　　　　(b) 洪水淹没分析

图 3-53　三维面状地物

4. 地形地物融合表达

由于地形表面在空间上是一个连续的空间曲面，而铁路场景模型底面(与地面接触面)在理论上是一个平面。如果对坐落在地面上的铁路构建模型不做任何处理，可能会导致其与地形不匹配，造成诸如地物飘在空中或钻入地下的情景，如图 3-54 所示。为保证地形表面与铁路构建模型以及其他地物模型叠加后在空间上无缝融合，需对铁路构建模型底面或其他地物面与地形面相交部分做特殊处理，否则会影响可视化效果(李成名等，2008)。

图 3-54   三维模型与地形叠加显示时的不匹配现象

在地物模型和地形模型的集成方面，一些学者从数据管理的角度出发对 CAD 模型和地形模型的集成进行了研究，如 Zlatanova 和 Prosperi(2005)采用了约束 TIN 的方法对 CAD 模型的边界作为约束边进行了处理，保证了整体模型在空间上的一致性。为了三维可视化场景中的地形与地物相匹配，主要有以下一些策略可以对地形或地物进行修正。

(1) 在基础数据的选择上，应该根据实际应用需要，选择适当精度的地形和平面底座数据。在条件允许的情况下，尽量提高 DEM 的数据精度，并忽略地形的细微高差。

(2) 在地形模型的基础上，遵循以下原则选择规则格网或三角网：在中小比例尺条件下，采用规则格网结构描述 DEM，因为其结构简单，处理负担均衡，磁盘存储容易管理，有利于 LOD 的自动生成，另外有利于两者分开建模以及实现地物与地形的自适应匹配；在目视比例尺条件下，采用三角网数据结构，可以精细地刻画地表形态。

(3) 基于软件实现地形地物的匹配。在使用以上技术的基础上，如果地形与地物仍然不能正确匹配，可以考虑使用相关软件进行地形地物匹配。例如，ArcScene 中可以使用"添加三维符号"工具进行地形与地物的匹配，因为该工具已经包含地形与地物的匹配算法。

这里以三维可视化建设过程中发生匹配问题较多的建筑物和道路为例，阐述基于软件实现地形与地物匹配的策略。

1) 地物模型与地形的匹配方法

现实情况下，地物的分布一般表现为底面水平、本身垂直、基准高程随着地形起伏。当地物底面所在的地形呈下陷形状[图 3-55(a)]时，可以通过修改地物模型的方法实现其与地形的匹配[图 3-55(b)]，方法如下。

(1) 找出地物覆盖的地形表面片中的最高点和最低点。

(2) 将模型的水平基础面放在地形中的最高点。

(3) 以地物的底座为基础，构造地物基准面之下与最低点之间的部分模型。

| (a) 地物所处地形下陷 | (b) 修改地物模型匹配后 |

图 3-55　地物模型与地形的匹配

修改后的模型相当于在原来模型的基础上，新构建了一个地物的底座，从而填平原来地物下的凹陷。

当大片的地物水平基准面相同时，可以通过对地形模型的局部改造实现其与地物模型的匹配，方法如下(这里以 TIN 表达的地形为例)。

(1) 根据地物的三维模型求取位于底座基准面上的散乱点。

(2) 求底座散乱点的凸包。

(3) 根据凸包的范围可以确定其覆盖的地形表面的范围，即影响的地形三角面，如图 3-56 中的顶点 123456 围成的区域。

(4) 根据点在多边形内的算法，判断原始 TIN 中落在该凸包之内的点。因为这些点，如图 3-56 中的 7 点，不参与局部三角网的重构，所以对于这些落在地物模型底座凸包之内的点予以删除，同时删除与这些点相关联的所有三角形。

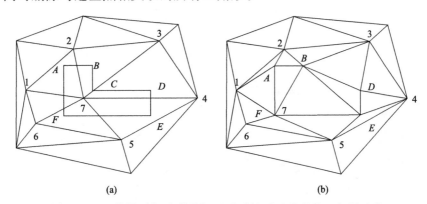

图 3-56　三维模型与地形叠加显示时的不匹配现象三角网示意

(5) 根据 Delaunay 三角剖分法则，对地物底座凸包的边界点 *ABCDEF* 和地物的地形影响边界点 123456 重新剖分[图 5-36(b)]，并将新生成的三角形加入到地形 TIN 中。

上述方法中，假定地物的底座基准高度是正确的，当地物的底座基准高度不明确时，可以根据建筑物中心点的水平位置由地形数据得到相应的高程值作为基础高程值，如图 3-57 所示。当地物较为密集时，局部修改工作量相当庞大，地物的凸包之间可能相互交叉，这时可以先把地形模型划分成一些地形子块，对每个地形子块内的地物与地面进行整体全部剖分，从而构造完整的混合模型。铁路路基模型与地形的匹配也可以采用上述方法。

图 3-57　三维模型与地形叠加显示示意

2) 道路模型与地形的匹配

在目视比例尺条件下，道路为一定宽度的平面，不应该表现为一条随地形起伏的曲线，而应该表现为：道路中心纵截面随地形起伏；道路表面横截面高程相同；周围地形有一定的改造且与道路无缝连接。

已知：道路中心线(X_1, Y_1；X_2, Y_2；…；X_n, Y_n)、道路宽 W、DEM 数据，算法如下。

(1) 求得道路左、右侧边线三维坐标。

(2) 对道路面进行大三角面剖分。

(3) 循环求得左右两侧边线与 DEM 的所有交点的三维坐标，并将所有交点插入 DEM 格网中。如 DEM 格网中有 right 数据，则逆时针形成多边形，并剖分；如 DEM 格网中有 left 数据，则顺时针形成多边形，并剖分。

(4) DEM 格网中数据的剖分，加上道路的简单剖分，即可建立与地形融合在一起的三维道路模型，如图 3-58 所示。当然，不同的三角面根据模型性质映射不同的纹理。

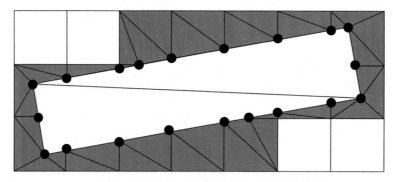

图 3-58　三维模型与地形叠加显示时的不匹配现象

3.3　多媒体表示法

3.3.1　多媒体概念

1. 多媒体技术含义

多媒体技术的运用使计算机从单一的处理字符信息的形式，发展成能同时对文本、数字音频、图形、图像等多种媒体信息进行综合处理和集成；使计算机从原来的无声世界进入到有声世界；由原来的静止图形、图像效果发展成动态画面乃至视频图像效果；使计算机成为图文声并茂的具有人性化操作界面的直观设备(王英杰等，2003)。

多媒体技术的定义是利用多媒体计算机综合处理多种媒体信息的功能，将数字、文字、图形、图像、声音、动画和视频处理技术相结合，使多种媒体信息有逻辑地连接，集成为一个有机的系统，并具有人性化的操作界面。多媒体在表示模糊空间信息方面具有很大的潜力，使许多难以用图形表达的空间信息可以通过声音等表示出来(Hrabovskyi et al.，2020)。

2. 多媒体系统的构成

多媒体系统由以下三部分构成。

(1) 多媒体硬件系统：包括计算机硬件、声卡、视频卡、多媒体 I/O 设备及其装置、通信设备及其装置。

(2) 多媒体操作系统：它是多媒体系统的核心组成部分，故也称多媒体核心系统。通常应具有实时任务调度、多媒体数据处理及其同步算法、多媒体设备的驱动控制以及图形用户界面等功能。

(3) 多媒体系统开发工具：是多媒体应用系统创作的重要工具，通常多媒体系统设计和开发人员主要依靠这一工具对多媒体信息进行处理和系统集成。因此它具有操作多媒体信息和对多媒体信息进行动态综合处理的能力，同时还支持应用开发人员自行开发的有关多媒体的应用软件。

3.3.2　多媒体类型数据的可视化方法

1. 图像

图像适用于表现含有大量细节(如明暗变化、场景复杂、轮廓色彩丰富)的对象，对图像数据的可视化可以帮助用户更好地从大量的图像集合中发现一些隐藏的特征模式。

1) 图像格网(image grid)

图像格网是指根据图像的原信息对图像按二维数组形式排列，形成一张更大的图像，这种技术又称为混合画。例如，Cinema Radux 将一整部电影表达成一幅混合画：每行表示电影中的一分钟。这种排列方式对于任何拥有时间信息的媒体数据集合来说都是一种非常有效的探索方式。但选择图像和排列图像的过程不仅需要符合数据特性的转变方式，还需要处理一些关键操作，如合理安排可视元素、凸显用户难以直接察觉到的信息模式等。

2) 时空采样

对图像或图像序列的部分内容或区域进行时域或空间域的重采样并呈现的方法就是基于时空采样的图像可视化。时空采样是指根据图像序列源信息中与时间或者顺序相关的属性(图像上传时间、视频帧序号、连环画页码)从图像序列中挑选出子序列进行重采样并显示。

3) 基于相似性的图像集可视化

当图像数量增加到数千甚至上万张时，需要有效的搜索和可视化算法来显示图像之间的关联性和结构特征，如图 3-59 所示。关联性往往通过计算图像内容、文字描述或者语义注释中特征的相似性得到。基于相似性的图像集可视化系统设计包含三个步骤。①数据预处理。②映射：将图像从数据空间(图像特征)映射到可视空间中，以二维视图显示。此时，图像集合对应于二维空间中的点集，且尽量保留图像之间的特征。③交互：用户通过交互选择感兴趣的图像并给出反馈。

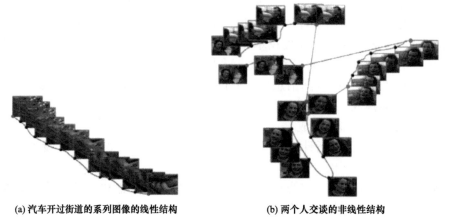

(a) 汽车开过街道的系列图像的线性结构　　　　(b) 两个人交谈的非线性结构

图 3-59　线性结构与非线性结构

2. 视频

视频的获取和应用越来越普及，如数字摄像机、视频监控、网络电视等，存储和观看视频流通常采用线性播放模式，但是在一些特殊的应用中，如对视频监控产生的大量视频数据进行分析时，逐帧线性播放视频流既耗时又耗资源。另外，视频处理算法仍然难以有效地自动计算视频流中复杂的特征，如安保工作中可疑物的检测。此外，视频自动处理算法通常导致大量的误差和噪声，其结果难以直接用于决策支持，需要人工干预。因此，如何帮助使用者快速准确地从海量视频中获取有效信息依旧是首要的任务，而视频可视化恰好为理解视频中的规律提供了帮助(Faloutsos and Lin,1995)。

视频可视化旨在从原始视频数据集中提取有意义的信息，并采用适当的视觉表达形式传达给用户。视频可视化涉及视频结构和关键帧的抽取、视频语义的理解以及视频特征和语义的可视化与分析。

1) 视频概要可视化

视频概要可视化的思路是将视频流转化成线性或非线性的形式组织起来，以便帮助观察者快速地理解视频流中宏观的结构信息和变化趋势。可将视频的每一帧看成高维空间中的一个点，并采用投影算法，将其嵌入到低维空间，然后按顺序连接低维空间中的点，形成一条线性轨迹，如图 3-60 所示。常规的视频概要方法是将原始视频变换为简单的视频或多帧序列图像。

2) 视频立方可示化

将视频看成图像堆叠而成的视频立方(video cube)是一种经典的视频表达方法。依赖一组视频特征描述符号来刻画视频帧之间的变化趋势。用户通过涉及视频立方的空间转换函数交互地探索动态特征场景。如图 3-61 所示，(a)是 4 个视频场景及其对应的弯曲型视频立方可视化效果；(b)是用户交互指定的特征模式及其在视频立方中的对应区域。

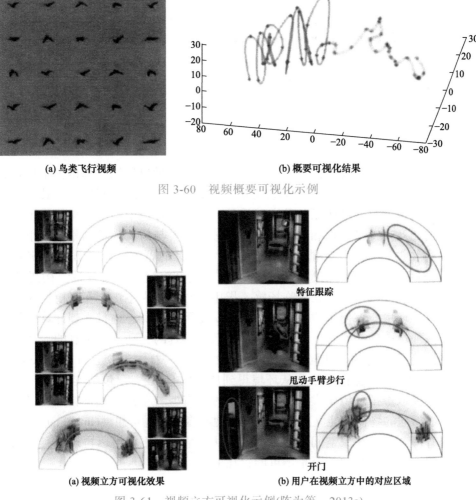

(a) 鸟类飞行视频　　　　　(b) 概要可视化结果

图 3-60　视频概要可视化示例

(a) 视频立方可视化效果　　　　　(b) 用户在视频立方中的对应区域

图 3-61　视频立方可视化示例(陈为等，2013a)

3) 视频可视摘要

视频可视摘要是指对视频的内容或特征采用某种变换形成的简化可视表达，从而实现以较少的信息量来传达视频中蕴含的特征模式。例如，视频条形码就是将视频中每一帧图片摊开为沿纵轴排列的彩色线。这种方法本质上起到了降维的作用：通过将视频立方中的每帧图像从二维聚合为一维，将整个三维视频立方转化成二维平面上的一张彩色图像。

3. 声音与音乐

音乐可视化通过呈现各种属性，包括节奏、和声、力度、音色、质感与和谐感来揭示其内在的结构和模式。声乐可视化往往与实时播放音乐的响度和频谱的可视化联系在一起，其范围从收音机上简单的示波器显示到多媒体播放器软件中动画影像的呈现。五线谱(图 3-62)是音乐可视化的典型代表。

图 3-62   五线谱

3.4   虚拟现实可视化

3.4.1   虚拟现实概念

虚拟现实，也称虚拟实境，是在一个三维空间的虚拟世界给用户提供关于视觉、听觉、触觉等多种感知的模拟，是一种反馈虚拟世界真实感与沉浸感的交互环境。其原理是用户基于双目视差与移动视差，通过使用各种交互设备，同虚拟环境中的实体相互作用，使之产生身临其境感觉的交互式视景仿真和信息交流。通过参与者与仿真环境的相互作用，并借助人本身对所接触事物的感知和认知能力，帮助启发参与者的思维，以全方位地获取虚拟环境所蕴含的各种空间信息和逻辑信息。虚拟现实技术包括沉浸感、交互性、构想性等三个重要特征：①沉浸感(immersion)，又称临场感，指用户感到作为主角存在于模拟环境中的真实程度。理想的模拟环境应该使用户难以分辨真假，使用户全身心地投入到计算机创建的三维虚拟环境中，该环境中的一切看上去是真的，听上去是真的，动起来是真的，甚至闻起来、尝起来等一切感觉都是真的，如同在现实世界中的感觉一样。②交互性(interactivity)，指用户对虚拟环境内物体的可操作程度和从环境得到反馈的自然程度(包括实时性)。例如，用户可以用手去直接抓取虚拟环境中虚拟的物体，这时手有握着东西的感觉，并可以感受物体的重量，视野中被抓住的物体也能立刻随着手的移动而移动。③构想性(imagination)，强调虚拟现实技术应具有广阔的可想象空间，可拓宽人类认知范围，不仅可以再现真实存在的环境，也可以随意构想客观不存在的甚至是不可能存在的环境。

3.4.2   虚拟现实系统类型

根据用户参与和沉浸感的程度，通常把虚拟现实系统分为四大类：桌面虚拟现实系统(desktop VR)、沉浸式虚拟现实系统(immersive VR)、增强虚拟现实系统(aggrandize VR)和分布式虚拟现实系统(distributed VR)。

1. 桌面虚拟现实系统

桌面虚拟现实系统基本上是一套基于普通个人计算机(personal computer，PC）平台的小型桌面虚拟现实系统。使用 PC 或初级图形 PC 工作站去产生仿真，PC 的屏幕作为用户观察虚拟环境的窗口。用户坐在 PC 显示器前，戴着立体眼镜，并利用位置跟踪器、数据手套或者 6 个自由度的三维空间鼠标等设备操作虚拟场景中的各种对象，可以在 360°范围内浏览虚拟世界。然而用户是不完全投入的，因为即使戴上立体眼镜，屏幕的可视角也仅有 20°～30°，仍然会受到周围现实环境的干扰。

桌面虚拟现实系统虽然缺乏头盔显示器的投入效果，但已经具备了虚拟现实技术的技术要求，并且其成本相对低很多，所以目前应用较为广泛(图 3-63)。例如，学生可在室内参观虚拟校园、虚拟教室或虚拟实验室等。

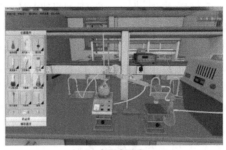

图 3-63　桌面虚拟现实系统

2. 沉浸式虚拟现实系统

沉浸式虚拟现实系统是一种高级的、较理想的、较复杂的虚拟现实系统。它采用的封闭的场景和音响系统将用户的视觉和听觉与外界隔离，使用户完全置身于计算机生成的环境中，用户通过利用空间位置跟踪器、数据手套和三维空间鼠标等输入设备输入相关数据和命令，计算机根据获取的数据测得用户的运动和姿态，并将其反馈到生成的视景中，使用户产生一种身临其境、完全投入和沉浸于其中的感觉。沉浸式虚拟现实系统的体系结构如图 3-64 所示。

1) 沉浸式虚拟现实系统的特点

(1) 具有高度的实时性。即当用户转动头部改变观察点时，空间位置跟踪设备及时检测并输入计算机，由计算机计算，快速地输出响应的场景。为使场景快速平滑地连续显示，系统必须具有足够小的延迟，包括传感器的延迟、计算机计算延迟等。

(2) 具有高度的沉浸感。使用沉浸式虚拟现实系统必须与真实世界完全隔离，不受外界的干扰，依据相应的输入和输出设备，完全沉浸在环境中。

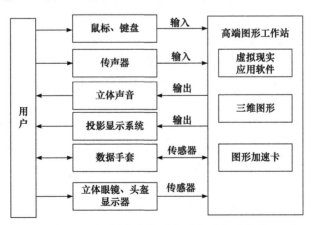

图 3-64　沉浸式虚拟现实系统的体系结构

(3) 具有先进的软硬件。为了提供"真实"的体验，尽量减少系统的延迟，必须尽可能利用先进的、相容的硬件和软件。

(4) 具有并行处理的功能。这是虚拟现实的基本特性，用户的每一个动作都涉及多个设备总和应用,例如,手指指向一个方向并说:"去那里",会同时激活三个设备:头部跟踪器、数据手套及语音识别器,产生三个同步事件。

(5) 具有良好的系统整合性。在虚拟环境中硬件设备相互兼容,并与软件系统很好地结合,相互作用,构造一个更加灵活灵巧的虚拟现实系统。

沉浸式虚拟现实主要依赖于各种虚拟现实硬件设备,如头盔显示器、舱型模拟器、投影虚拟现实设备和其他一些手控交互设备等。参与者戴上头盔显示器后,外部世界就被有效地屏蔽在视线以外,其仿真经历要比桌面虚拟现实更可信、更真实。例如,在消防仿真演习系统中,消防员会沉浸于极度真实的火灾场景并做出不同反应。

2) 沉浸式虚拟现实系统的类型

常见的沉浸式虚拟现实系统有头盔式虚拟现实系统、洞穴式虚拟现实系统、座舱式虚拟现实系统、投影式虚拟现实系统和远程存在系统等。

(1) 头盔式虚拟现实系统。采用头盔显示器实现单用户的立体视觉、听觉的输出,使人完全沉浸在其中。

(2) 洞穴式虚拟现实系统。该系统是一种基于多通道视景同步技术和立体显示技术的房间式投影可视协同环境,可提供一个房间大小的四面(或六面)立方体投影显示空间,供多人参与,所有参与者均完全沉浸在一个被立体投影画面包围的高级虚拟仿真环境中,借助相应虚拟显示交互设备(如数据手套、力反馈装置、位置跟踪器等),从而获得一种身临其境的高分辨率三维立体视听影像和六个自由度的交互感受。

(3) 座舱式虚拟现实系统。座舱是一种最为古老的虚拟现实模拟器。当用户进入座舱后,不用佩戴任何显示设备,就可以通过座舱的窗口观看一个虚拟世界。该窗口由一个或者多个计算机显示器或者视频监视器组成,用来显示虚拟场景。

(4) 投影式虚拟现实系统。该系统是利用一个或多个大屏幕投影来实现大画面的立体视觉和听觉效果,可以使多个用户同时具有完全投入的感觉。

(5) 远程存在系统。远程存在是一种远程控制形式,用户虽然与某个真实现场相隔遥远,但可以通过计算机和电子装置获得足够的现实感觉和交互反馈,如身临其境。用户可以借助设备对现场对象进行远程遥控操作。此系统需要一个立体显示器和两台摄像机支持,其生成的三维图形使得操作员有深度的感觉,观看的虚拟场景更清晰、真实。

3. 增强虚拟现实系统

增强虚拟现实系统的产生得益于 20 世纪 60 年代以来计算机图形学技术的迅速发展,是近年来国内外的研究热点之一。它是借助计算机图形技术和可视化技术产生现实环境中不存在的虚拟对象,并通过传感技术将虚拟对象准确"放置"在真实环境中,借助显示设备将虚拟对象与真实环境融为一体,并呈献给使用者一个感官效果真实的新环境。因此增强虚拟现实系统具有虚拟结合、实时交互和三维注册的新特点。

4. 分布式虚拟现实系统

分布式虚拟现实系统是一个基于网络的可供异地多用户同时参与的分布式虚拟环境。在这个环境中,位于不同物理环境位置的多个用户或多个虚拟环境通过网络相连接,使多个用户同时进入一个虚拟现实环境,通过计算机与其他用户进行交互、共享信息,并对同一个虚拟世界进行观察和操作，以达到协同工作的目的。

分布式虚拟现实系统具有以下特征：①共享的虚拟工作空间。②伪实体的行为真实感。③支持实时交互，共享时钟。④多个用户以多种方式相互通信。⑤资源信息共享以及允许用户自然操作环境中的对象。

目前，分布式虚拟现实系统在远程教育、科学计算可视化、工程技术、建筑、电子商务、交互式娱乐和艺术等领域都有着极其广泛的应用前景。利用它可以创建多媒体通信，设计协作系统、实境式电子商务、网络游戏和虚拟社区等全新的应用系统。

3.4.3　虚拟现实可视化应用场景

虚拟现实，因为能够再现真实的环境，并且人们可以介入其中参与交互，所以在许多方面得到广泛应用。随着各种技术的深度融合，相互促进，虚拟现实技术在教育、军事、工业、医疗、科学数据可视化等领域的应用都得到快速发展。

1. 教育领域

虚拟现实技术能将三维空间的事物清楚地表达出来，能使学习者直接、自然地与虚拟环境中的各种对象进行交互作用，并通过多种形式参与到事件的发展变化过程中，从而获得最大的控制和操作整个环境的自由度。这种呈现多维信息的虚拟学习和培训环境，将为学习者掌握一门新知识、新技能提供最直观、最有效的方式。在很多教育与培训领域，如虚拟实验室、立体观念、生态教学、特殊教育、仿真实验、专业领域的训练等应用中具有明显的优势和特征。例如，学生学习某种机械装置，介绍设备的组成、结构、工作原理时，传统教学方法都是利用图示或播放录像的方式向学生展示，但是这种方法难以使学生对这种装置的运行过程、状态及内部原理有明确的了解，而利用虚拟现实技术，不仅可以直观地向学生展示出机械装置的复杂结构、工作原理以及工作时各个零件的运行状态，而且还可以模仿出各部件在出现故障时的表现和原因，向学生提供对虚拟事物进行全面的考察、操纵乃至维修的模拟训练机会，使教学和实验效果做到事半功倍(图 3-65)。

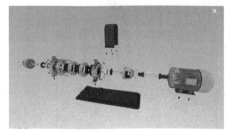

图 3-65　设备拆装、维护保养模拟培训

2. 军事领域

军事领域的作战仿真通过模拟实际的车辆、士兵和战斗环境来培养小型单位或单兵的战斗技能。使用 VR 头盔和控制器，学员可以完全沉浸在虚拟环境中进行军事模拟训练。虚拟现实的模拟场景如同真实战场一样，操作人员可以体验到真实的攻击和被攻击的感觉，减少了作战风险，同时也为士兵们的安全提供了保障(图 3-66)。

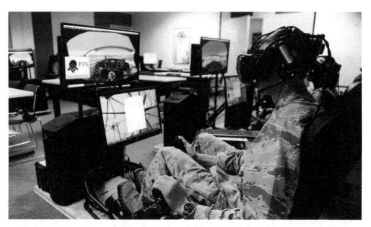

图 3-66　军事模拟训练

3. 工业领域

通过对物理世界的多维度、多领域、多视图的数字仿真模拟，把物理世界的信息综合在数字世界中，构造一个虚实结合的三维可视化数字孪生系统，实现制造业生产线升级与效率的提升。虚拟现实作为工业 4.0 两大牵引技术之一，其应用始终贯穿于工业产品的全生命周期。对厂房、设备、设施进行三维数字化建模，关联大数据分析手段、对应业务和决策模型，建立全三维环境下的决策过程辅助平台和可视化环境工业仿真，使企业可以跨多个系统，在一个统一的可视化平台上对全局进行管理，为企业各级决策者和生产现场管理提供信息看板，为科学组织生产提供全面、及时、准确和直观的信息(图 3-67)。同时，可保障用户进行安全、可模拟操作的技能实训，在构建设备基础三维模型与常规作业环境的基础上，仿真模拟出设备标准作业流程。另外，结合各工业仿真设备交互特点，可实现半实物标准化工业仿真操作，有效提升设备仿真培训效果。

图 3-67　工厂可视化管理平台

(资料来源：http://www.echinagov.com/keji/315333.html)

4. 医疗领域

在医学教育和培训方面，医生见习和实习复杂手术的机会是有限的，此外，外科医生进行手术时，还要对人体解剖结构有极深的造诣和很强的空间感，需要把二维影像在脑内形成一个立体映像。这些经验技能都需要医生长期训练。利用三维医学影像可视化技术，医生可在 VR 系统中反复实践不同的操作，可以很好地进行术前的手术演练，通过精确术前评估、精密手术规划、精细手术作业和精良术后处理而达到最佳治疗效果，并可最大限度地避免医源性失误(图 3-68)。

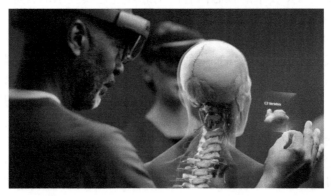

图 3-68　虚拟现实下医疗手术演练

5. 科学计算可视化领域

在科学研究中，人们总会遇到大量的随机数据，为了从中得到有价值的规律和结论，需要对这些数据进行分析。科学计算可视化功能就是将大量字母、数字数据转化成比原始数据更容易理解的可视图像，并允许参与者借助可视虚拟设备检查这些"可见"的数据。它通常被用于建设分子结构、地震、地球环境的各组成成分的数字模型。

在 VR 技术支持下的科学计算可视化与传统的数据仿真之间存在着一定的差异，例如，为了设计出阻力小的机翼，人们必须分析机翼的空气动力学特性。因此人们发明了风洞试验方法，通过使用烟雾气体，人们可以用肉眼直接观察到气体与机翼的作用情况，从而大大提高人们对机翼动力学特性的了解。虚拟风洞的目的是让工程师分析多旋涡的复杂三维性质和效果、空气循环区域、旋涡被破坏时的乱流等，而这些分析利用传统数据仿真是很难可视化的(图 3-69)。

图 3-69　虚拟风洞试验

3.4.4　虚拟现实发展趋势

虚拟现实技术的发展趋势有两个方面：一方面是朝着桌面虚拟现实发展；另一方面是朝着高性能沉浸式虚拟现实发展。这两种类型虚拟现实系统的未来发展主要在建模与绘制方法、交互方式和系统构建等方面提出了新的要求，产生了一些新的特点和技术要求，主要表现在以下方面。

1. 动态环境建模技术

虚拟环境的建立是 VR 技术的核心内容。动态环境建模技术的目标是获取实际环境的三维数据，并根据需要建立相应的虚拟环境模型。

2. 实时三维图形生成和显示技术

三维图形的生成技术已比较成熟，如何"实时生成"是关键，在不降低图形质量和复杂程度的前提下，如何提高刷新频率将是今后重要的研究内容。此外，VR 还依赖于立体显示和传感器技术的发展，现有的虚拟设备还不能满足系统的需要，有必要开发新的三维图形生成和显示技术。

3. 新型人机交互设备的研制

虚拟现实技术能够实现人自由地在虚拟世界与对象进行交互，犹如身临其境，借助的输入输出设备主要有头盔显示器、数据手套、数据衣服、三维位置传感器和三维声音产生器等。但在实际应用中，它们的效果并不理想，因此，新型、便宜、鲁棒性优良的数据手套和数据衣服将成为未来研究的重要方向。

4. 智能化语音虚拟现实建模

虚拟现实建模是一个比较繁复的过程，需要大量的时间和精力。如果将 VR 技术与智能技术、语音识别技术结合起来，可以很好地解决这个问题。具体做法是：将模型的属性、方法和一般特点的描述通过语音识别技术转化成建模所需要的数据，然后利用计算机图形处理技术和人工智能技术进行设计、导航以及评价，将模型用对象表示出来，并将各种模型静态或动态地连接起来，最终形成系统模型。

5. 网络分布式虚拟现实技术的研究和应用

分布式虚拟现实技术是今后虚拟现实技术发展的重要方向。随着众多分布式虚拟现实开发工具及其系统的出现，VR 本身的应用也渗透到各行各业，包括医疗、工程、训练与教学以及协同设计。近年来，随着互联网应用的普及，一些面向网络的分布式虚拟现实应用使得位于世界各地的多个用户可以协同工作：将分散的虚拟现实系统或仿真器通过网络连接起来，采用协调一致的结构、标准、协议和数据库，形成一个在时间和空间上相互耦合的虚拟合成环境，参与者可自由地进行交互作用。

第4章 任务驱动的空间信息自适应可视化

空间信息的海量、高维、动态等特征决定了其可视化应用中多样化可视化任务交织且高并发，场景内容及可视化表征高度动态变化，需要高效协同可视化系统的存储、计算与绘制资源。本章重点介绍任务感知的空间信息自适应可视化方法，并介绍任务模型、增强表达、自适应可视化以及可视化绘制优化等关键技术与方法，让读者对三维空间信息自适应可视化有一个全面而深刻的认识。

4.1 任 务 模 型

空间信息可视化可表示为一个具有复杂拓扑关系的任务集合，其中的各个任务元素都具有时间和空间等多方面的约束条件，同时任务间包含了顺序、选择以及并行等交互关系。本节针对人类对空间信息的可视化需求，按照展示性、分析性以及探索性三个层次，对网络环境下多样化可视化任务进行分类与建模，重点剖析不同任务的时空信息需求及其可视化表达驱动力，从满足多样化可视化应用需求的角度建立可视化任务的理论认知基础。

4.1.1 可视化任务模型

可视化任务模型分类与构建是信息/科学计算可视化的基础(任磊等，2014)。根据对可视化任务的分解情况与任务间的关联关系可以将信息领域可视化任务模型按照低层级、高层级以及多层级三类进行划分(Brehmer and Munzner，2013)(表 4-1)。在低层级可视化任务模型中，按照对可视化任务的关注点不同主要分为两类：第一类主要关注可视化分析方法，典型的内容有分类、聚类、排序、对比、关联等(Amar et al.,2005)，这类任务划分主要面向突出数据个体特征或者群体行为的可视化应用；第二类则主要关注可视化与分析应用过程中的数据处理方式，典型的内容有浏览、识别、编码、抽象/具象、过滤等(Pike et al.，2009；Ward et al.，2015)，这类任务划分便于设计和优化可视化与分析过程。高层级可视化任务模型描述主要关注可视化分析阶段的差异，典型内容包括：数据汇集、数据浏览、数据分析等(Nazemi，2016)。这类可视化任务分类方法可以更好地标识可视化实施过程中不同阶段的数据需求以及分析操作差异，但是其属于框架性描述，过于抽象，没有明确各个实施阶段的子任务构成，难以细化指导空间信息可视化系统设计中资源与任务关系的映射。多层级可视化任务模型的出发点就是对任务间的耦合关系进行统一描述，典型内容包括：可视化目的、可视化方法、可视化内容、可视化时间、可视化空间、可视化用户等(Andrienko et al.，2003；Brehmer and Munzner，2013)。这类可视化任务模型对可视化任务的输入、输出、目标以及实施方式进行了清晰的描述，各个任务间具有良好的层次关系，是目前主流的可视化任务建模方式，但其主要针对常规的信息/科学计算可视化应用，缺乏针对空间信息特征的可视化任务描述。

表 4-1   可视化任务分类

分类及依据		典型内容	优势	缺点
低层级	可视化分析方法	分类、聚类、排序、对比、关联	面向突出数据的个体特征或群体行为	分类比较底层，对可视化的操作与分析任务划分较为离散，只建立了横向的任务内容描述，任务间缺乏关联关系，更没有复杂可视化任务分解的层次性描述
	数据处理方式	浏览、识别、编码、抽象/具象、过滤	便于设计和优化可视分析过程	
高层级	可视化分析阶段	数据汇集、数据浏览、数据分析	区分了可视化实施过程中不同阶段的数据需求以及分析操作差异	属于可视化任务描述框架，过于抽象，没有明确各个实施阶段的子任务构成
多层级	任务间的耦合关系	可视化目的、可视化方法、可视化内容、可视化时间、可视化空间、可视化用户	对可视化输入、输出、目的等进行了清晰的描述，任务具有层次关系，是目前主流的可视化任务建模方式	信息可视化与科学可视化的任务模型，缺乏针对多模态时空数据特征的可视化任务描述

可视化是一个复杂的过程，除了需要明确可视化任务外，还需要制订合理的可视化流程模型。可视化流程模型可以分为三类：线性顺序型可视化流程模型、循环型可视化流程模型和交叉分析型可视化流程模型。Haber 和 McNabb(1990)按照数据存在的形态阶段，将可视化流程划分为 4 个过程(数据分析、过滤、图形映射、渲染)，其中包含了 5 个数据形态：原始数据、处理后的数据、聚焦后的数据、可绘制数据、图像数据。Fry(2008)则将可视化流程分为 3 个阶段 7 个步骤。3 个阶段包括：原始数据转换、数据的视觉转换和用户交互，其中原始数据转换阶段包含 4 个步骤：获取、分析、过滤和挖掘；数据的视觉转换阶段包含 2 个步骤：视觉表达和视觉增强；用户交互阶段则是用户将自己的认知通过交互反馈给系统的过程。

但因为线性顺序型可视化流程模型并不能很好地体现用户在可视化中对各个阶段的交互控制性，所以发展了循环型可视化模型，其中，最为典型的是 Card 等(1999)提出的可视化流程模型。循环型可视化流程模型中对可视化系统的处理过程分为数据处理、可视化映射和视图呈现 3 个阶段。和线性顺序型可视化一样，数据预处理后可通过数据过滤进入到可视化映射阶段，数据经可视化映射后通过渲染即可完成视图的呈现；用户在看到数据的可视化后，可根据自己的探索需求，通过交互界面控制可视化过程的数据选择、可视化映射的具体形式以及渲染呈现方式；而用户的每一次交互，系统都会从更改的阶段开始顺序执行可视化流程；循环该过程，直到完成用户所需的可视化表达(Card et al., 1999)。

交叉分析型可视化流程模型主要面向可视分析。模型中主要有 4 个元素：数据、模型、知识以及可视化，其起点为输入的数据，终点为提取的知识。用户通过转换操作可以将数据预处理为满足可视化分析的数据形式,通过视觉映射操作可以将数据进行可视化,通过数据挖掘操作可以从数据中提取出模型,用户可以通过交互改变可视化的形态,直到完成知识的表达;得到模型后,用户可以通过参数改进对模型进行修正,也可通过可视化检验模型的有效性,同时通过可视化反馈,用户可以更好地进行建模;最后通过模型可视化完成知识的提取过程。用户得到知识后可以进一步分析推理,调度新的数据,循环数据到知识的处理过程,渐进地精化获得的知识(Keim et al.,2010)。

空间信息可视化包含了一系列数据操作、模型计算以及交互探索任务;场景数据操作任务需要高效率数据组织与管理,时空关联分析与过程模拟等模型演算任务需要依赖有效的分析模型和高性能计算;地理知识归纳与检验等可视化探索任务需要高交互性人机交互环境。而现有的可视化任务模型主要以数据为中心,虽然在一定程度上考虑了数据计算、数据可视化以及人机交互的协同,但是总体而言属于串行可视化,难以满足高并发的多样化可视化需求。因此,面向空间信息多样化可视化应用的自适应可视化,发展协同存储、计算以及绘制资源的多层次可视化任务模型十分必要。

4.1.2　多层次可视化任务模型

可视化包含了一系列数据操作、模型计算以及交互探索任务,这些任务具有高并发、多层次以及强关联的特点,传统以数据为中心,面向高吞吐数据 I/O 的串行可视化任务模型,难以满足高并发多层次的多样化可视化任务需求,因此,需要面向多模态时空数据多样化可视化应用的特点,发展协同存储、计算以及绘制资源的多层次可视化任务模型。本节按照低层级的展示性可视化(view_only visualization)任务、高层级的分析性可视化(analytical visualization)任务以及多层级的探索性可视化(explorative visualization)任务 3 个层次建立多层次可视化任务模型,探究不同任务的主要驱动力和时空信息需求,如图 4-1 所示。多层次可视化任务模型 ($\text{Task}_{\text{model}}$) 可从多模态时空数据 (Data)、分析计算模型 (Model)、人机交互 (Interaction)、绘制 (Render) 四个维度进行形式化描述

$$\begin{cases} \text{Task} = \langle \text{Data, Model, Interaction, Render} \rangle \\ \text{Task}_{\text{model}} = \langle \text{Task}_\text{V}, \text{Task}_\text{A}, \text{Task}_\text{E} \rangle \end{cases} \tag{4-1}$$

模型中各个元素的定义如下。

多模态时空数据:刻画了人机物三元空间中“大到宇宙,小到尘埃”的多粒度时空对象从诞生到消亡全生命周期中的位置、几何、行为以及语义关联关系等全息特征信息。

分析计算模型:用于计算分析与模拟预测地理时空现象或过程演变规律的分析模型和知识规则,揭示多模态时空数据中所隐含的信息,突出数据中所包含的特征与关联关系。

人机交互:用户与多模态时空数据可视化系统之间的信息交换指令,通过富有交互性、沉浸感和构想性的交互方式,有机协同人脑认知与系统可视化分析来完成特定任务。

场景绘制:在多样化设备上,以人类高感知度的计算机图形图像的方式将多模态时空数据构成的地理场景进行表达的过程。

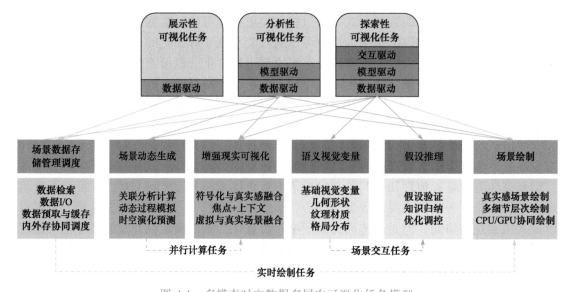

图 4-1   多模态时空数据多层次可视化任务模型

(CPU：中央处理器，central processing unit；GPU：图形处理器，graphic processing unit)

1. 展示性可视化任务

展示性可视化任务为多层次可视化任务中最为基础的任务，主要以多模态时空数据、信息和知识的高效表达与传递为基本目标，重点包括离散-连续、动-静、真实感-抽象、精细-概略相宜的自适应表达以及与真实场景高度融合的协同可视化。其以数据为驱动，形式化定义为

$$\text{Task}_V = \langle \text{Data}, \text{Render} \rangle \tag{4-2}$$

展示性可视化任务分为场景数据存储管理调度与场景绘制两个阶段。场景数据存储管理调度为数据 I/O 任务集，以高效的数据 I/O 为目标，包括数据检索、数据预取与缓存以及内外存协同调度等任务；场景绘制则为图形绘制任务集，以高性能的场景绘制为目标，包括真实感场景绘制、多细节层次绘制、CPU/GPU 协同绘制等任务。展示性可视化任务中数据处理任务集跃迁到图形绘制任务集的过程是数据到图形图像的过程，依赖的核心技术为实时绘制。

展示性可视化任务主要是数据的呈现，即数据到场景的映射：

$$\left\{ \text{Data}(A, S, T) \xrightarrow{\text{Render}} \text{Scene}(T, I, G, A) \middle| C(F, P, T) \right\} \tag{4-3}$$

其中，$\text{Data}(A, S, T)$ 为多模态时空数据，包含了属性信息(如模态、格式和坐标系统等)、形态信息(抽象程度、感兴趣程度以及细节层次等)和时空信息(空间范围信息、时间范围信息以及数据获取时间等)。在 $C(F, P, T)$ 所代表的条件约束(如特征约束、偏好约束以及时空约束等)下，通过 Render 对点、线、面、体、符号的绘制，转换为 $\text{Scene}(T, I, G, A)$，以表格 (Table)、二维图像 (Image)、三维图形 (Graphics) 以及动画 (Animation) 等方式构成可视化场景。映射转换过程如图 4-2 所示。

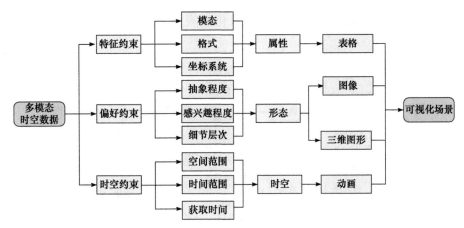

图 4-2　展示性可视化任务中数据到场景映射转换过程

2. 分析性可视化任务

分析性可视化任务为多模态时空数据可视化中的主要任务，旨在表达通过复杂计算分析所获取的多模态时空数据中的隐含信息，突出数据中所包含的特征与关联关系，并通过增强现实场景进行展现。典型应用包括实时计算与近实时模拟结果的动态可视化、空间格局与分布模式可视化、符号化与真实场景融合可视化等。分析性可视化任务由数据与模型协同驱动，其形式化定义为

$$\text{Task}_A \langle \text{Data, Model, Render} \rangle \tag{4-4}$$

分析性可视化任务在展示性可视化任务的基础上增加了场景动态生成和增强现实可视化两个阶段。场景动态生成为数据计算任务集，以模型驱动的分析模拟计算为主，包括关联分析计算、动态过程模拟和时空演化预测等任务；增强现实可视化为图形绘制任务集，以在基础场景中叠加分析计算信息，从而实现增强现实场景的动态构建为目标，包括符号化与真实感融合、焦点+上下文和虚拟与真实场景融合等任务。分析性可视化任务中数据计算任务集跃迁到图形绘制任务集的过程是数据到信息的过程，依赖的核心技术为分析模型计算。

分析性可视化任务主要是将分析和模拟等计算结果数据与原来的场景相融合，从而实现场景增强可视化，即数据经过模型分析后再到图形图像的映射过程，其形式化记作：

$$\left\{ \text{Data}(A,S,T) + \text{Model} \xrightarrow{\quad \text{Render} \quad} \text{Scene}(T,I,G,A) \middle| C(F,P,T) \right\} \tag{4-5}$$

其中，Model 为用于多模态时空数据分析模型的方法，如时空缓冲区分析、跨域时空关联分析、时空过程模拟等，涉及的任务集包括数据过滤、坐标系统一、格式整合、数据归一化处理、模态特征提取、多模态特征融合以及演进预测等，这些任务的结果是一些指标数据、特征数据、状态数据以及过程数据。Render 除了展示性可视化任务中的基础渲染绘制任务外还包括抽象符号化、非真实感表达以及虚实融合等场景渲染方式。整个映射过程即在 $C(F,P,T)$ 所代表的条件约束下，以多模态时空数据 Data(A,S,T) 为基础，通过多模态时空数据分析模型 Model 的分析计算得到可用于场景增强的分析结果数据，将分析结果数据通过具有增强表达能力的 Render，形成增强表达的可视化场景，最后以 Scene(T,I,G,A) 的形式呈

现(增强现实表达的可视化场景最终呈现的元素仍是表格、图像、三维图形以及动画)。映射转换过程如图 4-3 所示。

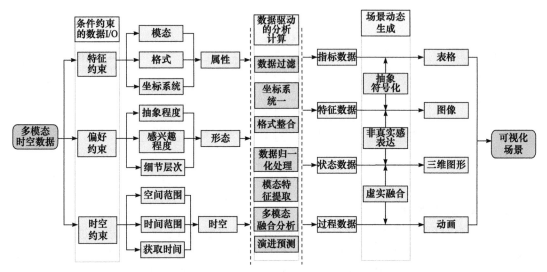

图 4-3　分析性可视化任务中数据到场景映射转换过程

3. 探索性可视化任务

探索性可视化任务是多模态时空数据可视化中层次最高的可视化任务，包含了分析性可视化任务和展示性可视化任务。其主要基于多通道人机交互界面，通过对场景中特定对象的聚焦、变形、选择、突出和简化等直接对增强现实场景的探索性调整操作，实现数据、人脑、机器智能和应用场景四方面的有机耦合，以支持假设验证、知识归纳和推理论断等深度关联分析。典型应用包括适合复杂环境的多机多用户协同式交互、位置敏感的新型人机界面和多模态时空数据的可视化筛选、映射和布局。探索性可视化任务在模型和数据驱动的基础上引入人机交互驱动，其形式化定义为

$$\text{Task}_A = \langle \text{Data, Model, Interaction, Render} \rangle \tag{4-6}$$

探索性可视化任务在分析性可视化任务的基础上，增加了场景变形聚焦和人机交互探索两个阶段。场景变形聚焦为图形绘制任务集，面向任务兴趣对象或信息，以场景局部或全局图形几何、颜色纹理和光源阴影控制为主，通过变形和着色，达到对特征的增强可视效果。例如，采用鱼眼变形的可视化方法，实现局部特征突出表达；采用焦点+上下文的方法，在精细化表达微观特征的同时，保持场景的全局模式可视化。人机交互探索是用户实际查看到可视化的数据、信息以及知识之后，通过系统交互界面对可视化系统的数据、计算以及绘制等阶段进行直接控制，从而进行假设检验、知识归纳和优化调控。因为用户可以通过该阶段选择不同的多模态时空数据，选择不同的模型分析方法，并采用不同的可视化表达方式，从而使得该阶段包含数据 I/O、分析计算以及场景绘制等任务集。这里的人机交互方式除了传统的计算机人机界面交互方式，还可以采用语音、手势、眼动等自然交互方式，即该阶段可以与AR/VR 设备相结合，组合多种交互形式。探索性可视化任务中场景增强任务集跃迁到人机交

互任务集的过程是数据到知识的过程，依赖的核心技术为场景实时交互。

探索性可视化任务主要突出场景中的特征信息，并支持用户交互式的自定义可视化过程，从而实现交互式探索可视化的任务集合，即数据到聚焦场景，再通过交互重新定义场景数据、计算模型以及可视化方式，再到聚焦场景的循环映射过程。其一次映射过程可记作：

$$\{\mathrm{Data}(A,S,T)+\mathrm{Model}\xrightarrow{\mathrm{Transform+Render+Interaction}}\mathrm{Scene}(T,I,G,A)|C(F,P,T)\} \tag{4-7}$$

其中，Transform 为场景的聚焦变换，如光照、阴影、着色、变形等；Interaction 为用户通过人机交互的方式，进行模型参数优化调控、假设检验以及知识归纳等探索性任务，其具体的实现途径可以是更改用于场景构建的多模态时空数据的条件约束，如参数、时空特征以及模态等，也可以是直接修改用于多模态时空数据分析的算法模型，还可以是修改可视化表征方式，如二维和三维的切换、真实感和非真实感的切换等。整个映射过程即在 $C(F,P,T)$ 所代表的条件约束下，以多模态时空数据 $\mathrm{Data}(A,S,T)$ 为基础，通过多模态时空数据分析模型 Model 的分析计算得到可用于场景增强的分析结果数据，将新生成的增强表达场景，通过 Transform 的聚焦变换，以及引入自定义的交互式场景，形成可探索场景，最后以 $\mathrm{Scene}(T,I,G,A)$ 的形式呈现。映射转换过程如图 4-4 所示。

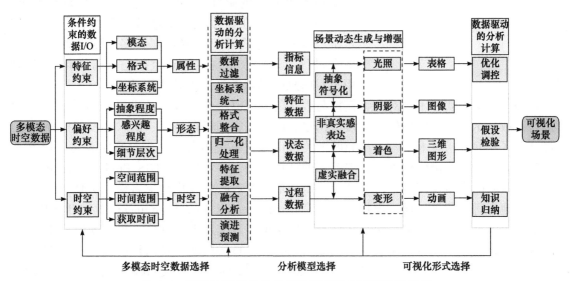

图 4-4　探索性可视化任务中数据到场景映射转换过程

4.2　增强表达

科学有效合理的可视化能够提高空间信息表达的有效性与可读性，构建虚拟地理环境首先需要给场景对象选择一个正确的呈现方式，可视化方式的选择对于开发、效率、认知和可用性有着极其重要的影响(朱庆和付萧，2017；Bodum，2005)。在对现实世界进行抽象的过程中，可视化表达具有连续的特征，根据场景数据特点和不同应用需求选择合适的场景对象表达方法，不仅能够提升信息传递效率，而且可以辅助科学决策。因此，本节研究面向空间信息可视化的增强表达方法，重点探讨基于扩展现实的信息增强表达以及基于符号示意的信息增强表达方法，使得复杂地理全过程看得全、看得清、看得懂。

4.2.1 基于扩展现实的信息增强表达

扩展现实技术包括虚拟现实、增强现实、混合现实、全息投影等，可以针对不同场景通过不同的扩展现实技术达到三维信息增强表达效果。

1. 虚拟现实

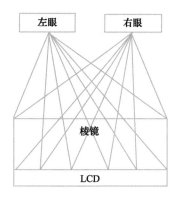

图 4-5   立体成像原理
(LCD：液晶显示器,liquid crystal display)

虚拟现实(VR)技术主要具有以下三个基本特性：沉浸式，通过大脑对周围环境的认知使观察者产生自己真实处于虚拟世界的感觉；自然交互，用于真实世界物体与虚拟世界进行交互；超现实，用于信息集成、启发构思、创新设计和效果展示。图 4-5 反映了人眼立体成像原理。

如今 VR 技术已经被运用到医学、游戏和建筑等多个领域，由于 VR 技术的沉浸式特性，体验者具有强烈的置身于虚拟世界中的感知。虚拟现实技术可以对现实世界中的对象、过程在虚拟场景中进行重现与表达，并且通过沉浸式体验方式可以从多角度、多尺度来观察地理现象和过程。通过虚拟现实进行空间信息可视化可以增强用户对信息的感知效果，提升认知效率。

目前，虚拟现实技术在对灾害模拟与表达的方面已经有了较多的进展，其在城镇火灾的模拟与疏散演示、灾害区域的三维模型构建、山地灾害的模拟仿真、洪水淹没模拟分析等方面都展开了很多研究。杨军等(2011)做了关于山地灾害模拟分析和虚拟现实表达，以 DEM 数据为基础，分析给定山地灾害受灾范围的计算方法，并利用 ArcGIS Engine 开发组件实现山地受灾区域的虚拟现实表达。韩敏等(2006)研究 VR 技术在山地灾害模拟仿真中的应用，以扎龙湿地为研究背景，通过虚拟建模语言(virtual reality model language，VRML)构建湿地三维地形场景，计算山地灾害影响区域。区别于增强现实和混合现实，虚拟现实需要对空间信息进行完整的建模及可视化，其渲染效率成为一个核心问题，针对该问题，Dang 等(2021)通过将三维模型重构为顶点栅格文件，与 Material 和 Shader 共同提交 GPU 进行渲染，通过 CPU 检查步骤，实现大规模重复性模型渲染，提高了虚拟现实下的模型及动画的渲染效率(图 4-6)。

2. 增强现实

增强现实(AR)是虚实地理空间、虚实地理对象和虚实地理过程等集成融合的人机交互环境。增强地理环境概念框架如图 4-7 所示。

现实地理环境和现实空间中的地理对象、地理过程经过以相似性原理为基础的地理抽象，将现实世界数字化和地理原理、规律、准则等形式化，构建数值化、可感知交互的虚拟地理环境。增强地理环境中的虚拟地理环境和现实地理环境应该具有协同交互性。首先，应具有基础的视觉交互特性，即现实地理对象可以在视觉上遮挡虚拟地理环境，可以在现实空间感知、操控融合在现实地理环境中的虚拟地理对象和虚拟地理过程，虚拟和现实在视觉上

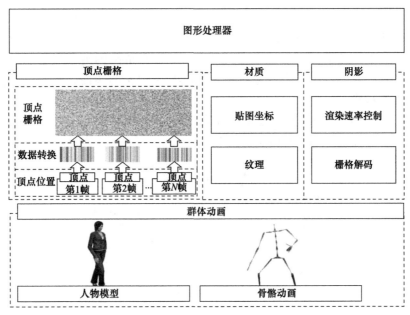

图 4-6　顶点栅格渲染方法(Dang et al.，2021)

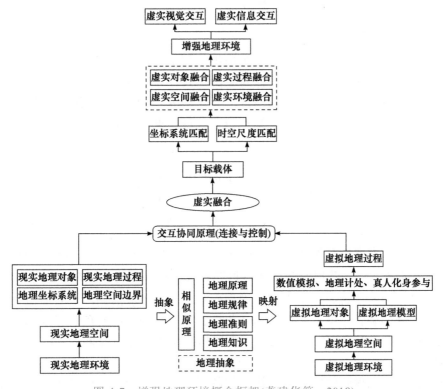

图 4-7　增强地理环境概念框架(龚建华等，2018)

达到交互统一；其次，在未来的发展阶段，还应该达到信息的交互，即虚拟地理过程及其发展应能影响甚至改变现实地理过程和现实地理环境，而现实的地理环境、地理边界和地理过程也会对虚拟地理过程有所反馈和约束，二者实现信息层次的互动或控制反馈。这样，增强地理环境可以实现虚拟地理环境和现实地理环境的优势互补：一方面，现实地理环境可以展示更多的信息，对于不易呈现、出现概率较低，甚至存在危险的地理过程，可以使用虚拟地理过程代替；另一方面，对于虚拟地理过程，则增加了现实的属性，成为可视甚至可触摸、可控制操作的地理对象。

通过 AR 识别码实现增强现实与现实对象叠加是一种常用的方法，其中涉及虚拟-现实坐标系转换，其实现过程如图 4-8 所示。

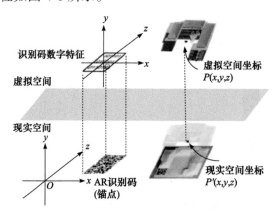

图 4-8　虚拟-现实坐标系转换(龚建华等，2018)

为实现虚拟与现实空间的转换，需要为虚拟空间坐标系统和现实空间坐标系统设计一对关联对象，起到锚点的作用，锚点以实体对象的形式存在于现实空间，以数字特征的形式存在于虚拟空间，两者在空间尺寸上保持一致。龚建华等(2018)通过摄像头识别 AR 识别码，然后计算锚点位置与摄像头位置，得到锚点位置在现实世界中的位置 (O_x, O_y, O_z)。虚拟空间中对象在现实空间位置的计算过程为

$$\begin{bmatrix} A_x \\ A_y \\ A_z \end{bmatrix} = \begin{bmatrix} O_x \\ O_y \\ O_z \end{bmatrix} + S \cdot \begin{bmatrix} \cos\theta & 0 & \sin\theta \\ 0 & 1 & 0 \\ -\sin\theta & 0 & \cos\theta \end{bmatrix} \cdot \begin{bmatrix} P_x \\ P_y \\ P_z \end{bmatrix} \tag{4-8}$$

其中，A_x、A_y、A_z 为虚拟对象在现实空间中的三维坐标；O_x、O_y、O_z 为锚点在现实空间中的位置；S 为缩放系数，若现实锚点和虚拟锚点尺寸相同则为 1；P_x、P_y、P_z 为虚拟对象在虚拟空间坐标系中的位置。现实空间中模型水平放置，系统限制沙盘只能沿 y 轴在 XOZ 面旋转，θ 为沿 y 轴的旋转角度。经过坐标变化后，虚拟空间中的对象可以准确地叠加到现实空间中。图 4-9 展示了增强现实与洪水灾害模拟相结合的可视化效果。

3. 全息投影

全息投影技术可以做到将实体以三维影像的形式呈现。全息投影技术就是运用标量衍射理论中的夫琅禾费衍射，将投影显示的图像当作纯相位全息图所产生的夫琅禾费衍射图样的强度分布(周忠等，2015)。人们可以裸眼观察，不需要借助其他仪器设备，大大提高了影像

图 4-9　增强现实结合洪水灾害模拟可视化(Zhang et al.，2020)

的真实性，带给人们极高的视觉体验和视觉刺激。

光在空气中传播的波动方程可以表示为

$$x_i = A\left(\theta_i + \omega_i - \frac{2\pi d_i}{\lambda}\right) \tag{4-9}$$

其中，x_i 为偏正方向；A 为振幅；ω_i 为角频率；θ_i 为初始相位；λ 为波长；d_i 为距离。

因为自然界中的光错综复杂，是由不同单色光相干叠加后形成的，所以自然光的波动方程可表示为

$$x = \sum_{i=1}^{n} A\cos\left(\theta_i + \omega_i - \frac{2\pi d_i}{\lambda}\right) \tag{4-10}$$

由普通拍照设备所记录的信息可以将光强表现到极致，但是记录的场景却是某一时刻的信息，无法得到不同时刻不同振幅引起的相位变化，因此丧失了实物的立体效果。而全息投影技术下的全息相机的记录手段有所不同，避免了相位信息的丢失。它的机理可简单描述为分光成像，通过特定的光学仪器可将激光射线 n 等分，利用某一部分光照直接照射在底片上，当作参考(孙福玉，2020)；另一部分光照则照射到物体上，借助物体的反射间接照射在底片上。在底片上便是两者的相干叠加。直接照射公式为

$$E_0(x, z) = A_0(x, z)e^{i\alpha(x, z)} \tag{4-11}$$

间接照射公式为

$$E_R(x, z) = A_R(x, z)e^{i\beta(x, z)} \tag{4-12}$$

其中，E_0 为物光强度；E_R 为参考光强度；A_0 为物光振幅；A_R 为参考光振幅；α 为物光入

射角；β 为参考光出射角。

将二者相加便得到具有相位信息以及光强信息的全息影像底片。全息投影技术是利用照明物体的反射光波承载着物体形态的信息传播。用记录介质把携带信息的光波记录下来，再通过反射与衍射等原理实现光波的再现，本质上是通过空气或者特殊的立体镜片形成的影像，如图 4-10 所示。平面银幕的投影仅仅是一个二维表面的物体，而全息投影技术是真正以裸眼的方式实现 360°观看，如图 4-11 所示。

图 4-10   全息技术原理图   图 4-11   桥梁全息成像效果图

4.2.2   基于符号示意的信息增强表达

1. 可视化表达连续层次结构

可视化表达具有连续的特征，根据对现实世界抽象程度区分则两端分别是非真实感和真实感表达。事实上，很难对可视化连续表达模型进行分类，真实感可以是照片、精细模型和沉浸式场景等，非真实感可以是文字、符号、简单模型等。Bodum (2005)利用云杉树作为样例阐述了真实感的连续性(图 4-12)。

图 4-12   不同层次可视化表达——以云杉树为例(Bodum，2005)

其中，最左侧是抽象层次最低的逼真表达(verisimilar representation)，有时又称作照片级表达(photorealistic representation)，与现实的相似程度最高。索引表达(indexed representation)法，层次越高的模型越精细，实际上该概念与 LOD 类似，均是按照不同的细节层次进行展示。图标(iconic)是用简单抽象的对象来表示特定的对象，其根本目的是传递图标的含义。图标并不一定需要与现实对象相似，但是表达的语义信息一致。符号(symbolic)源自于制图学领域的概念，通过象形图或其他具有特定意义的符号使其具有自解释性，这些解释可以是全局或局部的理解。文本(language)是抽象层次最高的表达，采用特定语言对现实对象进行解释。文本通常作为注记与上述几种表达方式联合使用。在对现实世界进行抽象表达时，没有唯一正确的可视化表达模式，不同的可视化模式组合往往能够产生令人惊喜的结果。

1) 非真实感表达

非真实感表达(non-photorealistic rendering)是计算机图形学的一个分支，它的出现打破了计算机图形学所建立的照片级逼真表达的传统思维模式，提供了一系列具有说明性、表现力和艺术性的传递视觉信息的新方法(Döllner，2007)。与真实感渲染所要求的场景逼真性不同，非真实感表达在保持模型基本自然特性的基础上，降低场景的真实感程度，使得场景对象能够被快速、直观地识别与认知。并且，通过简化、夸张等艺术处理手法刺激用户的视觉系统，提供一幅更具表现力、更美丽、信息传递效率更高的场景，以吸引用户的好奇心和注意力(Jahnke et al.,2008)。在地学信息可视化中，非真实感渲染技术有样式化轮廓、边缘增强、色调阴影、程序化纹理贴图等，当然许多成熟的虚拟三维场景优化技术，如视锥体裁剪、遮挡剔除和多细节层次模型等，其并不局限于真实感表达，同样也可以应用于非真实感展示中(Semmo et al.，2015)。总而言之，非真实感表达由于降低了模型的精细化程度，所以能够有效提升场景的绘制效率，并且能够传递更多的语义信息。图 4-13 为三维城市模型非真实感表达示例。

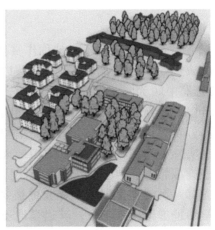

图 4-13　三维城市模型非真实感表达示例(Jahnke et al.，2008)

2) 符号化表达

根据皮尔士的三元符号理论，符号类型主要有图像、指示和象征三种。其中，图像符号是依靠相似性来表达对象的，所以它们在一定程度上要与对象的形状、颜色等某些特征相同，比较典型的例子有画像、照片、建筑图纸等；指示符号与所表征的对象并不直接关联，而是与表征对象在因果或时空关系上构成联系，例如，去停车场路上的箭头指示符号，符号本身并不具有意义，但借助空间上的关联就具备了指示意义；象征符号更加具有抽象意义，符号与对象之间的联系是约定俗成的，象征符号具有简洁性、直观性和自解释性等特点，容易被大众所接受(丁尔苏，1994)。

地图语言作为特殊的表示空间信息的图形视觉语言，它改变了人们看世界的角度和方式。地图符号是地图语言的基本表现形式之一，它既可以表示实体形状、位置、结构和大小，还可以表示实体的类型、等级以及数量和质量特征。地图符号是运用各种抽象的视觉形象来反映客观世界中存在的地理信息，应具有共同性、概括性、系统性和可视化的特点(廖克，2003)。按空间维度划分，地图符号可分为二维地图符号和三维地图符号，二维地图符号主要包括点状符号、线状符号和面状符号，而随着三维 GIS 的不断发展与进步，催生出更具形象化的三维地图符号，其具有立体感、更加逼真且能够直观地表达空间地理信息，是地图符号发展的必然趋势(古光伟，2014；李艳，2018)。图 4-14 展示了不同符号化表达示例。

图 4-14　符号化表达示例

3) 真实感表达

在计算机领域，真实感表达又被称作真实感渲染(photorealistic rendering)，其追求照片级图像质量的渲染效果，正确的纹理、光照以及阴影的处理使模型看起来十分自然和接近真实，在游戏场景中颇为常见，如水体流动、降雨降雪、火焰燃烧等真实物理现象的模拟(Alhakamy and Tuceryan., 2020; Ragia et al., 2018; Zibrek et al., 2019)。在地理信息科学领域，由于高分辨卫星遥感、航空摄影测量和地面三维激光扫描等地理数据获取手段日益丰富与成熟，真实感表达在三维 GIS、虚拟地理环境和数字城市等领域有种各种各样的应用，如城市规划、虚拟旅游、数字遗产和智能小区等，这些领域要求地形景观和城市模型真实感高度还原，尤其是沉浸式虚拟现实体验更是要求高还原、高逼真和高清晰。图 4-15 展示了唐山交通大学旧址虚拟三维场景，其逼真地还原了科技园的概况。

图 4-15　唐山交通大学旧址虚拟三维场景

以逼真的方式还原真实感三维场景极大地丰富了视觉信息内容的质量和数量，同时可以很好地促进人的心理映射(Döllner and Kyprianidis，2009)，但同时也带来了如下问题：①精细的几何结构和纹理会使模型数据量倍增；②高度真实的物体可能使用户面临高度的信息处理压力；③场景过度真实会产生视觉噪声并使信息过载，导致认知不充分；④用户被真实场景的外观吸引，从而忽略背后的信息(Glander and Döllner，2009；Bunch and Lloyd，2006)。

2. 示意性符号与真实感场景协同

1) 可视化选择影响因子分析

三维场景对象可视化有真实感、非真实感和示意性符号等多种方式，但往往会因为数据、技术限制和应用需求不同需要为场景对象选择一个最合适的可视化表达方法。根据场景构建的要求和特性，从场景数据限制、绘制效率限制和场景表达限制三个方面进行考虑，建立一套适用于场景对象可视化方法选择影响因子分析体系，其可表达为

$$B_{\text{facter}} = \langle B_1, B_2, B_3 \rangle \tag{4-13}$$

其中，B_{facter} 为影响场景对象可视化方式因子的总称；B_1 为信息获取难易程度，是指某类场景对象数据获取的难易性和快速性；B_2 为场景可视化效率影响，是指场景对象可视化对场景绘制效率的影响；B_3 为真实感可视化必要性，是指该类场景对象是否需要真实感可视化，真实感可视化对信息传递是否有用。

2) 基于层次分析法确定因子权重

层次分析法(analytic hierarchy process，AHP)是由美国著名运筹学家萨蒂于 20 世纪 70 年代提出的一种层次权重决策分析方法，其目的是采用定性和定量分析相结合的决策分析方式解决多目标综合评价问题(邓雪等，2012)。层次分析的主要步骤包括：建立层次结构模型、构造判断矩阵、层次单排序和一致性检验、层次总排序和一致性检验、建立最终评估模型。在面对空间信息可视化选择影响因子时，首先对可视化选择影响因子进行综合分析，接着构建面向场景对象可视化方法选择的层次结构模型和判断矩阵，然后基于专家经验理论确定评分标准，最后构建场景可视化方法，选择评估模型。

(1) 层次结构模型和判断矩阵构建。面向场景对象可视化方法选择的层次结构模型如图 4-16 所示，主要包括目标层、规则层和方案层。目标层是选择需要进行真实感表达的场景对象；规则层包括信息获取难易程度、场景可视化效率影响和真实感可视化必要性；方案层是地形场景、房屋、道路、过程、重要设施和经济损失等场景对象。

当完成目标层、规则层和方案层的隶属层次结构后，接着就需要对影响因子的重要程度进行分析，并对同一层次的因子两两之间进行比较判断，建立判断矩阵，相对尺度比较的优势在于能够提高性质不同的因素比较的准确度。判断矩阵构造过程中，因子两两比较一般参考 1~9 尺度标度法(尹灵芝，2018)，判断矩阵的具体标度含义如表 4-2 所示。其中，标度值 1 表示比较的因子具有同等重要性，随着标度值的增加重要性依次递增，倒数则表示相反的重要性。

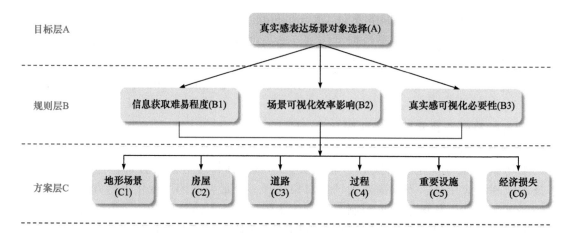

图 4-16　面向场景对象可视化方法选择的层次结构模型

表 4-2　判断矩阵元素取值标度含义

标度	含义
1	两个因子相比较，具有同等重要性
3	两个因子相比较，一个因子比另一个因子稍微重要
5	两个因子相比较，一个因子比另外一个因子明显重要
7	两个因子相比较，一个因子比另外一个因子强烈重要
9	两个因子相比较，一个因子比另外一个因子极端重要
2, 4, 6, 8	上述两相邻判断的中值
倒数	因素 i 与因素 j 的判断 a_{ij}，反过来因素 j 与因素 i 的判断为 $1/a_{ij}$

(2) 判断矩阵一致性检验。为了保证层次分析结果的合理性，需要对判断矩阵进行一致性检验，通常采用一致性比率指标 CR 检验判断矩阵的可靠度(王学良和李建一，2011)，其计算方法为

$$CR = \frac{CI}{RI} \tag{4-14}$$

其中，CR 为一致性比率；CI 为一致性指标；RI 为随机一致性指标，其参考值如表 4-3 所示。当 CR 值小于 0.1 时，认为判断矩阵通过一致性检验，否则需要调整判断矩阵中元素的取值。关于一致性指标 CI 的计算方法为

$$CI = \frac{\lambda_{\max} - n}{n - 1} \tag{4-15}$$

其中，n 为矩阵的阶数；$\lambda_{\max}$ 为判断矩阵的最大特征根。一般认为，当 CI 等于 0 时，具有完全的一致性；当 CI 接近于 0 时，有满意的一致性；CI 越大，不一致性越严重。

表 4-3　随机一致性指标 RI 取值

n	1	2	3	4	5	6	7	8	9	10
RI	0	0	0.58	0.90	1.12	1.24	1.32	1.41	1.45	1.49

(3) 确定评分标准和模型构建。利用层次分析法可以计算得出每个影响可视化方法选择因子的权重值，但这仅代表了在进行场景对象可视化方法选择过程中影响因子的重要性程度，要想得出最终得分，还要综合考虑场景对象在每个影响因子下的得分。结合专家经验理论并参考李克特量表打分标准，得出不同影响因子下场景对象的得分，详细的打分标准如表 4-4 所示。

表 4-4　场景对象打分标准

得分标准	一点也不	不太	一般	比较	非常
信息获取难易程度(难)	10	8	6	4	2
可视化效率影响(高)	10	8	6	4	2
真实感表达必要性(高)	2	4	6	8	10

通过分析不同影响因子对各个场景对象的重要程度，采用经验理论和专家知识对不同场景对象进行打分。当得到各影响因子的权重和相应因子下对象的得分后，采用线性综合评判法构建场景对象可视化方法选取模型(尹灵芝，2018)，即每一个场景对象可视化方法最后总得分为影响因子权重和相应得分乘积之和。计算方法为

$$T = \sum_{i=1}^{n} w_i x_i \tag{4-16}$$

其中，T 为场景对象的总得分；w_i 为影响影子权重；x_i 为对应影响因子下对象得分值。某类对象的总得分越高，表明该类对象越适合采用真实感可视化，反之则可以采用示意性符号表达。

3. 示意性符号与真实感场景协同模型

为了清晰阐述场景中示意性符号与真实感场景的协同表达机制，根据上述三个影响因子构建了一个立方体模型，如图 4-17 所示。当进行场景对象可视化时，用户首先必须考虑信息获取的难易程度。如果数据采集困难，为了保持场景的完整性，那么必须采用其他简单模型或符号代替。其次需要考虑可视化效率和增强表达，因为过度真实感可视化会导致语义信息缺乏和渲染效率降低。通过综合分析每种对象在立方体中的位置，协同应用多种可视化表达方式，实现复杂环境下空间信息的快速表达，在满足可视化效率的同时有效传递场景信息。

4. 多样化视觉变量联合的场景对象语义增强

构建的三维场景不只是面向专业人员，更要面向普通公众，如何利用更少的信息量获得更大的信息传递效率是需要重点考虑的问题。视觉变量能够提升人们对事物的感知能力。静态视觉变量包括形状、尺寸、色彩、亮度、方向和纹理，静态视觉变量作为二维地图图形符号设计的基础，在提高地图符号的构图规律以及加强地图的表达效果方面起到了十分重要的作用。但对电子地图、三维 GIS 和虚拟地理环境来讲，仅仅考虑静态视觉变量是不够的，将

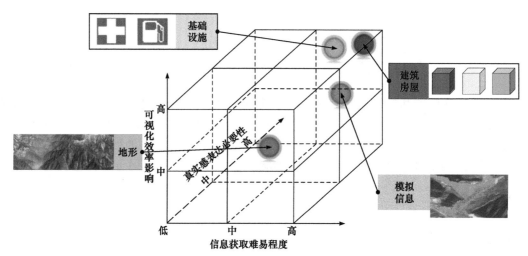

图 4-17   示意性符号与真实感场景协同表达立方体模型

时刻、频率、持续时间、同步和次序等动态视觉变量融入虚拟地理环境能够更加真实、直观地揭示空间现象的状况和特征。

视觉变量的联合使用能够加强阅读效果，可以更加有效地表达目标信息(陈月莉，2005)。多样化视觉变量联合的场景对象语义增强方法，能够反映出场景对象更多的语义信息，如公式(4-17)所示。

$$M\{S(s_1, s_2, s_3, \cdots), \ D(d_1, d_2, d_3, \cdots)\} \xrightarrow{f(x_1, x_2, x_3, \cdots)} E\{P(x, y, z), A(a_1, a_2, \cdots), R(r_1, r_2, \cdots)\} \quad (4\text{-}17)$$

其中，M 为多样化视觉变量；$S(s_1, s_2, s_3, \cdots)$ 为静态视觉变量；$D(d_1, d_2, d_3, \cdots)$ 为动态视觉变量；$f(x_1, x_2, x_3, \cdots)$ 为增强表达方法，如闪烁、高亮、移动、强调等；E 为场景对象的特征信息；$P(x, y, z)$ 为空间方位；$A(a_1, a_2, \cdots)$ 为属性信息；$R(r_1, r_2, \cdots)$ 为关联关系，主要包括因果关联关系、时间关联关系等。静态视觉变量和动态视觉变量结合，除了能够展示常规的静态属性信息外，还能够动态揭示场景对象的时空变化规律，并提升用户的感知度。

如图 4-18 所示，从微观的角度来讲，采用次序和同步视觉变量组合，表达事件发生的因果关系；将颜色、亮度和尺寸等视觉变量进行组合能够形成不同层次、不同尺寸和颜色渐变的动态扩散符号，进而形象地聚焦信息表达的中心；持续时间、形状和方向等视觉变量的组合，形成箭头移动，让用户能够形象地感知信息；时刻、颜色和频率的组合能够对事件发生的时间、地点、位置和事件描述进行强调，让用户快速感知事件发生情况。从宏观的角度讲，静态视觉变量能够形成各式各样的示意性符号，而动态视觉变量能够对这些自解释性特征进行增强描述，从而帮助用户快速捕获场景语义信息。

5. 全过程动态增强可视化

动态可视化场景的复杂度和高信息量会增加公众的记忆和认知负担。故事地图能够在地理背景下以清晰、直观和交互的方式讲述关于时间、地点、问题、趋势和格局的故事。故事地图的核心在于如何叙述故事的主旨和中心思想，主要包括故事、文本、空间数据、辅助支持内容和用户体验等要素。其中，故事并不是一个传统的基于文本的叙事，而是另一个概

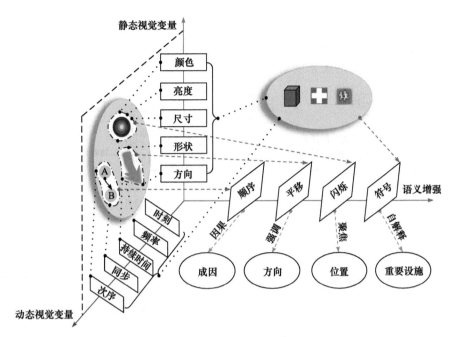

图 4-18　多样化视觉变量联合的对象语义增强方法

念，其目的是根据不同使用者的知识水平和能力提供更加明确的信息，文本的表达应该尽量避免专业术语且简短和一目了然。空间数据是搭建故事地图的基础，一般有影像数据、现有地图和 Web 地图服务；辅助支持内容是用于信息的增强，如弹窗、动画等增强数据的表达效果；用户体验则是交互设计和功能界面，应该尽可能简单和直观。

4.3　自适应可视化

相比传统空间信息系统主要处理物理空间的点线面体矢量数据与相关的属性数据，新一代空间信息系统处理的数据具有典型的多模态特征。多模态时空数据充分刻画了人机物三元空间中"大到宇宙，小到尘埃"的多粒度时空对象从诞生到消亡全生命周期中的位置、几何、行为以及语义关联关系等全息特征信息，对其进行描述、诊断和预测等多层次可视分析，成为感知、认知与控制人机物三元世界的重要途径。对多模态时空数据综合分析与协同可视化决策在于人机物三元空间多模态时空数据的全面汇聚、关联分析和深度利用，而多模态时空数据的海量、高维、动态等特征决定了其可视化应用中多样化可视化任务交织且高并发，场景内容及可视化表征高度动态变化，需高效协同可视化系统的存储、计算与绘制资源，实现面向多层次可视化任务及多样化终端的自适应可视化。

4.3.1　多层次任务自适应可视化

通过建立多层次可视化任务模型以及完成对各层次数据到场景映射的过程表达，完成了多模态时空数据可视化过程中任务的层次化和粒度化分解，但是映射生成的多层次调度任务粒度还比较粗，无法交由多模态时空数据可视化系统进行对包括云中心、边缘服务器和可视化应用终端的数据资源、计算资源以及绘制资源的调度，还需要根据多模态时空数据可视化任务内涵和对存储、计算以及绘制资源的需求特点，构建多层次可视化任务到存储、绘制与计算(简称存算绘)资源需求的关系映射(图 4-19)。

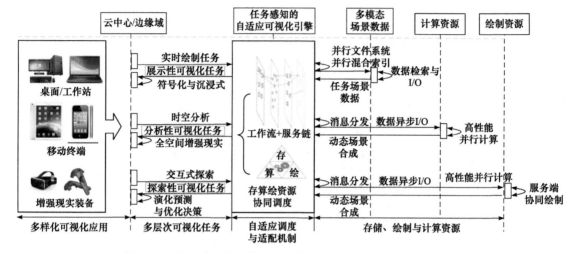

图 4-19　任务感知的多模态时空数据自适应可视化引擎数据流

1. 多层次可视化任务存算绘资源需求特点

展示性可视化任务以数据为中心，此时可视化系统的资源瓶颈在于多模态时空数据的组织存储、高并发 I/O 以及高性能绘制。为满足展示性可视化任务的数据高吞吐性，可视化系统需要保证数据存储资源只读存储器(read only memory，ROM)和读写带宽。为实现高效的组织存储，可以通过分布式文件系统(如 HDFS、Ceph 等)保证数据存储空间的可扩展性、数据存储的安全性以及数据读取的稳定性，通过多模式数据库(如 MongoDB、ArangoDB、Neo4J 等)保证多模态时空数据的关联组织与管理；为保证高并发 I/O 则需要横向构建多数据节点，并处理数据节点间的负载均衡，同时可构建多级缓存环境，如应用端内存缓存、客户端本地缓存、应用服务器缓存以及分布式内存缓存等，同时制定合理的缓存更新策略(如先进先出算法、最近最少使用算法等)，避免每次数据请求都直接从原始多模态时空数据组织系统中获取数据，降低系统 I/O 压力，提升访问效率；为实现高性能绘制，要求可视化设备的 GPU 具有一定渲染能力，能承载给定图元的绘制，能支持指定的纹理格式，能完成指定方式的着色渲染，同时要求可视化应用端采用一定的图形学算法，动态调度视点可视范围内不同细节层次的场景数据，并采用诸如实例化绘制、批量绘制等面向大规模场景数据可视化技巧，提升可视化绘制的效率。

分析性可视化任务是在展示性可视化任务的基础上耦合模型分析计算、场景增强可视化处理的复合型任务，此时可视化系统的资源依赖除了数据 I/O 和图形绘制外，突出的瓶颈在于高性能的分析计算。为保证高性能的分析计算，除了从优化各个分析算法模型入手外，还可以采用更合适的并行计算模型。并行计算的方式一般分为两种：数据并行和任务并行。数据并行指将分析需要处理的大量数据按照一定粒度划分给不同的执行单元并行处理，任务并行则是将一个复杂的可并行处理的计算流水划分给不同的计算单元处理。为满足分析性可视化任务的高性能计算，可视化系统需要对各个分析的计算任务提供充足的计算资源。传统的计算资源有 CPU、随机存取存储器(random access memory，RAM，即内存)两种类型，CPU 资源以 CPUs 为单位，RAM 资源以 bytes 为单位。随着 GPGPU(general purpose computing on GPU)技术的发展，GPU 也成为高性能计算的第三类计算资源，但因为其只能被单个任务独立占有的工作特性，其只能按照整数个数的 GPU 进行资源分配和调度。

探索性可视化任务是在展示性可视化任务和分析性可视化任务的基础上耦合场景变形聚焦可视化以及人机交互探索的复合型任务，因为该类任务涉及交互式场景重定义，所以对可视化系统的存储资源、计算资源以及绘制资源都有十分高的要求，同时对系统提供的用户交互方式和通信带宽也有相应的要求。存算绘资源的协同可以从展示性可视化任务以及分析性可视化任务的各个子任务的高效调度中得到保障，高交互性的系统交互方式可以结合可视化设备实际支持的交互方式来处理，如微软的 AR 设备 HoloLens，其支持语音交互、眼动交互以及手势交互，这些交互方式比较自然，可以更好地帮助人们进行探索可视化；而有的设备支持的交互方式有限，为了更好地支持探索发现，需要根据可视化应用需求自定合理的交互模式，例如，移动手机具有友好的触屏交互支持，但是在其上实施三维可视化时，就需要通过定制多点触控和手势交互，满足三维空间的旋转、缩放和平移等交互操作。对高通信带宽的保证一般从两个方面来实现：简化与压缩数据和提升系统的网络接入带宽。简化与压缩数据是可视化技术中常用到的手段，简化包括纹理简化和几何简化。纹理简化可采用纹理重采样以及小纹理合并等方式实现，几何简化则是顾及特征的数据简化算法对点、线、面及体数据进行简化处理，从而实现保持几何特征的前提下减少需要传输和绘制的数据量，如对线采用 Douglas-Peucker 算法简化，对三维几何采用折叠边算法进行三角网简化。随着 4G 和 5G 网络的不断发展，无线通信网络已经进入高频宽带时代，数据传输速度可达每秒数十 GB，数据传输的带宽瓶颈正在逐步被消除。

2. 任务驱动的多粒度存算绘资源协同调度机制

新一代时空数据可视化系统需要处理多模态时空数据可视化中高并发、多层次的展示-分析-探索性可视化任务，传统的时空数据可视化调度机制单一面向数据高效 I/O，难以高效合理地调度时空数据可视化系统中的存算绘资源，且随着云计算和虚拟化等技术的不断发展，时空信息可视化系统也逐步"云化"，该模式下系统将任务分布到由大量计算机构成的资源池上，任务由不同的 Web 服务实际执行。云环境中充斥着不同开发团队提供的不同粒度的数据服务、分析计算服务以及绘制优化服务，多模态时空数据可视化任务的实施过程需要将这些服务组合成服务链，从而使服务与服务间关联关系复杂，且具有时间、空间和资源等多种约束关系，因此，面向任务对多粒度服务进行组合，协同调度时空数据可视化系统中存算绘资源成为保障高性能多模态时空数据可视化的关键(图 4-20)。

多模态时空数据可视化任务复杂，为保证任务的正确可靠的执行，不能采用无约束的全自动服务组合的方式来完成服务链构建。因此采用工作流与服务链优化调度的方式，将可视化任务流程与 Web 服务调用和系统资源优化调度相结合，通过工作流制定的过程规则，把运行在云环境下的可互相作用的服务有机地组合在一起。这些服务在运行过程中对应不同的存储资源、计算资源以及绘制资源的消耗，服务链优化调度则针对多层次聚合的工作流适配

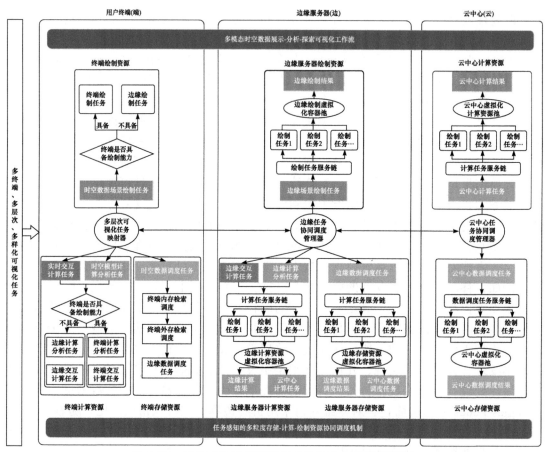

图 4-20　任务感知的多模态时空数据自适应引擎框架

资源消耗与执行效率最优的服务，保证可视化任务的自动实施与高效完成。如图 4-21 所示，首先将多模态时空数据可视化系统中时空数据存储资源、时空数据计算资源以及时空数据绘制资源服务转化为多粒度存算绘服务；其次，通过制定多模态时空数据可视化工作流，形成任务执行规则与流程；再次，依据工作流构建服务链，同时依据服务质量对服务链各环节适配最优的多粒度服务；最后，这些服务的调度与执行过程，即为可视化系统中存储、计算以及绘制资源的调度过程。

　　任务驱动的多粒度存算绘资源协同调度主要分为四层：任务层、工作流层、服务链层和资源层，如图 4-22 所示。任务层为多层次可视化任务模型中定义的展示-分析-探索性可视化任务，主要分为数据 I/O 任务、数据计算任务和可视化优化任务三类宏观任务；工作流层根据可视化应用的需求，将任务层中的宏观任务细化为定制的任务流程，其决定了可视化工作的执行约束作用；服务链层则根据工作流层中不同任务的实际执行流程约束以及系统中服务的服务质量，动态地构建最优的服务组合关系；资源层则定义了提供多粒度服务的运行环境，主要涉及多模态时空数据的存储以及多粒度服务的执行上下文。在服务链层到资源层的调度过程中，系统需要同时顾及数据的空间关系、任务的前后序关系以及系统资源分布关系，合理地进行任务分配和数据调度，尽可能少地进行空间数据跨集群迁移，将数据与计算并置,从而避免因数据网络传输所带来的任务执行延迟和不可靠问题,保证时空数据可视化任务高效并可靠的执行。

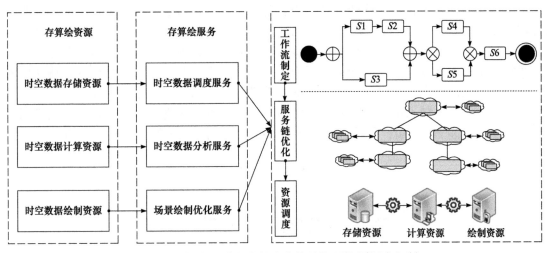

图 4-21 任务驱动的多粒度存算绘资源协同调度机制

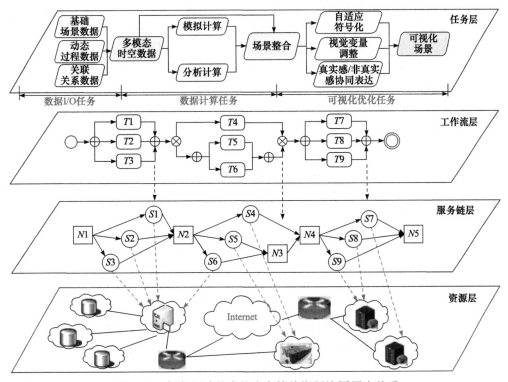

图 4-22 任务驱动的多粒度存算绘资源协同层次关系

4.3.2 多样化终端自适应可视化

空间信息可视化系统往往涉及多样化用户参与其中,而且存在多种可视化应用环境和应用场景，这些客观因素造成用户可能接入场景的终端会呈现多样化特征，同时用户所处位置的网络环境也会存在差异。

在面向普通公众进行场景认知或是知识教育时，因为普通公众通常不具备使用专业可视化终端的条件和能力，所以涉及的终端一般是高性能个人计算机(PC)或是手机/平板电脑等移动智能终端；而专业人员在进行模拟训练或模拟体验时，为增强沉浸感体验以达到训练效果，通常使用 VR 终端进行相应场景的可视化；同时因为需要为专业的指导专家精准呈现目标区域内关键点的状态，所以通常使用大屏终端进行区域场景可视化。

依据上述关于不同人员面对不同任务时涉及的相关可视化终端分析，将可视化终端分为大屏终端、高性能 PC 终端、移动智能终端和 VR 终端等四种类型，如图 4-23 所示。

图 4-23   三维中多样化可视化终端

三维场景数据组织与调度是场景可视化中核心的两大关键技术。将基于多样化组织得到的 LOD 数据，考虑到任务相关的可视化终端性能和网络环境，对设计三维场景数据调度策略进行深入研究，自适应选择合适的 LOD 数据进行调度，以此控制每帧渲染时的网络传输数据量，在多样化环境下均保持较高的数据传输和场景渲染效率，渲染形成满足用户需求的三维场景，支撑用户对场景的进一步交互探索。

传统数据调度建立了视点位置驱动的数据动态调度机制，能够实时根据视点信息选择性地调度合适 LOD 的数据，有效提升了网络数据传输效率，降低了可视化终端的渲染压力。在上述传统策略的基础上，考虑到任务相关的终端性能和网络环境等影响因素，实现自适应数据调度，将视点信息、用户终端性能配置和屏幕尺寸、用户网络环境、可视化过程中的实时帧率等参数作为影响因素，建立一套多因素综合影响的三维场景数据自适应调度模型，模型如式(4-18)所示，避免仅依靠视点信息进行数据调度的局限性。

$$S(n, p, s, w, f, v) = \sum_{i=0}^{n-1}[\text{LOD}_i \times A_i(p, s, w, f, v)] \tag{4-18}$$

其中，S 为每个渲染帧下可视化终端渲染的整体三维场景数据层次结构；参数 n 为各类三维场景数据的 LOD 层次数；参数 p、s、w、f 分别为终端性能配置、终端屏幕尺寸、网络环境、实时帧率；参数 v 为当前视点信息参数；LOD_i 分别为各层次 LOD 数据；$A_i(p, s, w, f, v)$ 为多参数影响下的 LOD 层次为 i 的数据所占整个三维场景的数据量比例。三维场景数据自适应调度过程阐述如下。

第一，预先获取可视化终端的类型，根据终端类型确定渲染性能和屏幕尺寸等参数，同时分析当前终端接入的网络环境(包括带宽和网络延迟等量化指标)作为网络环境参数，确定各影响因素的权重，形成综合的多因素影响模型。

第二，根据多因素影响模型影响因素结合多源三维场景数据特征，针对性地建立对应空间索引，预设相关参数写入索引，实现各类三维场景数据的 LOD 自适应选择。其中，针对真实感地形三维场景数据，在索引中指定调度合适尺寸分辨率的瓦片数据；针对三维模拟数据，在索引中指定调度合适 LOD 的三维体模型；针对实体建筑模型数据，将预设的几何误差阈值写入初始空间索引中，确定在渲染开始时每个 LOD 数据占整体三维场景的数据量比例。

第三，在后续的数据调度与可视化过程中，将设定的实时帧率阈值和当前一段时间内的可视化帧率进行比较，当帧率未满足时，通过动态调整各空间索引中的相关预设参数(包括瓦片尺寸、几何误差阈值等)，自适应选择更多较低 LOD 的数据，直到实时帧率能够稳定在预设的帧率阈值之上。

通过上述步骤，实现顾及多影响因素的三维场景数据自适应调度，达到当前可视化终端与网络环境下最优的可视化效果及用户体验。三维场景数据自适应调度整体方法框架如图 4-24 所示。

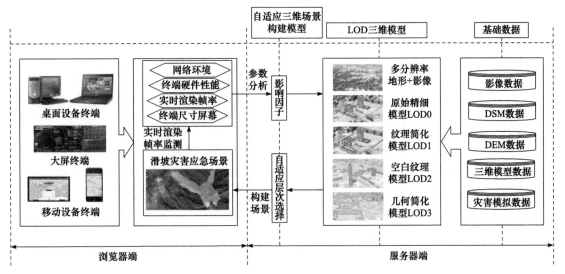

图 4-24　三维场景数据自适应调度整体方法框架

4.4　可视化绘制优化

相对于二维而言，三维空间信息具有显著的直观性，信息量更丰富，如空间位置、时间变化、模型结构等。将三维空间信息进行可视化展示，用户将得到更好的人机交互体验，同时能够获得更多的信息。但是，三维空间中众多的空间对象、精细的模型结构、复杂的空间关系等，导致场景绘制数据量急剧增加。因此，在有限的计算机资源条件下，如何对三维空间信息可视化场景进行优化处理，以达到更好的可视化效果，是三维空间信息可视化研究的重点。

4.4.1　可视化场景优化方法概述

三维场景可视化即将现实的物理世界通过虚拟映射，渲染为虚拟三维场景。与二维平面信息表达方式相比，三维可视化利用空间三个维度更具优势，能够自然呈现三维形体的复杂信息，提升了信息交互的及时性和准确性(王磊，2017)。三维可视化涉及计算机图形学、图像处理、计算机辅助设计、虚拟现实等多个领域，成为研究数据表示、数据处理、决策分析、实时交互等一系列问题的综合技术(Iglesias，2012)。

三维可视化将多种复杂信息融汇在虚拟仿真环境之中，由于地物类型多、三维模型精细化、数据量大、空间关系复杂，在浏览器端，以往只能调用 CPU 的资源进行渲染，无法支持大型的三维图形渲染。随着 WebGL 的出现，复杂三维场景在浏览器端的渲染成为可能。但是随着模型体量的迅速增加，帧速率则随之降低，无法达到预期，甚至影响用户体验(刘文晓，2019；Ding et al.，2014；Christen et al.，2012)。因此，需要对大范围、精细化的三维场景进行优化处理，在保证模型精度的前提下提高渲染帧率。

可视化三维场景优化方法包括模型简化、纹理压缩处理、光照阴影烘焙、包围盒碰撞检测、GPU 加速等，表 4-5 是常见的可视化场景优化方法对比分析。

表 4-5　可视化场景优化方法对比分析

优化方法		优点	不足	应用场景
模型简化	减少格网顶点	减少渲染数据量	模型精度低，处理复杂	表面结构复杂的模型，如曲面
	面片替代模型			
纹理压缩处理		提高纹理信息利用率	不适用于动态纹理	高精度模型纹理
光照阴影烘焙		减少实时光照计算	只适用于静态场景，且光源不变	大范围静态场景
包围盒碰撞检测		减少碰撞检测计算量	不适用于高精度的碰撞检测	简单碰撞，精度要求低
数据共享	数据批处理	减少绘制量	限制遮挡剔除	相同材质模型
	模型重复使用	节约内存	适用场景有限	模型重复出现
限制可视范围		提高可视数据集中度	大范围场景不适用	小范围场景，如室内场景
数据缓存处理		提升数据读取速度	存储空间占用更大	用于存储常用数据
矢量栅格化		缩减数据量	矢量数据精度降低	示意性符号模型
数据裁剪剔除		减少冗余数据	处理过程复杂	遮挡较大的场景
动态调度瓦片		减少渲染数据量	系统内存占用多	大范围、海量数据
多线程协同		改善数据处理并发能力	实现困难	数据并发操作频繁
GPU 加速		充分利用 GPU	编程不易实现	大部分场景
线程挂起		提高漫游流畅性	削弱了场景真实感	视野快速移动
草图渲染		提高渲染性能	降低了场景真实感	兴趣度较低的物体，如远处的车

可视化场景优化方法的侧重点不同，不同的方法适用于不同的应用领域或场景，各有优势与不足。下面将从多细节层次(LOD)模型构建、海量数据高效绘制以及 VR 场景优化策略等方面，详细阐述三维空间信息可视化优化方法。

4.4.2　多细节层次模型

眼睛的空间与时间分辨率是有限的，只能在一定的尺度范围内观察空间物体，超出了这个尺度便什么也看不到。Li 和 Openshaw (1993)提出了尺度变换的自然法则，目前这一规律已经作为空间尺度变换的基本准则，即利用人眼分辨率有限的基本原理忽略掉那些人眼不能看到的空间物体的细节，进而得到各种不同分辨率的模型。

多细节层次模型是对同一个场景或场景中的物体使用具有不同细节的描述方法得到的一组模型，在满足用户视觉误差的前提下减少图形绘制数量，对场景中较小的、位于远处或不太重要的部分内容使用较少的细节表示进行绘制。物体的细节程度越高，则描述得越精细，数据量越大；物体的细节程度越低，则描述得越简单，数据量越小。

如图 4-25 所示。设视点张角为 α，投影平面的边长为 L，被投影线段的长度为 l，视点与该线段中心的距离为 d，线段与投影平面的夹角为 β，物体单位长度在投影平面上的像素数为 λ，则线段在投影平面上的投影长度 τ(像素数)为

$$\tau = \frac{l \times \cos\beta \times L \times \lambda}{2 \times \tan\frac{\alpha}{2} \times d} \tag{4-19}$$

可见，物体的实际面积越小，距离视点越远，与投影平面的夹角越大，图形单元在屏幕上的投影面积就越小。根据人们的视觉特征，可以降低显示时使用的模型分辨率，减少图形单元的绘制量，从而提高物体的绘制速度。

使用 LOD 模型实现简化的基本原理是：物体绘制前，根据不同的控制误差 δ_i 提前生成若干个不同分辨率的简化模型，即金字塔模型；在绘制时，根据物体距离视点的位置 d、用户允许的屏幕误差 p 计算实际物体的最大允许误差 δ_{max}，即

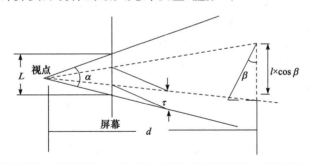

图 4-25　投影面积与实际面积、距离视点的位置以及视线与图形单元夹角的关系

$$\delta_{max} = \frac{2 \times \tan\frac{\alpha}{2} \times d \times \rho}{\cos\beta \times L \times \lambda} \tag{4-20}$$

然后在上述多个简化模型中选择 $\delta_i \leqslant \delta_{max}$ 且与 δ_{max} 最相近的简化模型。当视点位置变化时，重新计算 δ_{max} 并选择相应的简化模型进行绘制。

各分辨率简化模型的生成原则是：在尽可能保持原始模型特征的情况下，最大限度地减少原始模型的三角形和顶点数目。它通常包括两个准则：①定点最少准则，即在给定误差上

界的情况下，使得简化模型的定点数最少；②误差最小准则，即给定简化模型的定点个数，使得简化模型与原始模型之间的误差最小。

LOD 模型在计算几何、计算机图形学、计算机视觉等领域得到广泛应用。按照不同分类标准，可以将改进 LOD 模型归纳为不同的类型：根据 LOD 模型的生成原理，可以分为自底向上的简化方法和自顶向下的细化方法两种；根据生成 LOD 模型的地形数据源，可以分为基于 Grid 的 LOD 模型和基于 TIN 的 LOD 模型两类；根据 LOD 模型的生成时机，分为提前静态生成和实时动态生成两类(Ulrich，2002；Clark，1976)。

1. 简化方法和细化方法

简化方法由最详细的原始数据出发，经过逐步删除符合控制准则的顶点或三角形，直至达到规定点、三角形数目或指定的几何误差。这类简化方法一般用局部的几何距离、面积或角度作为误差控制阈值，如删除点、边、三角形的删除算法、顶点聚类算法、边折叠算法、三角形合并算法等。

细化方法则是在最粗略模型的基础上，逐步增加超过控制准则的节点，直到误差小于指定的控制误差或达到规定的点、三角形数目。误差控制的阈值主要是高程误差、节点或三角形的个数等，如贪婪插入法、启发法等。

在相同的控制误差条件下，简化方法能用比较少的三角形得到与原始地形更为接近的简化模型。从计算复杂度上看，简化方法适用于原始数据量不大，但对模型简化精度要求较高的应用；细化方法的计算复杂度只与输出的数据量有关，生成效率要远远高于简化方法的生成效率。基于此，目前大多数算法都是自顶向下的细化方法。从计算机的图形显示效率来看，随着图形处理器(GPU)的出现，能实时处理的三角形数量大大增加。细化算法较简化算法多出的那些三角形对显示效率的影响不大，采用细化算法来减少 GPU 的计算量，充分利用 GPU 来处理这些三角形，也是一种加速图形绘制的策略。

2. 静态 LOD 模型和动态 LOD 模型

一直到 20 世纪 90 年代前半期，LOD 模型的研究主要集中在静态 LOD 模型(也称离散 LOD 模型)的生成和实时显示方面，无法展示渐变过程。为了从根本上改变静态 LOD 模型存在的上述问题，Lindstrom 于 1996 年提出了连续 LOD 模型，它可以生成任意多个不同分辨率的模型，相邻模型之间通过局部的删除点、折叠边或其逆操作转换得到，从而实现模型细节的连续变化(Lindstrom et al.,1996)。

动态 LOD 模型在显示前实时地生成每一个误差条件下的地形，避免了静态 LOD 模型不能表示由粗到细的过渡与存储时各细节层次间的数据冗余。其缺点包括：需要在显示前实时地对每一个顶点进行误差计算，当数据量特别大时计算量非常巨大；需要将数据全部存入内存，每一帧计算后的结果传送给 GPU 进行绘制；只有待数据全部下载后才能动态简化显示。

3. 基于 Grid/TIN 的 LOD 模型

在表达数字地形的两种数据模型中，Grid 和 TIN 在可视化及空间分析应用中各有优劣：Grid 数据结构简单，LOD 模型的建立和操作方便，基于其上的空间分析类型也较多；TIN 数据表达的数字地形精度较高，所需要的三角形数量比同等精度的 Grid 数据小得多，实时显示效率较高。地形的 LOD 模型包括 TIN、Grid 以及混合结构类型，如表 4-6 所示。

表 4-6　地形 LOD 模型分类(田宜平等，2015)

结构	算法	优点	缺点
基于 TIN 的层次结构	层次模型(hierarchical model)	能控制模型的简化误差	难以避免产生狭长三角形，没有考虑视点的位置信息，有视觉跳动现象
	自适应层次模型	部分避免产生狭长三角形	速度较低
	渐进格网(progressive mesh，PM)法	无视觉跳动现象，视相关	速度较慢
基于 Grid 的数据结构	四叉树模型	层次清晰、结构规范，与空间索引统一，易构造与视点相关的模型	不适合非规则地形，可能出现区域边界不连续，可视化时可能出现空洞
	二分树模型	层次较清晰，结构较规范，易构造与视点相关的模型	不适合非规则地形，速度较慢，跳动现象依然存在
混合结构	层次模型+四叉树	合理控制模型简化误差，适合不同区域分别构建	需解决分区边界裂缝的拼接问题

4.4.3　海量数据高效绘制技术

随着互联网、传感网、物联网的快速发展，获取空间数据的手段多种多样，数据体量也越来越大。海量数据不仅具有大数据的体量大、速度快、模态多样、真伪难辨和价值稀疏的 5V 特征，还具备多维(三维空间、时间、高维属性)、多尺度(宏观与微观、概略与精细、户外与室内)、复杂关联等特点，给高效可视化绘制带来巨大挑战(Li et al.，2013)。海量数据的实时三维绘制一直是空间信息可视化的研究热点。

三维可视化的直观性是其优越于二维可视化的主要特点，但逼真性会降低绘制效率，影响交互响应实时性。因此，在保证一定视觉效果的前提下，充分利用计算机核心内存和显存资源，尽量减少实时绘制的数据量是实现海量数据高效绘制的关键(Peng et al.，2018；Olshannikova et al.，2015)。

在海量数据的三维可视化应用中，通常要遵循以下三个原则：①仅加载需要处理范围的数据；②仅显示可见的物体；③仅显示必要的细节层次。

具体来讲，以下技术被认为是海量空间数据实时可视化应用的关键技术：数据分块和动态装载技术、图形绘制加速技术、数据裁剪技术和多细节层次模型的渐进绘制技术等。

1. 数据分块和动态装载

由于对数字场景三维景观图片质感的逼真性要求，可视化应用总是涉及大量丰富的几何、纹理和属性等信息的混合应用。例如，一个中等城市的智慧城市应用，即使是在一个时间状态和一个空间尺度，数据量也可能达到上百 GB 的规模。如果一次性把所有数据都装载到计算机内存后再进行显示会导致内存、CPU 与图形资源的严重不足。随着用户关注范围的扩大，需要的空间细节程度其实在降低。因此，根据视点当前所在位置，从多尺度数据库实时检索并装载一定范围内特定对象的数据，是我们利用普通个人计算机处理海量空间数据库各种实时应用问题的必然选择(Hu et al.，2018)。

为了达到"海量"数据的虚拟地理景观实时动态显示的目的，建立基于数据分块、数据库自动分页和存储机制是一种常用且有效的方法。每一帧场景的渲染数据对应计算机内存中的一个数据页，即由若干连续分布的数据块构成的一个存储空间。在动态渲染过程中，随着视点的移动，需要不断更新数据页中的数据块。当需要更新数据页中的数据时，因为从硬盘中读入新的数据需要耗用一定的时间，会带来视觉上的"延迟"现象，大大影响虚拟表现的交互。为了克服这种延迟的影响，常用的方法是利用多线程运行机制，充分利用计算机的CPU 资源，根据视点移动的方向趋势，预先把即将更新的数据从硬盘中读入内存，减少"延迟"现象的影响(Liu et al.，2017；Suárez et al.，2015)。对于单 CPU 的计算机来讲，这种多线程的方法实际上还要将数据读取的时间拆分成几段，分别插在视点移动的过程中；而如果计算机具有双 CPU 或多 CPU，则数据预读入的过程与场景绘制的过程可以分别由不同的CPU 承担，从而将数据读取过程分解到图形描绘的同步过程当中。这种动态的数据装载需要建立前后台两个数据页缓冲区，并通过多线程技术实现两个缓冲区之间数据内容的交换。前端缓冲区直接服务于三维显示，后台缓冲区则对应于数据库，这也是典型的以空间换时间的方法(李成名等，2008)。

根据前述的空间索引和数据库组织与管理方式，整个地理空间被划分成一个个栅格形状的索引块。根据当前视点的位置、视距与视角等范围控制参数即可确定当前可见范围内的数据块。根据数据块与视点的位置及视线的关系还可以分别设定不同的 LOD 模型。图 4-26 为在同一尺度海量数据库中的实时漫游，当视频从右向左移动时，每经过一定时间就要更新数据页中的一列数据块。数据块的更新首先要释放超出视场范围的最右列数据块，然后读进即将进入视场范围的最左列数据块。如果在漫游过程中视点高度发生变化，还要重新计算视场范围。如果视场范围与数据页对应的范围面积相差大于某一阈值，则需要更换到相应尺度的数据层进行整个数据页的数据更新，即跨尺度的漫游。由于跨尺度漫游涉及整个数据页面的数据更新，要实时调度的数据量很大，需要不同尺度之间具有高效的联动机制，最好是具有一样的空间索引方法和数据调度策略等。

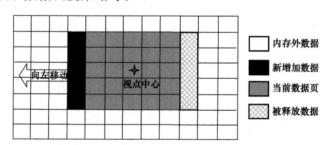

图 4-26   基于分块数据的动态数据页的建立

2. 图形绘制加速技术

为了加速图形的整体绘制效率，计算机科学专业人员从硬件和软件两个方面提出了加速图形显示的方法。基于硬件的加速方法是指提高计算机的硬件性能，如 CPU 的主频、内存的容量、图形显示加速芯片以及硬件的并行等。除了 CPU、内存等核心部件快速发展外，图形加速卡性能也极大提高。尽管如此，对于海量的地形数据来讲，这些性能还是远远不够的。应用中图形的复杂度总是比硬件能实时显示的数据量大一个或多个数量级(Lu et al.，

2014)。鉴于此，仅靠硬件加速得到的效果远远达不到用户期望的性能。

基于软件的加速方法包括图形软件和应用软件两个层次，前者通过优化图形包(graphics toolkits)的设计来加速图形的显示速度，如对底层硬件的调用支持、场景图(scene graph)结构、显示列表(display list)、三角形条带(triangle strip)或三角形扇(triangle fan)结构、顶点数组(vertex array)等。在应用软件层次上的加速是指根据人眼的视觉特征，在视觉效果和实际的图形绘制数量间进行折中，即在保证用户视觉的前提下，减少场景中需要绘制的图形数量。这类加速方法如后向面的消隐(back culling)及被遮挡对象的消隐(occlusion culling)、视锥体的剔除(frustum culling)、模型的简化(simplification)、基于图像绘制(image-based rendering)等。近年来，这一策略已成为计算机图形学、地理信息系统、地形可视化、虚拟现实等领域的研究热点。

目前海量数据可视化主要解决思路如图 4-27 所示。其中，硬件侧重于提高图形的绘制效率，软件侧重于降低实时绘制的对象数量(李成名等，2008)。

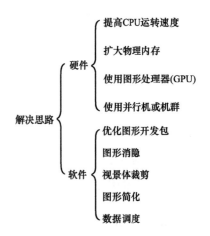

图 4-27　海量数据可视化的主要解决思路

3. 数据裁剪技术

裁剪(culling)技术是三维可视化领域一种基本的优化策略，它的主要思想是从可视性的角度对所要处理的空间数据进行删减，只保留确实可见的部分，从而降低绘制过程的复杂性，优化系统性能。较为有效的途径就是采用视景体裁剪与遮挡裁剪。其中，遮挡裁剪在视景体裁剪的基础上对需要进行处理的地物对象范围进一步缩小，而且不会影响场景的可视化效果(李成名等，2008)。

在透视可视化情况下，遮挡裁剪技术的核心就是将数据域与金字塔形状的视景体(view frustum)相交(图 4-28)。直接根据距离指标确定前景和背景是比较简单的数据裁剪方式。复杂一点的裁剪方式还可用于不同的细节程度，如图 4-29 所示，可视空间被划分为前景、中景和远景，分别从近到远具有从精细到粗略的不同细节程度。数据裁剪的核心是计算视场的锥体裁剪范围，即由视场角定义的上下左右四个面和由投影矩阵定义的远近两个面。利用 OpenGL 图形库函数可以直接得到远近剪切平面。尽管 OpenGL 之类的图形库函数具有数据裁剪的功能，但即使是不可见的目标数据，首先也要从数据库读进内存，然后还要经过一系列变换处理后才能被裁剪掉(其裁剪也仅仅是不绘制而已)。使用额外的数据裁剪处理将使得只有可见的对象被选择、确保尽量少的数据被计算机吞吐和处理，从而提高系统的整体效率。

对于城市尺度的应用，由于各种人工建筑物十分密集，加之视点靠近周围的地物，在视景体范围内其实还有许多地物相互遮挡，如果能有效进行遮挡裁剪，还可以进一步提高场景绘制的效率。最简单的遮挡裁剪就是在 OpenGL 中广泛使用的背面裁剪方法。

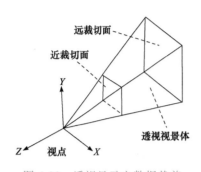
图 4-28 透视显示之数据裁剪

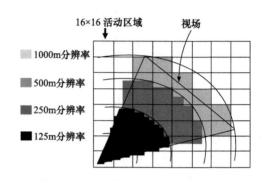
图 4-29 视场裁剪的多细节程度表示

4. 多细节层次模型的渐进绘制技术

当在场景中穿行或以飞越的方式进行三维场景模型的浏览时，三维景观是以动画的形式展现出来的。常规的静态数据显示模式由于数据已经全部装入内存，只需要直接执行 OpenGL 显示列表预存的一系列显示命令即可。与此不同，要保证动态数据显示连续流畅(至少 15～25 帧/秒的刷新速率)，必须根据相匹配的图形绘制质量对场景绘制的刷新频率进行优化，即渐进绘制(progressive rendering)的思想。如图 4-30 所示，如第 1 小节介绍的数据动态装载方法，为了消减从数据库检索和选取大量的几何与纹理等数据造成的时间延迟，往往是要把数据的动态装载平均分解到各个图像帧进行，以保证绘制每一帧图像的时间是均衡的。特别地，由于透视显示的场景内不同远近的对象可能具有不同的细节程度，即使同一个对象，在不同的图像帧也会有不同的细节程度；另外，不同复杂程度的景观地物的大小与疏密分布往往也是随机的；在漫游过程中由于人机交互操作场景的变化更加剧烈。以上现象导致动态装载数据量与实时绘制工作量的不均衡，为实时规划和控制动态场景细节层次的连续变化和无缝漫游增添了许多困难。因此，场景细节层次变化的合理控制显得尤为重要。为了能把这些尺度变化不连续的数据以连续的细节层次表现出来，还需要一些特殊的图形绘制技巧，如运动模糊等。

图 4-30 三维地形场景渐进绘制

渐进绘制是解决实时绘制中逼真度与性能矛盾最有效的折中方法。渐进绘制实现的关键是要生成若干连续 LOD 模型，并根据屏幕刷新率实时控制后台模型的简化层次，这也被称为可中断的渐进绘制技术。一般方法是根据离视点的远近选择或生成不同的 LOD 模型，即进行依赖于视点的模型动态简化处理，并且希望每个详细的模型应该包括覆盖所有粗略的模型，这样可以最大限度地减少数据动态装载和实时处理的工作量。渐进绘制要同时考虑因速度原因采用粗略近视模型绘制引起的空间误差和因绘制本身延迟产生的时间误差，当时间误差超过空间误差时，进一步的模型精化失去意义，因此要及时把当前细节程度的模型图像显示出来。

4.4.4　隧道视野场景优化方法

传统 VR 场景优化方法主要是从计算机角度探讨如何减少数据量或降低渲染负担，以高逼真度渲染视域范围场景，而用户在进行 VR 场景交互探索时更关注主体信息，对一定范围以外的信息关注度较低。现有的 VR 场景优化方法未充分考虑 VR 场景特征与人眼视觉特性，使得 VR 场景存在大量冗余信息，导致绘制效率较低，用户体验感差。

本节将介绍基于隧道视野的场景优化方法，首先结合人眼视觉特性，分析人眼偏心率与空间分辨率的函数关系，确定人眼高空间分辨率对应的视角范围，设计基于视锥体的 VR 场景感兴趣区域计算方法，为隧道视野优化提供输入参数；然后根据感兴趣区域计算结果，对场景对象进行简化，在此基础上使用高斯滤波构造隧道视野，建立基于感兴趣区域的隧道视野优化方法，期望在保证细节损失较小的前提下提高 VR 场景绘制效率，提升用户体验感。隧道视野场景优化流程如图 4-31 所示。

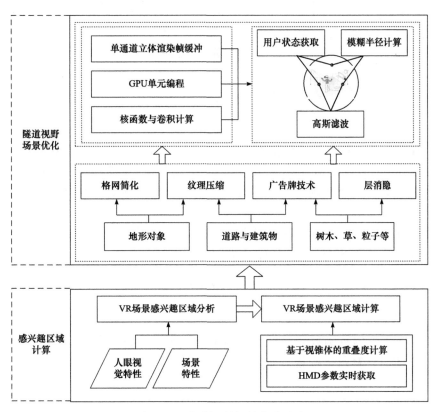

图 4-31　隧道视野场景优化流程

1. 人眼视觉特征分析

人眼的主要感光能力来源于分布在视网膜上的视杆细胞与视锥细胞，前者成群与公共神经末梢相连；后者具有单独向大脑传递信号的能力，集中于视网膜的中央凹区域，周边区域相对较少，使中央凹的感光能力和分辨力最高(Weier et al., 2016; Bastani et al., 2017)。人眼偏心率(视角)与空间分辨率的关系如图 4-32 所示。根据偏心率将人眼的视域划分为不同的分区，如图 4-33 所示。一般而言，映在人眼视网膜上的图像，只有中心部分(15°~20°)能清晰地分辨出物体，称为分辨视域；20°~30°称为有效视域，分辨能力已经明显下降；30°~104°称为诱导视野，需转动眼珠或头部才能辨别场景对象。不同人眼之间略有差异(Weier et al.，2017；Koulieris et al.，2019)。

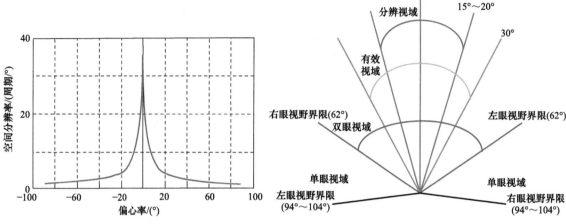

图 4-32   人眼视线偏心率与空间分辨率的关系
(季渊等，2019)

图 4-33   人眼的视域分区

2. 感兴趣区计算

根据人眼视域分区，考虑不同人眼之间的生理差异，将双眼重叠区域视为感兴趣区域。VR场景中的视锥体分为左视锥体和右视锥体，相当于真实世界的左眼和右眼，如图 4-34 所示。

顾及人眼视觉特性的感兴趣区域计算方法，主要包括偏移量、方向向量以及感兴趣区范围计算。具体方法如下。

(1) 获取相机垂直张角 f_v 作为相机视场角的初始设定值，计算宽高比(即 aspect)，分别用 f_x、f_y 来表示 XZ 平面和 XY 平面的偏移量：

$$\begin{cases} f_y = \tan f_v / 2 \\ f_x = f_y \times \text{aspect} \end{cases} \tag{4-21}$$

(2) 通过 VR 平台内置函数获取模型变换矩阵 Matrix，将顶点从局部坐标转换到世界坐标。在此基础上实时计算每一帧视锥侧边的方向向量 f_1、f_2、f_3、f_4：

$$\begin{cases} f_1 = \text{Matrix} \times \begin{bmatrix} -f_x & -f_y & 1 \end{bmatrix}^T \\ f_2 = \text{Matrix} \times \begin{bmatrix} -f_x & f_y & 1 \end{bmatrix}^T \\ f_3 = \text{Matrix} \times \begin{bmatrix} f_x & -f_y & 1 \end{bmatrix}^T \\ f_4 = \text{Matrix} \times \begin{bmatrix} f_x & f_y & 1 \end{bmatrix}^T \end{cases} \tag{4-22}$$

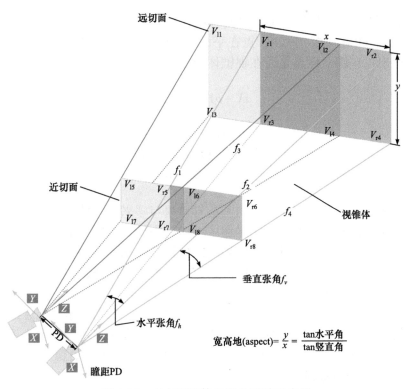

图 4-34　左右视锥体及重叠区域示意图

(3) 利用式(4-23)计算左视锥体的顶点坐标，同理也可计算右视锥体的顶点坐标，进而实时得出用户感兴趣区域的范围：

$$
\begin{cases}
V_{l1} = P_{L} + d_{far} \times f_1 \\
V_{l2} = P_{L} + d_{far} \times f_2 \\
V_{l3} = P_{L} + d_{far} \times f_3 \\
V_{l4} = P_{L} + d_{far} \times f_4 \\
V_{l5} = P_{L} + d_{near} \times f_1 \\
V_{l6} = P_{L} + d_{near} \times f_2 \\
V_{l7} = P_{L} + d_{near} \times f_3 \\
V_{l8} = P_{L} + d_{near} \times f_4
\end{cases}
\tag{4-23}
$$

其中，$V_{l1} \sim V_{l8}$ 为左视锥体的顶点；d_{near} 与 d_{far} 分别为相机焦点至视锥体近切面、远切面的距离；P_{L} 为左相机的空间坐标，可以通过读取 VR 头盔的设置信息来获取。

3. 基于包围盒检测的场景对象简化

为减少场景三角面片绘制数量，提高场景绘制效率，采用包围盒检测方法对场景对象进行简化。根据计算得到的感兴趣区域的 8 个顶点建立 6 个面的空间平面方程[见式(4-24)，其中，a、b、c 为平面方程的三个参数，X、Y、Z 为顶点坐标]，获取场景对象的矩形包围盒，再由式(4-25)判定包围盒顶点在平面上的相对位置。其关系分为三种：点在平面上[式(4-25)中①]；点在平面左侧[式(4-25)中②]；点在平面右侧[式(4-25)中③]。最后综合视锥体 6 个面的相交信息，得出该包围盒顶点是否在视锥体内。

$$aX + bY + cZ = 0 \tag{4-24}$$

$$\begin{cases} aX_1 + bY_1 + cZ_1 = 0 & ① \\ aX_1 + bY_1 + cZ_1 < 0 & ② \\ aX_1 + bY_1 + cZ_1 > 0 & ③ \end{cases} \tag{4-25}$$

对包围盒上所有顶点进行判断后，判断场景对象与感兴趣区域的相对位置关系。存在以下三种情况：①包围盒所有顶点均在感兴趣区域内，则场景对象一定在感兴趣区域内；②部分顶点在感兴趣区域内，则场景对象与感兴趣区域相交，视为可见；③所有顶点均不在感兴趣区域内，则场景对象可能在感兴趣区域外，但有一种情况例外，感兴趣区域在场景对象包围盒以内，可通过碰撞检测避免。

通过上述判断，可通过格网简化、纹理压缩、公告牌等系列技术对位于感兴趣区域外的场景对象进行优化。对于地形、建筑物等复杂场景对象，采用公告牌技术，用面片代替格网以降低渲染数据量。较小的场景对象(如草、石头等)则直接通过层消隐剔除渲染。

4. 基于高斯模糊的隧道视野优化

隧道视野优化是一种中央凹渲染方法，根据人眼视觉特征，集中渲染中心区域，模糊外围场景地物，对 VR 场景分层次渲染，引导用户关注重点区域，降低用户体验时的眩晕感(Meng et al.，2018)。高斯滤波是一种特殊的低通滤波，以正态分布密度函数作为计算模板，对原影像进行卷积运算，能够更好地保留边缘效果，无需多次迭代即可获得较好的模糊效果。因此采用高斯模糊算法模糊外围区域，实现隧道视野优化，主要步骤包括帧缓存获取、模糊范围计算与高斯滤波。

1) 帧缓存获取

帧缓存的每一存储单元对应屏幕上的一个像素，整个帧缓存对应一帧影像，计算机对每一帧影像依次渲染。通过单通道立体渲染技术进行优化，将左眼和右眼图像同时渲染为一个打包的渲染纹理。在单通道立体渲染期间，GPU 共享两只眼睛的剔除和阴影计算工作，只需遍历一次场景对象即可进行剔除，以交替绘制方式实现左右眼同步渲染。

2) 模糊范围计算

通过 GPU 单元编程在每帧渲染之前计算需要模糊的范围。首先利用式(4-26)计算感兴趣区域在帧缓冲中对应的像素个数：

$$\begin{cases} CountX = D_{l2\_r2} / D_{l2\_l1} \times Resolution.X \\ CountY = Resolution.Y \end{cases} \tag{4-26}$$

其中，$Resolution.X$ 与 $Resolution.Y$ 分别为左眼帧缓存在 X 轴与 Y 轴上的像素个数；$CountX$ 与 $CountY$ 分别为感兴趣区域在 x 轴与 y 轴方向上的像素个数；D_{l2_r2} 为 l_2 至 r_2 的距离；

D_{l2_l1} 为 l_2 至 l_1 的距离。

实时判断用户状态，当用户在场景中缓慢浏览时，以视线中心为隧道圆心，重叠区域在 X 轴与 Y 轴上的较小值为隧道半径；用户快速漫游时，隧道圆心不变，隧道半径减少为之前的一半，以降低用户体验晕动症。隧道在单通道立体渲染中的帧缓冲如图 4-35 所示，隧道半径与圆心可由式(4-27)求得。

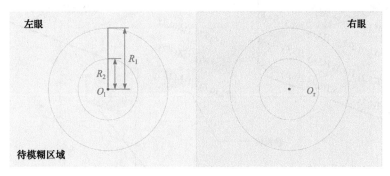

图 4-35　单通道立体渲染帧缓存中的待模糊区域图

$$\begin{cases} O_r = (\text{Resolution}.X + \text{Count}X / 2, \text{Resolution}.Y) \\ O_l = (\text{Resolution}.X - \text{Count}X / 2, \text{Resolution}.Y) \\ R_1 = \min(\text{Count}X / 2, \text{Count}Y / 2) \\ R_2 = \min(\text{Count}X / 2, \text{Count}Y / 2) / 2 \end{cases} \tag{4-27}$$

其中，O_l 与 O_r 分别为左眼与右眼在计算机中的帧缓冲清晰区域的圆心；R_1 为缓慢运动时高保真渲染区域的半径；R_2 为快速运动时高保真渲染区域的半径。

3) 高斯滤波

随着图形处理器(GPU)计算功能的日益强大，高斯模糊的卷积操作在片元着色器中实现，通过式(4-28)判断当前片元是否需要被模糊。

$$\begin{cases} \left[x - \left(\text{Resolution}.X - \dfrac{\text{Count}X}{2}\right)\right]^2 + (y - \text{Resolution}.Y)^2 > 0, \\ \qquad\qquad 0 \leqslant x \leqslant \text{Resolution}.X \\ \left[x - \left(\text{Resolution}.X + \dfrac{\text{Count}X}{2}\right)\right]^2 + (y - \text{Resolution}.Y)^2 > 0, \\ \qquad\qquad \text{Resolution}.X < x \ll 2\text{Resolution}.X \end{cases} \tag{4-28}$$

若当前像素需要被模糊，即可通过着色器获取需计算的像素，利用高斯模板分别对该像素的 RGB 三个通道进行卷积运算并融合计算结果，如图 4-36 所示。这样就可构造隧道视野，实现在高保真度渲染 VR 场景感兴趣区域的同时减少渲染数据，提高绘制效率，降低用户的眩晕感。

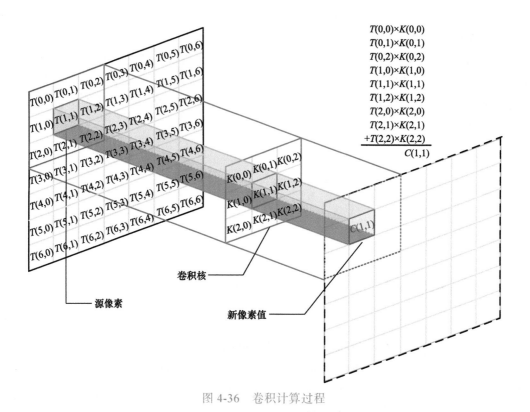

图 4-36   卷积计算过程

第 5 章　时空过程模拟可视化

随着社会与经济调查及统计、对地观测技术、计算机网络和地理信息系统的快速发展和普及，具有空间位置的自然环境与社会经济数据近几十年快速增长，形成了海量的时空数据(王劲峰等，2014)。通过利用时空数据来模拟时空过程，可以重建历史状态、跟踪变化、预测未来，对军事、灾害、人文、工程建造、城市规划等多个领域的发展都具有重要意义。可视化的形式更容易帮助人们获取信息。时空过程模拟可视化结合时空过程模拟与可视化技术，将时空演变信息转换为易于展示与理解的视觉信息，辅助人们对相应事件进行分析决策。

本章首先介绍时空过程模拟原理与方法，归纳现有的时空过程模拟框架、时空数据模型，讲述时空过程动态建模与时空过程可视化方法，并总结时空过程预测分析方法，让读者了解整体的概念。然后借助洪水、泥石流、滑坡和室内火灾四个案例详细讲解时空过程模拟算法、模拟以及可视化实现过程。

5.1　时空过程模拟原理与方法

时空过程模拟以静态 GIS 为基础，通过增加时间描述，不仅能表现地理对象横向的空间分布规律，也能表现纵向的时间变化过程。本节主要讲述时空过程模拟的原理与方法，包括时空过程模拟框架、时空数据模型、时空过程动态建模、时空过程可视化方法以及时空过程预测分析等内容。

5.1.1　时空过程模拟框架

时间与空间是两个不同维度的概念，随着地理学的发展，时间与空间从最初的"水火不容"，逐渐发展到相互渗透，直至发展为现在的时空一体化。现实世界中一切事物都是时间与空间的函数，通过时空过程模拟，能够实现诊断过去问题、评估当前状态以及预测未来趋势，具体的时空过程模拟框架如图 5-1 所示。时空过程的模拟需要对现实地理环境进行感知，进而构建其所对应的虚拟地理环境。虚拟地理环境主要包括时空数据模型、时空过程动态建模、时空过程可视化以及时空过程预测分析等内容。

5.1.2　时空数据模型

将时间作为与空间同等重要的因素引入到 GIS 中，则产生了时态 GIS(temporal GIS，TGIS)。1992 年，美国的 Langran 发表博士论文《地理信息系统中的时间》，标志着 GIS 时空数据建模的开始(Langran，1992)。时空数据模型是 TGIS 的基础，是一种有效组织和管

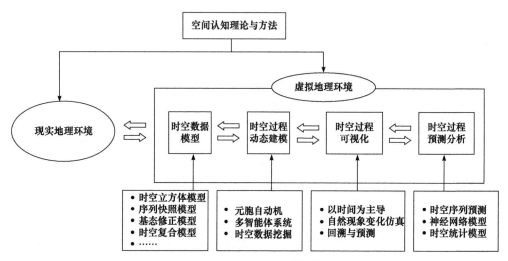

图 5-1　时空过程模拟框架

理时态地学数据，空间、专题、时间语义完整的地学数据模型，它不仅强调地学对象的空间和专题特征，而且强调这些特征随时间的变化，即时态特征。建立合理、完善、高效的时空数据模型是实现 TGIS 的基础和关键。时空数据模型是包括时间和空间要素在内的数据模型，常见的时空数据模型包括时空立方体模型、快照序列模型、基态修正模型、时空复合模型、基于事件的时空数据模型、面向对象的时空数据模型等。各类模型的具体定义与特点如表 5-1 所示。

表 5-1　常见时空数据模型的定义与特点

名称	定义	特点
时空立方体模型	用几何立体图形表示二维图形沿时间维发展变化的过程，表达了现实世界平面位置随时间的演变，将时间标记在空间坐标点上	简单明了，易于在传统 GIS 中实现，但存储冗余，立方体的操作复杂
快照序列模型	将某一时间段内地理现象的变化过程用一系列时间片段序列快照保存，反映整个空间特征的状态，根据需要对指定时间片段的现实片段进行播放	含有历史信息，可在传统 GIS 软件中实现，时态与空间数据关系相对简单，但存储冗余，无法捕获错误，破坏地理现象连续性，时态关系难以处理
基态修正模型	按事先设定的时间间隔采样，不存储研究区域中每个状态的全部信息，只存储某个时间的数据状态(称为基态)，以及相对于基态的变化量	数据记录量小，数据冗余小，历史数据可追踪，但差值状态数据难以获取，无法捕获错误，给定时刻对象的空间关系难以处理，时间和空间上的内在联系难以反映
时空复合模型	将空间分隔成具有相同时空过程的最大的公共时空单元(时空单元)，并将该时空单元中的时空过程作为属性关系表来存储	节省存储空间，易于在 GIS 软件中实现，操作简便高效，但标识符难以修改，多边形碎化，过分依赖关系数据库，难以获取差值状态数据，地理目标查询困难
基于事件的时空数据模型	将时间位置作为记录变化的组织基础，时间维上的事件顺序表达了地理现象的时空过程，时间轴用事件表来表达	存储效率高，信息检索方便，具有较好的数据一致性，数据冗余度小，但变化信息单一，仅记录时间信息
面向对象的时空数据模型	基于对象的概念，将需要处理的地理目标抽象为不同的对象，建立各类对象的联系图，将其属性和操作封装到一起，使其具有类、封装、继承和多态性等面向对象的特征和机制	效果自然，打破第一范式限制，建模有优越性，但难以表达对象的变化信息，数据冗余，信息易丢失

5.1.3　时空过程动态建模

目前已经开展了大量的时空过程模拟与分析研究，主要包括基于元胞自动机(cellular automata，CA)的时空过程模拟、基于多智能体系统(multi-agent system)的时空过程模拟，以及时空数据挖掘等方法。

1. 基于元胞自动机的时空过程模拟

元胞自动机是定义在一个由具有离散、有限状态的元胞组成的元胞空间中，按照一定局部规则，在离散的时间维上进行演化的动力学系统(周成虎，1999)。元胞自动机由元胞及其状态、元胞空间、邻居及规则/变换函数四部分组成，简单讲，元胞自动机可以视为由一个元胞空间和定义于该空间的变换函数所组成，如图 5-2 所示(钟燃，2013)。

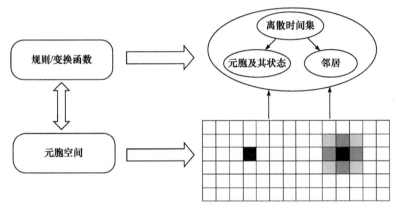

图 5-2　元胞自动机的组成

元胞自动机的基本原理是利用大量元胞在简单规则下的并行演化来模拟复杂而丰富的宏观现象。散布在规则格网中的每一个元胞在有限的离散状态集中，遵循同样的作用规则，依据确定的局部规则同步更新。大量元胞通过简单的相互作用构成动态系统的演化。不同于一般的动力学模型，元胞自动机不是由严格定义的物理方程或函数来确定，而是由一系列简单的规则构成。

2. 基于多智能体系统的时空过程模拟

多智能体系统对代表时空过程中的各种影响因子按照智能体结构进行设计，通过各子智能体间的集成来支持时空过程的模拟与分析，能够把复杂环境下的多因素定义为不同智能主体，通过智能主体之间及智能主体与外部环境的交互来模拟复杂地理空间系统。多智能体模拟系统采用自下而上的研究方法，通过对系统个体特征和行为的研究，建立个体特征和行为的模型，将个体映射为智能体的方法，利用智能体间的自治、推理、通信和协作机制，模拟个体间相互独立又交互作用的现象，从而研究系统的整体结构和功能。多智能体的设计过程如图 5-3 所示。

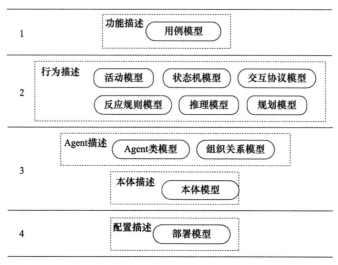

图 5-3   多智能体设计过程

3. 时空数据挖掘

随着科学技术的发展变化，电子计算机技术、通信网络技术和智能感知技术得到了飞速发展，产生了大规模时空数据。时空数据的主要来源包括卫星数据、移动通信、社交媒体、城市一卡通、生活资讯、运动穿戴、出租车出行以及视频数据等，这些数据包含了丰富的信息。时空数据挖掘是指从海量、多源时空大数据中自动发现和提取隐含的、非显见的模式、规则和知识的过程，比数据处理和信息提取有更大的难度，需要基于大数据和知识库的智能推理。时空数据的挖掘过程如图 5-4 所示，首先将事件数据、轨迹数据、点参考数据、栅格数据、视频数据等原始时空数据实例化成点、轨迹、时间序列、空间地图、时空栅格等，然后对上述数据进行预处理，采用序列、二维矩阵、三维张量、图像等形式进行表达，最后采用空间统计方法、归纳方法、聚类方法、空间多测度、多时相分析方法、探测性数据分析、机器学习、神经网络、遗传算法、深度学习等时空数据挖掘方法，解决实际的任务需求(Wang et al.,2020)。

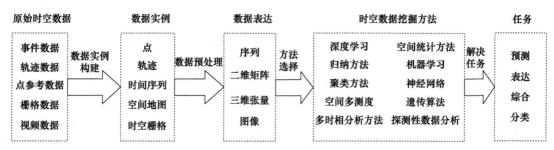

图 5-4   时空数据挖掘过程

5.1.4   时空过程可视化方法

地理时空过程可视化借助可视化技术和方法动态表达地理对象在时间维度上空间位置、几何形态、属性信息的变化，能够直观、生动地揭示地理时空过程演变的进程和趋势

(张翔, 2015)。各种不同的时空信息具有不同的可视化方法, 目前在时空过程模拟方面常用的时空过程可视化表达方法主要有以时间为主导的可视化方法、自然现象的变化仿真以及回溯与预测等。

以时间为主导的可视化方法, 是指以时间轴为基础, 通过指定时间跨度, 按照时间轴的顺序与时间比例, 直观地表达地理时空变化过程, 即时间轴动画, 是表达时空过程变化最直观、有效的方式之一(汪汇兵等, 2013)。在时间轴动画中, 指定动画的起止时间, 通过时间映射数据库, 可将指示时间映射为数据库中存储的有效时间数据格式, 限定整个变化过程的时间范围及播放方向, 参与时空筛选计算, 控制播放速度, 即可实现以时间为主导的时空过程的动态可视化(图 5-5)。

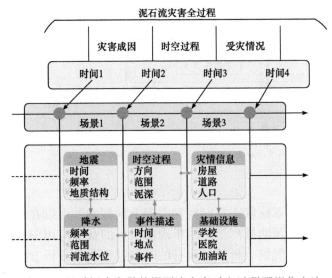

图 5-5 以时间为主导的泥石流灾害时空过程可视化方法

自然现象的变化仿真, 是指通过一定的数学算法模型, 对现实世界中自然现象进行仿真模拟, 实现自然现象的时空过程的动态可视化表达, 如云、雨、雾、洪水、滑坡以及泥石流等自然现象的仿真模拟等。自然现象的变化仿真难点在于如何构建地理模型(图 5-6)。

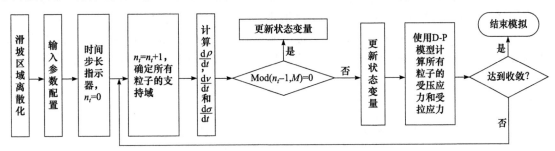

图 5-6 滑坡灾害仿真模拟流程图(Li et al., 2019)

回溯与预测的时空过程可视化方法, 是指通过历史数据, 分析事件时空过程变化、状态之间的关系, 描述事件的时空变化过程, 以事件链表与时态树的形式, 有效地将时间、事件及相关时空对象组织起来，动态追溯、反演和预测事件的发展过程与状态(王占刚等，2014)(图 5-7)。此类方法在历史事件的时空过程可视化表达中应用较为广泛。

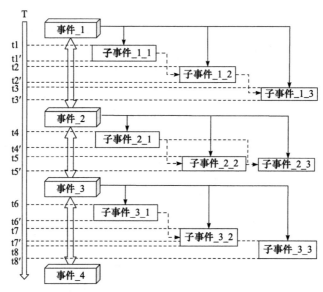

图 5-7　事件链表与时态树(王占刚等，2014)

5.1.5　时空过程预测分析

时空过程预测是对未知系统状态在时间和空间上的预测，可以在跟踪历史状态、变化的同时，进行预测分析。时空预测被广泛应用于现实世界的众多应用中，如地籍管理、环境监测、交通管理、灾害救援、气候分析等。现有的时空过程预测分析方法可以分为三种类型：时空序列预测、神经网络模型、时空统计。

1. 时空序列预测

时空序列是时间序列的扩展，指在空间上有相关关系的多个时间序列的集合。时空自相关移动平均模型(spatio-temporal auto regressive moving average,STARMA)将特定时间段范围划分为一系列时间切片并保存此快照，然后使每个时间切片对应于在不同时间的状态层，再根据需要播放特定的时间段，从而反映出该地理对象的时空演变过程(潘国荣，2005)。这种模型基本思想简单易懂、实现难度较小、易于独立时刻下的空间信息或属性信息的查询，但其数据冗余较大，且存在无法表示单一的时空对象、较难处理时空对象间的时空关系、不能进行时间分析等不足(图 5-8)。

STARMA 模型的一般形式为

$$z_i(t) - \sum_{k=0}^{p}\sum_{h=1}^{m}\varphi_{kh}W^{(h)}z_i(t-k) = \epsilon_i(t) - \sum_{k=0}^{q}\sum_{h=1}^{n}\theta_{kh}W^{(h)}\epsilon_i(t-k) \tag{5-1}$$

其中，φ_{kh} 是时间延迟 k 阶、空间延迟 h 阶时的自相关参数；z_i 为空间位置 i 上 $t-k$ 时刻的时空自相关以及随机误差项估计值；θ_{kh} 为时间延迟 k 阶、空间延迟 h 阶时的移动平均参数；ϵ_i 为随机误差；k 为最大时间延迟；h 为最大空间延迟；p 和 q 为时间自回归和移动平均阶数；m

和n为第k个时间的空间自回归和滑动平均阶数；$W^{(h)}$为$N \times N$方阵，即空间延迟期为h时所对应的空间权重矩阵，$W^{(h)}$的建立要考虑测点间的空间分布特征。

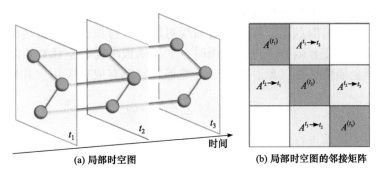

(a) 局部时空图　　　　　　　(b) 局部时空图的邻接矩阵

图 5-8　时空序列预测模型示意图(Song et al.，2020)

2. 神经网络模型

神经网络，又称人工神经网络(artificial neural network，ANN)，是由自适应神经元组成的互联网络，通过调整内部节点连接可实现复杂信息处理的数学模型(Kohonen，1988)。利用自身高维拓扑的网络结构和基于微分方程的梯度下降算法，可实现复杂非线性关系的精准建模。当前，神经网络模型已有上百种，它们从不同角度、不同层次实现了时空数据分析。长短期记忆(long short term memory，LSTM)神经网络是循环神经网络中的一种，其结构较为特殊，整体结构呈链式，分为输入门(input gate)、遗忘门(forgetting gate)和输出门(output gate)，因此更能对时间维度的特征进行准确的提取，常被用于进行时空过程预测研究。输入门主要负责将输入的向量保存到记忆细胞中。在此过程中，有一些信息会被遗忘门有选择地删除。经过一番处理后的新信息将成为下一个记忆细胞的输入信息，并在多次迭代后通过输出门输出最终结果。LSTM 结构如图 5-9 所示。

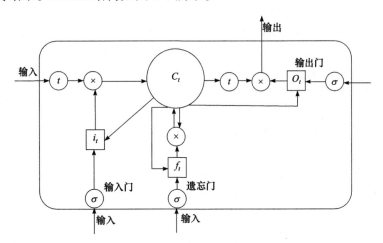

图 5-9　LSTM 结构图

3. 时空统计

时空统计基于统计理论(如概率论)进行预测，主要预测模型包括地理加权回归、时空自回归综合移动平均、时空克里金和贝叶斯最大熵。时空克里金插值法是一种近年来发展起来的基于随机变量在空间和时间上的相关结构而建立起来的统计方法。本质上通过时空变异函数刻画研究对象的时空相关性并据此进行预测。在实际应用中，通常利用样本计算时空变异函数的部分样本值并画出散点图，接着通过曲线对散点进行拟合得到合适的时间变异函数、空间变异函数以及时空变异函数，进而利用时空变异函数求得时空函数矩阵，并最终求出参数向量。时空克里金插值法在气象、交通、环境等领域都有成功应用。其模型为

$$Z^*(s_0, t_0) = \sum_{i=1}^{n} \lambda_i Z(s_i, t_i) \tag{5-2}$$

其中，$Z^*(s_0, t_0)$ 为非样本点 (s_0, t_0) 的估值；λ_i 为权重系数。

5.2　溃坝洪水演进模拟可视化分析

溃坝洪水是致灾性洪水中的一类，是指堤坝或其他挡水物体瞬时溃决，发生水体突泄所形成的洪水，其破坏力与运动速度远强于一般洪水，给人民安全与国家财产带来巨大的隐患(耿庆柱，2014)。通过模拟和可视化分析溃坝洪水的演进，可以为洪灾应急管理、防洪减灾方案的制定以及增强民众对灾害风险的认识提供重要帮助(刘林等，2016)。

溃坝洪水演进模拟可视化分析可以分成两部分，一是溃坝洪水时空过程的模拟计算，利用流体动力学的方法求解溃坝洪水的水体在不同时刻的状态；二是溃坝洪水的可视化分析，根据所求的结果，利用计算机图形学的方法构建水体的三维模型，并进行渲染，实现溃坝洪水的动态可视化，并根据受灾位置的实际状况对洪灾进行分析与评估。

5.2.1　溃坝洪水时空过程模拟

关于溃坝洪水演进过程计算的相关算法与研究有许多，如有限差分法(finite difference method，FDM)、有限元法(finite element method，FEM)与有限体积法(finite volume method，FVM)，而多数方法都是基于一维、二维模型，在精度与可视化效果方面都比不上三维模型(李忠，2015)。本节将详细讲解一种三维溃坝洪水时空模拟方法，此方法通过构建元胞自动机进行溃坝洪水的时空模拟，模拟精度较高，模拟速度更快。

1. 溃坝洪水元胞自动机构建

元胞自动机(CA)又称格状自动机，是一种离散模型，在可计算性理论、数学及理论生物学方面都有其相关研究。它是由无限个有规律的方格组成，每格均处于一种有限状态。整个格网可以是任何有限维的，同时也是离散的。每格元胞于 t 时的状态由 $t-1$ 时的邻域的有限格状态决定。每一格的"邻居"都是固定的。每次演进时，每格均遵从同一规矩一齐演进(黎夏和叶嘉安，2004)。简单地说，元胞自动机就是采用离散的空间布局和时间间隔，将元胞分成有限种状态，元胞个体状态的演变，仅与其当前状态以及其某个局部邻域的状态有关。构建元胞自动机的基本要素如下。① 元胞空间：离散格网的空间；② 状态集：元胞所有状态的集合；③ 邻居：元胞个体邻域所包含的元胞；④ 演化规则：元胞在各个时刻依据邻域状态进行变化的规则。

溃坝洪水元胞自动机的构建如图 5-10 所示。元胞空间由溃坝洪水区域的 DEM 格网构成。元胞的状态集如式(5-3)所示，其中，C_{state} 为单元状态；Z 为单元的高程值，R 为糙率(这里糙率是指曼宁粗糙度系数，该系数反映了流体与下表面的"摩擦"，在不同断面有不同的分布，如表 5-2 所示)；H 为水深；M 为 x 方向的单宽度通量；N 为 y 方向的单宽度通量(尹灵芝等，2015；Li et al.，2021)。

$$C_{\text{state}} = \langle Z, R, H, M, N \rangle \tag{5-3}$$

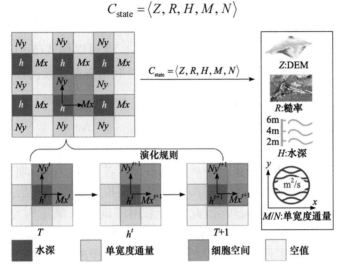

图 5-10　溃坝洪水元胞自动机的构建

表 5-2　曼宁粗糙度系数在不同土地覆盖类型的分布

土地覆盖类型	曼宁粗糙度系数/($m^{1/3}/s$)	土地覆盖类型	曼宁粗糙度系数/($m^{1/3}/s$)
植被	0.16	公路	0.016
牧场	0.035	农场	0.035
裸地	0.025	城区	0.015

邻居是选择冯诺依曼邻域(具有四个相邻单元)中的元胞，也就是定义每个元胞的上下左右四个方向的相邻单元为邻居。演化规则根据圣维南方程(Saint-Venant equations，SVE)构建(Li et al.，2013)，规则计算过程分为以下三个步骤。

(1) 初始化元胞空间，将所有元胞的水深与单宽度通量设为零，并设置溃坝位置。

(2) 使用 t 时刻元胞单元的水深、单宽度通量、流速和水面高程计算 $t+1$ 时刻的单元单宽通量($M_{i,j}^{t+1}$ 和 $N_{i,j}^{t+1}$)，计算方法如式(5-4)所示。其中，$M_{i,j}^{t+1}$ 和 $N_{i,j}^{t+1}$ 分别为单元 (i,j) 在 t 时刻 X 方向和 Y 方向的单宽度通量(m^2/s)；$h_{i,j}^t$ 为时间 t 时单元 (i,j) 的水深(m)；$z_{i,j}^t$ 为水面高程(m)；$u_{i,j}^t = M_{i,j}^t/h_{i,j}^t$ 以及 $v_{i,j}^t = N_{i,j}^t/h_{i,j}^t$ 分别为单元格 (i,j) 在 X 方向和 Y 方向的速度(m/s)；Δt 和 $(\Delta x, \Delta y)$ 分别为迭代单位时间和单元格大小(m)；g 为重力加速度；$n_{i,j}^2$ 为单元格 (i,j) 的粗糙度($m^{1/3}/s$)。

$$\begin{cases} M_{i,j}^{t+1} = M_{i,j}^{t} - g\frac{\Delta t\left(h_{i+1,j}^{t} + h_{i,j}^{t}\right)\left(z_{i+1,j}^{t} - z_{i,j}^{t}\right)}{\Delta x} - gn_{i,j}^{2}\frac{u_{i,j}\Delta t\sqrt{\left(u_{i,j}^{t}\right)^{2} + \left(v_{i,j}^{t}\right)^{2}}}{\left[(h_{i+1,j}^{t} + h_{i,j}^{t})/2\right]^{\frac{1}{3}}} \\[4mm] N_{i,j}^{t+1} = N_{i,j}^{t} - g\frac{\Delta t\left(h_{i+1,j}^{t} + h_{i,j}^{t}\right)\left(z_{i+1,j}^{t} - z_{i,j}^{t}\right)}{\Delta y} - gn_{i,j}^{2}\frac{v_{i,j}\Delta t\sqrt{\left(u_{i,j}^{t}\right)^{2} + \left(v_{i,j}^{t}\right)^{2}}}{\left[(h_{i+1,j}^{t} + h_{i,j}^{t})/2\right]^{\frac{1}{3}}} \end{cases} \tag{5-4}$$

(3) 一旦得到 $t+1$ 时刻的单宽度通量 $M_{i,j}^{t+1}$ 和 $N_{i,j}^{t+1}$，就可以用式(5-5)计算 $t+1$ 时刻单元格 (i, j) 的水深。通过对式(5-4)进行迭代计算，可以得到单元格在连续时间内的水深值。

$$h_{i,j}^{t+1} = h_{i,j}^{t} - \frac{\Delta t\left(M_{i+1,j}^{t+1} - M_{i,j}^{t+1}\right)}{\Delta x} - \frac{\Delta t\left(N_{i+1,j}^{t+1} - N_{i,j}^{t+1}\right)}{\Delta y} \tag{5-5}$$

2. 约束条件设置

在进行溃坝洪水计算时还应考虑到一些约束条件。首先在模拟溃坝洪水时，初始洪水速度通常是一个很大的值，若使用较大的时间步长进行模拟，在溃坝开始阶段数值模拟方法不能稳定地计算下一时刻的元胞状态，因此需要采用库朗数来确定时空单元。如式(5-6)所示，其中，Δs 为单元格大小；$h_{\max}$ 为所有单元中最大水深，溃坝开始时采用较小的时间步长，在溃坝进行一段时间后采用更大的步长，从而兼顾模型的计算效率与稳定性。

$$\frac{\Delta t}{2} \leqslant \frac{\Delta s}{(gh_{\max})^{1/2}} \tag{5-6}$$

另外需要考虑的约束条件为边界约束，在确定单元格是计算所不需要的情况下，可以将单元格进行裁剪或者赋为空值，这样有利于提高计算效率与计算精度。

5.2.2 溃坝洪水时空过程可视化

溃坝洪水的可视化可以大致分为三个部分，一是对三维场景的可视化，二是对洪水时空演进计算结果的可视化，三是对受灾位置周围环境的可视化。

1. 三维场景可视化

若是要拟合真实地理环境，三维场景可视化可采用 DEM 和 DOM 叠加的方法，以 DEM 确定地形的起伏，用 DOM 决定三维地形的纹理。

2. 洪水时空演进结果可视化

洪水时空演进结果可视化也就是将计算结果进行三角网的构建与纹理映射，建立水体的三维可视化模型，然后将各个时刻的模型依照前后顺序进行显示，得到洪水时空演进的可视化效果。三角网根据非空值的格网单元进行构建，利用其格网的位置以及格网数值进行三角网的构建。以地形格网单元为基础，判断并提取有水深值的格网，根据坐标与地形格网进行匹配，在灾情属性类别约束规则下，存储含水格网中心点的水深值、流速值和到达时间于链表中，并分别建立三角形顶点索引表和格网顶点索引表。如图 5-11 所示，格网中心点信息表中的 X、Y、Z 表示坐标；H 表示水深值；V 表示流速值；T 表示洪水第一次到达该点的时间。

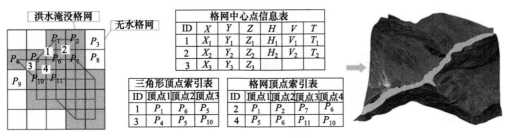

图 5-11　构建三角网

洪水纹理是根据顶点所在位置的水深决定其颜色，水深越深则颜色越深。颜色的构建方式可以参考式(5-7)，其中，A 为所指定最浅的颜色；B 为所指定最深的颜色；Step 为颜色分级的步长(一共分出多少种颜色)；N 为水深。

$$\text{Gradient} = A + (B - A)/\text{Step} \times N \tag{5-7}$$

3. 受灾位置周围环境可视化

受灾位置周围环境包括受灾位置周围的承灾体，如耕地、道路、建筑以及特殊设施(医院、发电厂、学校等)。在进行可视化时需要考虑其可视化表现形式以及拓扑规则。如表 5-3 所示，房屋用体要素进行表达，利用颜色表达其风险等级；重要设施利用示意符号表示，同时用风险标识符号表达其风险等级；道路利用线要素进行表达，利用颜色表示其破坏程度；耕地利用面要素进行表达，利用颜色表示其破坏程度(Luo et al.，2021)。

表 5-3　可视化表达对象及其内容

可视化表达对象	可视化表达内容	示例
房屋	居民楼风险等级	高风险　中风险　低风险
	重要设施风险等级	学校　医院　高风险　中风险　低风险
道路	道路破坏程度	重度破坏　中度破坏　无破坏
耕地	耕地破坏程度	重度破坏　中度破坏　无破坏

灾情表达拓扑规则主要用来约束灾情信息表达对象间的拓扑关系。此处灾情信息表达对象主要是洪水淹没范围、居民楼、农田和道路。洪水淹没范围与其他三类对象间可以形成相离、相邻、相交、重叠四种拓扑关系，如图 5-12 所示。

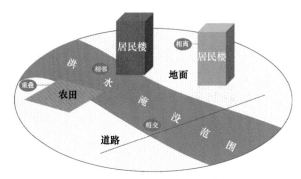

图 5-12   洪水可视化拓扑关系表达

5.3   泥石流演进模拟可视化分析

泥石流通常以多相流体的方式呈现，它的动力学过程相对比较复杂，通常需要经过假设简化来建立其运动方程(崔鹏和邹强，2016)。流团模型能够适应复杂的地形来计算堆积扇上的泥深和速度，判定灾害危险范围和受灾情况(Wei et al.，2006)。然而，在流团模型计算过程中涉及的参数繁多且复杂，需要进行大量的数据处理与计算。此外，众多的流团颗粒每次迭代计算耗时长，进一步降低了模型计算效率。因此，本节第一部分将流团模型紧密地集成到虚拟地理环境框架中，实现泥石流灾害模型计算参数的可视化选择、配置以及演进过程模拟的交互动态调整，并设计了基于多核 OpenMP 计算的泥石流灾害多格网尺度模拟优化方法，提高泥石流数值模拟计算效率。

随着网络服务和网络技术的快速发展，网络正在成为空间信息决策平台，公众对泥石流灾害演进过程模拟的网络"实时"集成与可视化分析提出了迫切需求。因此 5.3.2 节主要介绍动态集成多源空间数据及泥石流数值模拟结果数据，实时地进行泥石流灾害演进过程三维可视化表达与时空动态交互分析，并向公众提供预警信息、发布应急救援与处置方案等内容。

5.3.1   泥石流灾害模拟与并行优化

在泥石流灾害演进过程模拟中，由于模拟计算参数繁多且复杂，需要大量的计算才能实现，且众多的流团颗粒每次计算耗时长、效率较低。此外，因为虚拟地理环境中要实时交互分析，所以应急模拟需要尽量提高计算效率。根据三维可视化绘制效率要求(不低于每秒 25帧)，应急模拟应该在 40ms 内完成一次循环计算(Qiao et al.，2016)。因此，急需对泥石流灾害数值模拟计算进行优化，以达到省时高效的目的。随着多核 CPU 的普及发展，可以同时执行的线程成数倍提升，极大地提高了程序的并行性。OpenMP 是当前最为流行的并行计算编程模型之一(Quinn et al.，2004；罗秋明等，2012)，具有编程简单、充分利用共享内存存储体系结构、支持细粒度的循环级并行等优点，目前已经广泛地应用于数字图像处理、卫星重力数据处理、流体力学模拟、水文模型计算等众多科学计算领域(雷洪和胡许冰，2016)。因此，该小节基于 OpenMP 多核计算开展多格网尺度下泥石流灾害数值模型并行优化处理，在保证泥石流灾害数值模拟计算准确性的前提下，选取适宜的格网尺度范围，以适应应急情景下的泥石流灾害快速模拟需求。

1. 模型并行优化方法

图 5-13 为泥石流灾害数值模型并行优化流程。首先，根据泥石流灾害演进过程模拟与分析的需要，选择流团数值模型用于模拟计算，并编写对应的串行程序，实现数值模型的模块化，在此基础上，进行调试并针对数值模拟计算结果进行验证。其次，通过算法分析和工具进行热点分析，并对数值模型计算程序中的循环和函数调用部分采用 OpenMP 多核计算进行并行化处理，主要包括任务分析、开启并行编译开关以及实现负载均衡。最后，对并行计算结果进行验证，并进行相关的修改与调试。

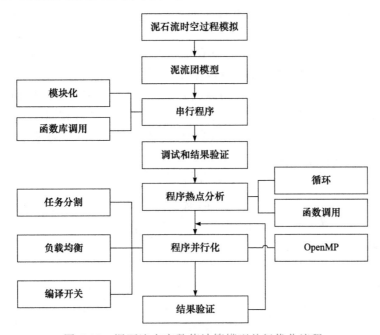

图 5-13　泥石流灾害数值计算模型并行优化流程

1) 消除循环依赖

根据 Amdahl 提出的式(5-8)，若并行程序中存在一定的串行部分，并行系统能够达到的最大加速比为 $1/f$ (汪前进等，2012)。因此，需要通过增加临时变量、重构等方法消除循环依赖实现程序的并行化，减少程序中串行部分的比例。

$$S(p) = p / [1 + (p-1) \times f] \tag{5-8}$$

其中，$S(p)$ 为加速系数；p 为处理器的个数；f 为串行部分所占整个程序执行时间的比例。

2) 负载平衡

负载是指实际需要处理的工作量，即处理数据需要完成的工作量，而负载平衡是指各任务之间工作量的平均分配。在并行计算中，负载平衡是指将任务平均分配到并行执行系统中的各个处理器上，使之充分发挥各个处理器的计算能力(雷洪和胡许冰，2016)。OpenMP 通过 SCHEDULE 子句来实现工作量的划分和调度，主要包括静态调度、动态调度、指导性调度和运行时调度。

静态调度：将所有循环任务划分为大小尽量相等的块，是 OpenMP 的默认调度方式，适合每个线程计算负载相同的情况。

动态调度：通过队列的方式实现计算任务的动态分配，能够在一定程度上实现线程组的负载均衡，但是需要额外的开销。

指导性调度：它是动态调度方式，通过应用指导性的启发式自调用方法来减少动态调度开销。

运行时调度：根据环境变量确定上述调度策略中的某一种，默认为静态调整。

2. 模型并行计算流程

基于 OpenMP 并行计算的泥石流灾害演进过程模拟流程如图 5-14 所示。首先，进行数据的初始化，包括 DEM 数据、溃口信息、粗糙度值、峰值流量、初始泥深等。其次，将原来基于 CPU 串行的模型计算划分为串行计算部分和并行计算部分，串行部分即主线程，主要进行包括泥石流流量、流团个数、流团初始流速、流团初始位置、初始泥深等计算，并行计算主要考虑将计算密集的流团颗粒更新计算映射到多线程中，包括各个流团颗粒 x 方向流速、y 方向流速、x 方向位移、y 方向位移、当前时间等。最后，在完成线程同步后，在主线程中根据流团颗粒新的流速、位移和坐标统计每个格网内的流团个数，并继续通过分派多线程统计计算各个时间步长内的格网内泥深、流速、淤埋面积等数据，用于下一个时间步长流团颗粒状态值的更新，同时这些计算结果值可以用于后续的泥石流灾害风险评估分析与动态可视化展示。

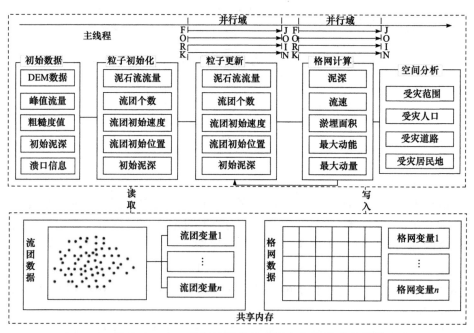

图 5-14　基于 OpenMP 并行计算的泥石流灾害演进过程模拟流程

3. 多格网尺度模拟准确性分析

为了保证流团模型模拟的适应性和可靠性，在泥石流数值模拟过程中对单个泥流团体积大小、位移以及流团静止条件等进行了规约。因此，不同格网尺度大小必然会导致流团体积大小、计算步长、流团总个数等发生变化，极大地影响泥石流灾害数值模拟计算的准确性与效率(管群和卢晃安，2007)。

Kappa 系数一般用来评估两个图像之间的相似性，从空间分布以及数量的角度，对两个图像之间的不同类型物体的数量、位置和综合信息的变化进行定量的阐述(布仁仓等，2005；许文宁等，2011)。因此，本节先将不同格网尺度下的数值模拟结果与实地采样点的结果进行粗略对比，在此基础上，再选取 Kappa 系数用于精细地评估不同格网尺度下泥石流灾害数值模拟计算结果的准确性和差异性。

1) Kappa 系数的计算机理和过程

Kappa 系数目前较多地应用在评价遥感影像分类结果的一致性检验当中，是由 Cohen(1968)在 20 世纪 60 年代提出来的，主要是通过对实际地面类型数据与遥感影像分类结果数据进行对比来构建混淆矩阵，如表 5-4 所示。Kappa 系数的计算公式为

$$K = \frac{P_0 - P_c}{1 - P_c} \tag{5-9}$$

$$P_0 = \frac{\sum_{i=1}^{n} P_{ii}}{N}$$

其中，P_0 为遥感影像分类结果与实际地物数据完全一致的比率；P_c 为偶然造成遥感影像分类结果与实际地面类型数据吻合的概率；n 为地物的类别；N 为样本的总个数；P_{ii} 为第 i 类地物类型分类正确的样本个数。Kappa 系数的取值范围为 0～1，通常情况下，Kappa 系数值越大表示模拟分析结果越准确，可分为五组来表示不同级别的一致性：0.0～0.20 表示极低的一致性，0.21～0.40 表示一般的一致性，0.41～0.60 表示中等的一致性，0.61～0.80 表示高度的一致性，0.81～1 表示几乎完全一致(田苗等，2012)。

表 5-4　影像分类与实际地物之间的混淆矩阵

影像数据分类	实际地物类型					
	$j=1$	$j=2$	$j=3$	⋯	$j=J$	求和
$j=1$	P_{11}	P_{12}	P_{13}	⋯	P_{1J}	$S_1 = \sum P_{1j}$
$j=2$	P_{21}	P_{22}	P_{23}	⋯	P_{2J}	$S_2 = \sum P_{2j}$
$j=3$	P_{31}	P_{32}	P_{33}	⋯	P_{3J}	$S_3 = \sum P_{3j}$
⋮	⋮	⋮	⋮	⋯	⋮	⋮
$j=J$	P_{J1}	P_{J2}	P_{J3}	⋯	P_{JJ}	$S_J = \sum P_{Jj}$
求和	$R_1 = \sum P_{J1}$	$R_2 = \sum P_{J2}$	$R_3 = \sum P_{J3}$	⋯	$R_J = \sum P_{Jj}$	1

2) 准确性 Kappa 系数计算方法

参考上述 Kappa 系数计算机理，开展不同格网尺度下泥石流灾害数值模拟结果准确性分析。一般情况下，格网尺度越精细，泥石流灾害模拟结果越接近实际情形，因此，选用高精

度格网尺度下的泥石流数值模拟结果作为参考，分别对比其他格网尺度下泥石流灾害演进过程模拟的准确性。为了便于 Kappa 系数值的计算，本节分别将不同格网尺度下的泥石流灾害演进过程模拟结果划分为相对应的不同等级，例如，当评估不同格网尺度下泥石流灾害淤埋范围的准确性时，可以将有泥深的格网值设置为 1，没有泥深的格网值设置为 0。Kappa 系数计算公式(Iiames et al.，2008；张杰等，2009)为

$$\text{Accuracy} = \text{Kappa} = \frac{P_0 - P_c}{1 - P_c} \tag{5-10}$$

其中，$P_0 = \sum P_{jj}$，为粗糙格网尺度下模拟分析结果与高精度格网尺度下模拟分析结果一致部分所占的百分比；$P_c = \sum R_j \times S_j$，$R_j$ 为粗糙格网尺度下模拟分析结果中 j 等级所占的百分比，S_j 为高精度格网尺度下模拟分析结果中 j 等级所占的百分比。这些数据都可以在 ArcGIS 中利用栅格计算器对两个格网尺度下的计算结果数据进行统计分析得到。Kappa 系数的取值范围为 0~1，泥石流灾害数值模拟越准确，Kappa 系数值越大，当 Kappa 系数值在 0.4 以下时，表明粗糙格网尺度下泥石流数值模拟结果存在很大的误差；当 Kappa 系数值在 0.4~0.75 时，表明粗糙格网尺度下泥石流数值模拟结果的准确性一般；当 Kappa 系数值在 0.75 以上时，表明粗糙格网尺度下泥石流数值模拟结果准确性较高(张杰等，2009)。

5.3.2　泥石流灾害演进过程可视化

对连续空间变化的泥石流进行动态模拟是泥石流灾害演进过程可视化展示的关键，基本原理是在客户端对泥石流灾害数值模拟模型在不同时刻的计算结果进行连续地加载与绘制，通过不断地改变单元格网中泥深状态值，达到三维动态可视化效果。

1. 模拟结果数据分析

泥石流流团模型可以计算出每个泥流流团运动状态，通过实时统计每个格网中包含的泥流流团个数计算出各个格网的泥深值。模拟结果数据为单个格网组成的二维数组，每一时刻的模型计算结果中，各个格网包含泥深数据、格网中心点的平面坐标数据以及高程数据等，可以支撑泥石流灾害三维动态可视化绘制。在每个时刻的计算结果数据文件中，并非每一个格网中都有泥深值，在二维数据中存在着大量与泥石流动态可视化表达无关的数据。如果将每个时刻的计算结果数据全部传输至客户端进行可视化绘制，必然会导致传输速度慢、解析复杂、绘制效率低等问题。因此，为了减少计算结果文件的数据量，提高计算结果数据的传输、解析和渲染速度，仅仅将二维数组中有泥深的格网数据提取出来进行存储与组织，如图 5-15 所示。

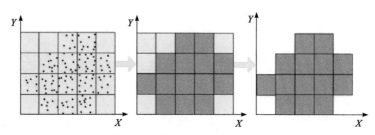

图 5-15　模拟结果数据示意图

2. 场景数据结构设计

泥石流可视化数据主要是采用有泥深格网单元的坐标和泥深值，为了保证在特定分辨率条件下用更少的空间也能精确地表示泥石流复杂表面，本小节对含有泥深的格网单元进行规则三角网构建。对于每个格网单元来说，依据其周围 2×2 的 4 个相邻格网单元有无泥深状态的情况不同，构建三角网的方式也会不同。一般可以分为 5 种情形，如图 5-16 所示(张翔，2015)。

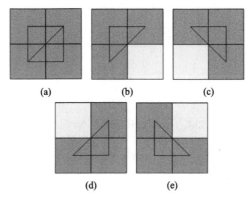

图 5-16　三角网构建方法示意图

在泥石流表面 TIN 模型中，基本的结构元素(顶点、边和面)之间存在一定的拓扑关系，即点与线、点与面、线与面、面与面等拓扑关系，利用三角形的三个顶点即可完整地表达三角形的构成以及相互之间的拓扑关系。这种结构只需保存三角形顶点坐标文件以及组成三角形的三个顶点文件，将点表、边表和三角形表中的数据直接按照顺序进行存储，如图 5-17 所示。

ID	X	Y	Z	泥深
1	x_1	y_1	z_1	h_1
2	x_2	y_2	z_2	h_2
3	x_3	y_3	z_3	h_3
4	x_4	y_4	z_4	h_4
5	x_5	y_5	z_5	h_5
6	x_6	y_6	z_6	h_6
7	x_7	y_7	z_7	h_7

顶点表

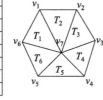

ID	顶点1	顶点2	顶点3
1	1	7	6
2	1	2	7
3	2	3	7
4	3	4	7
5	4	5	7
6	5	7	6

三角形表

图 5-17　TIN 链表结构与存储方式示意图

泥石流表面三角网构建流程如下：首先遍历泥石流灾害二维格网数组数据，将其中有泥深的格网单元提取出来，并将格网单元作为顶点加入顶点列表；其次按照图 5-18 中的模板情形依次对 2×2 的格网单元进行匹配，如果与模板情形匹配成功，那么就按照顺时针方向将格网单元顶点的索引号加入到构建 TIN 的索引列表中并进行三角形的构建；最后依次循环完成泥石流三角网的构建，如图 5-18 所示，并将结果输出为表 5-5 定义的 JSON(JavaScript object notation)格式文件(Yin et al.，2015)。

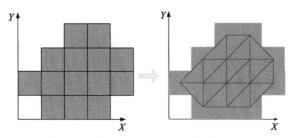

图 5-18　泥石流表面三角网构建示意图

表 5-5　JSON 文件结构

```
{
    "xllcorner" : X,        //格网左下角 x 坐标
    "yllcorner" : Y,        //格网左下角 y 坐标
    "cellsize" :n,          //格网大小(m)
    "vector" : [X0, Y0, Z0, ……, Xn, Yn, Zn],       //有泥深格网的顶点
    "Index" :[V0, V1, V2, V3, ……, Vn, Vn+1, Vn+2],  //三角格网面片的顶点索引
    "Depth" : [[D0, D1, D2, D3, ……, Dn], Dmax],     //有泥深格网单元的实时泥深、最大泥深
}
```

3. 动态可视化表达

为了更加逼真地展示泥石流灾害演进过程中不同时刻的泥深信息，将实时获取的受灾区域不同深度的泥深值采用不同颜色进行可视化显示，泥石流可视化颜色采用符合大众对泥石流认知的灰色(从浅至深)，如图 5-19 所示。用户可以直观地观察泥深值，同时可以通过鼠标查询到泥深的数值信息。泥石流灾害数值模拟还可以记录演进过程中的最大泥深、最大流速、最大动量等，可以将其映射为不同的颜色，颜色采用分级映射，计算方法采用 5.2 节中式 (5-5)。可视化结果可用于后续的进一步风险评估分析。色彩设计可以部分采用预警色系、预警色系的组合搭配以及预警色系相关色系的延伸(Jiang et al.,2011)，如图 5-20 所示。

图 5-19　实时泥深与颜色的映射效果　　　　　　图 5-20　风险色彩等级设计

泥石流灾害三维动态场景构建流程如图 5-21 所示，首先将有泥深的格网单元提取出来构建泥石流表面三角网结构，在此基础上进行坐标系的转换，即将平面坐标转换为系统支持的球面坐标；其次，将处理后的计算结果数据以指定的结构进行组织并以 JSON 格式输出；再次，根据每个格网的泥深值确定其渲染颜色，并进行实时渲染与可视化展示；最后，利用每次接收到的 JSON 文件数据实时更新每个格网的状态值，实现泥石流灾害三维动态可视化效果(图 5-22)。

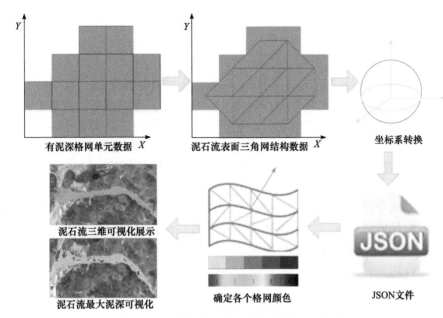

图 5-21　泥石流灾害三维场景构建流程图

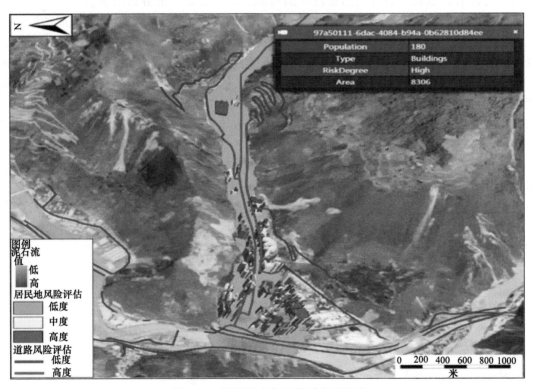

图 5-22　泥石流灾害三维动态可视化

5.4 滑坡模拟可视化分析

滑坡是自然界中分布最广泛、发生最频繁的地质灾害种类之一，是一种全球性地质灾害，常见于各种山区环境，具有数量多、规模大、分布广、发生频繁、种类多等特点，常常由于其自身的不稳定性发生滑动或坍塌，导致灾区房屋被摧毁、交通被中断、大量人员伤亡等严重后果，对人员生命财产安全、人类社会的经济建设和发展带来了巨大的威胁(雍军，2016)。对山体滑坡进行模拟可视化分析，对灾害应急救援与预测、防灾减灾与科普等具有重要的指导意义和现实意义

本节将从三个部分介绍滑坡的模拟可视化，一是滑坡特征信息提取，根据滑坡的构造特点与时空特征提取其特征信息；二是滑坡灾害过程时空模拟计算，根据滑坡的特征信息模拟其滑动的过程；三是滑坡全过程动态可视化表达，将滑坡从孕灾到成灾的全部过程用可视化的方式进行动态表达。

5.4.1 滑坡特征信息提取

滑坡特征分析也是滑坡特征信息提取的基础，只有充分了解分析滑坡要素组成、形态结构等特征才能对滑坡信息进行按需提取。而且滑坡发生后，不同类型的滑坡造成的破坏、损毁程度也不一样，想要合理、直观地对灾害现场的信息进行传达，也需要提前分析滑坡灾害特征。随着遥感技术的快速发展，遥感数据的空间分辨率已经从米级提高到了厘米级，使得基于高分辨率遥感数据的滑坡地质灾害的要素组成、形态结构、环境因素的识别与解译成为可能(李德仁和李明，2014)。本小节将从以下几方面对滑坡特征进行分析与阐述，从而为灾情信息可视化展示提供基础依据。

1. 滑坡要素组成

滑坡要素反映了滑坡的空间形态和结构特征，也为滑坡的识别或预测提供了依据，要素具体描述如表 5-6 所示。滑坡要素形态特征的认知使得基于遥感数据的滑坡解译标识具有完备性，只有在发育完全的新生滑坡的情况下才会同时具备表 5-6 中所述的滑坡的组成要素。

表 5-6 滑坡要素组成表

要素	具体描述
滑坡体	简称滑体，指滑坡的整个滑动部分
滑坡壁	滑坡体后缘与不动的山体脱离开后，暴露在外面的形似壁状的分界面
滑动面	简称滑面，指滑坡体沿下伏不动的岩、土体下滑的分界面
滑动带	简称滑带，指平行滑动面受揉皱及剪切的破碎地带
滑坡床	简称滑床，滑坡体滑动时所依附的下伏不动的岩、土体
滑坡舌	简称滑舌，滑坡前缘形如舌状的凸出部分
滑坡台阶	滑坡体滑动时，由于各种岩、土体滑动速度差异，在滑坡体表面形成台阶状的错落台阶
滑坡周界	滑坡体和周围不动的岩、土体在平面上的分界线

续表

要素	具体描述
滑坡洼地	滑动时滑坡体与滑坡壁间拉开，形成的沟槽或中间低四周高的封闭洼地
滑坡鼓丘	滑坡体前缘因受阻力而隆起的小丘
滑坡裂缝	滑坡活动时在滑体及其边缘所产生的一系列裂缝。位于滑坡体上(后)部，多呈弧形展布者称拉张裂缝；位于滑体中部两侧，滑动体与不滑动体分界处者称剪切裂缝；剪切裂缝两侧又常伴有羽毛状排列的裂缝，称羽状裂缝；位于滑坡体前部，因滑动受阻而隆起形成的张裂缝，称鼓张裂缝；位于滑坡体中前部，尤其在滑舌部位呈放射状展布者，称扇状裂缝

2. 滑坡形态结构

滑坡的形态结构由形态特征、结构特征、滑动特征及规模四部分组成，可以表征滑坡的类型。滑坡形态结构具体描述如表 5-7 所示。

表 5-7 滑坡形态结构组成表

形态结构	组成部分及其定量分析计算
形态特征	位置、边界、面积
	平面形态[前缘(宽度)、后缘(宽度)、斜坡长]
	表面形态(多呈簸箕形、舌形、椭圆形、长椅形、倒梨形、牛角形、平行四边形、菱形、树叶形、叠瓦形或不规则形等)
结构特征	坡度、坡向、剪出口
	高程(可定量分析其前后缘地形高差)
	滑坡体(可定量分析其边界、面积及体积)
	堆积体(可定量分析其边界、面积及体积)
	滑坡分区(崩塌区、滑动区、堆积区及分布，可定量分析分区的面积)
滑动特征	滑动位移(包括主滑方向、滑动距离)
	滑移速度
规模	滑坡体大小(即滑坡体积)

3. 滑坡环境因素

滑坡环境因素包括诱发因素及承灾体信息，诱发因素包括植被覆盖、湿度、水文信息等，提取滑坡诱发因素可用于滑坡预防和风险评估；承灾体包括水利设施、房屋、道路等，是滑坡影响范围内的环境要素，通过提取滑坡承灾体信息，可进而分析承灾体破坏情况，对滑坡灾害破坏力、破坏的严重程度、影响范围、损失等进行评价。滑坡多发生在天然斜坡(如山地的山坡、丘陵地区的斜坡、沟谷河流水库等的岸边等)和人工边坡(如路堤或基坑等)地带，滑坡的发生轻则影响施工，重则破坏建筑，对工程建设的危害很大；大规模的滑坡还会造成厂矿的毁坏、村庄的掩埋、河道的堵塞、道路的摧毁等严重破坏，对交通设施和山区建设危害很大，常使交通中断，影响道路的正常运输。因此对滑坡环境因素的解译对于进行风险评估预测和提供应急救援数据尤为重要。

根据滑坡特征信息及承灾体信息，本小节将介绍面向对象图像分类技术和填挖方技术两种主要的特征提取方法。

1) 面向对象图像分类技术

面向对象图像分类技术方法是适用于高分辨率遥感影像分类提取的一种新方法，通过集合邻近的像元为对象识别感兴趣的光谱要素，充分考虑全色与多光谱影像的空间(形状、尺寸、面积、对象间关系等)、纹理与光谱信息对目标图像进行分割与分类，从而获得高精度的分类结果并以矢量形式输出其结果(Xia et al.，2013)。主要包括两个过程：图像对象构建和对象分类，共计三个步骤：影像分割、对象特征分析与选择、影像分类。面向对象图像分类提取流程如图 5-23 所示。

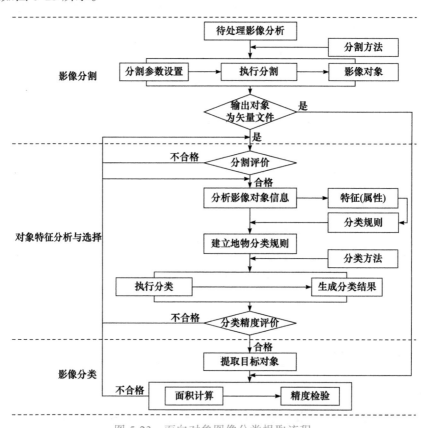

图 5-23　面向对象图像分类提取流程

(1) 影像分割。面向对象的影像分割是将整个影像区域根据相应原则进行多尺度分割，即分割成若干个互不交叠的、非空的、内部联通的子区域的过程，子区域即称为对象。根据需要也可以只对图像进行分割和合并处理，然后以矢量形式输出。不同地物的面积、规模不一，相差较大，关键在于选取一个合适的尺度，也即最优分割尺度来进行分割。需要根据影像的光谱特征和形状特征选择最优分割尺度，最优分割尺度值应该在异质性值总和的平方根值附近，如图 5-24 所示。

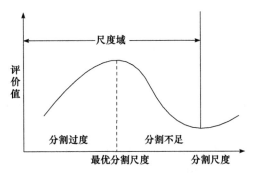

图 5-24　最优分割尺度示意图

(2) 对象特征分析与选择。影像进行多尺度分割后，被分成若干个由同质像元构成的多变形对象，接着需要从遥感影像分析提取信息及地物特征的目的出发，选择合适的特征属性，基于对象进行地物分类提取。分割后，对象的特征包括对象特征、类间特征和全局特征三种。全局特征涉及整个工程参数，不能用于分类；类间特征是指对象间的关系(与相邻对象之间的关系、与子对象之间的关系、与父对象之间的关系)，在分类过程中涉及明显针对性的特征才需要关注；对象特征主要用于分类。

对象特征的分析与选择是以对象或者类为单位，进行地物类别的组织与描述，需设置每个类别的影像特征、隶属度函数、特征值等参数，然后用规则或者专家知识的方式对地物类别进行定义，最后建立层次关系，在每个层次上分别定义所需提取对象的光谱特征、形状特征、纹理特征等。光谱特征反映地物对象的光谱特性，有亮度、均值、标准差和比率等参数；形状特征反映地物对象形状特性，有长度、宽度、长宽比、形状因子、边界长度、面积、密度、主方向等，特征较多，无论线状或面状地物都有一定的形状参数可供选择；纹理特征反映对象中灰度的空间变化情况，可通过平滑性、颗粒性、周期性、随机性、方向性、粗细度等概念来表示，具有方差、密度、面积、对称性等特性，影像分辨率越高，纹理信息越丰富。

(3) 影像分类。根据研究区实际情况与专家经验，选择合适的分类方法对其影像进行分类分析。面向对象的影像分类方法有两种，一是隶属函数模糊分类法，也即基于规则(知识)的面向对象分类，二是标准最邻近分类法，也即基于样本的面向对象分类。基于规则的面向对象分类方法是根据影像对象的属性和阈值来设定规则进行分类，适用于单波段影像的分类提取；基于样本的面向对象分类方法利用样本对象去识别其他位置对象进行分类，相比监督分类方法，基于样本的面向对象分类方法不仅包括光谱信息还包括空间、纹理等对象的属性信息，适用于多光谱影像或全色与多光谱融合影像的分类提取。

2) 填挖方技术

填挖方是根据给定位置的两个不同时期表面来汇总体积和面积的变化，可识别表面材料的移除、添加及表面尚未发生变化的区域。只需要填挖前后的 DEM 数据即可计算。假设已知填挖前后的 DEM 数据分别为前期栅格数据 InRaster1 和后期栅格数据 InRaster2，两者相减即可得填挖结果栅格数据 OutRaster。下面举例说明填挖方计算原理，如图 5-25 所示。

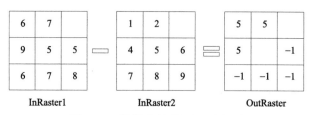

图 5-25　填挖方计算原理示意图

InRaster1 与 InRaster2 中的像元值表示高程值，例如，InRaster1 中的像元值 6 表示高程为 6m。OutRaster 中的像元值表示填、挖净高，例如，5 表示所挖净高为 5m，–1 表示所填净高为 1m，即正值表示前期高程大于后期高程，进行的是挖操作，产生的是挖方量；负值表示前期高程低于后期高程值，进行的是填操作，产生的是填方量。当 InRaster1 与 InRaster2 中的像元值相等时，则对应 OutRaster 为空值，表示没进行填挖操作。此外当 InRaster1 或 InRaster2 中对应像元值为空值时，则对应 OutRaster 中像元也为空值。

5.4.2　滑坡灾害过程时空模拟计算

进行滑坡灾害过程时空模拟计算，需要建立滑坡滑动过程的空间约束规则，并利用时空插值方法，计算出滑坡各个时刻的状态。

1. 滑坡过程空间约束规则建立

为什么要建立滑坡空间约束规则？

(1) 在对滑坡运动过程进行模拟时，需要获取从滑坡体到堆积体这一过程中不同时间的空间状态，需要建立滑坡过程空间约束规则加以约束，提高插值精度。

(2) 利用滑坡体、堆积体进行滑坡时空过程插值时，由于不同滑坡的范围、规模、类型等情况不同，插值的结果也会有所差异，但插值过程中需要考虑的影响因素(即滑坡滑动过程中的滑动范围、物质平衡、动量守恒等约束条件)，用它们进行滑坡插值的约束和控制，以剔除不符合现实的情况。

2. 滑坡过程的空间约束规则

1) 滑动轨迹

滑动轨迹在插值过程中可以控制滑坡运动方向。滑动轨迹也即滑动路程，在插值过程中，需要在滑动轨迹上等间距取点，从起点到终点间的每个点，依次代表中间不同时刻的滑坡过程中滑体的质心，其中，起点代表滑坡体质心，终点代表堆积体质心，即不同时刻滑体质心是落在滑动轨迹上的点。取点间距越小，说明对应中间时刻滑体越多、滑坡插值的连续性越好，插值的精度就越高；反之，取点间距越大，导致插值的滑体时刻越少，越容易产生模拟误差。因为在插值等间距取点时，是离散化的滑坡中间时刻滑体数据，所以需要尽量缩小插值取点间距，保证插值的连续性。滑动轨迹可以用矢量线表示，即 $S = \{(x_0, y_0), (x_1, y_1), (x_2, y_2), \cdots, (x_i, y_i), \cdots, (x_N, y_N)\}$，其中，$S$ 为轨迹，是由若干 (x_i, y_i) 构成的有序弧段。

2) 滑动速度

最小滑动单元速度约束滑体运动变化速率，且滑坡插值过程中需要遵循动量守恒定律。动量守恒定律需要计算滑动速度，因此滑动速度的计算在滑坡插值过程中也尤为重要。此处使用 Scheidegger 法来预测滑坡滑动的速度，见式(5-11)。

$$\lg f_e = a \lg V + b \tag{5-11}$$

$$v = \sqrt{2g(H - f_e L)} \tag{5-12}$$

式(5-12)为滑坡体积和等效摩擦系数经验公式，f_e 为等效摩擦系数，又称架空坡斜率，指滑坡断壁冠与趾尖连线的斜率；V 为滑坡体积；$a = -0.15666$，$b = 0.62219$，根据滑坡体积即可计算 f_e。v 为滑动速度；g 为重力加速度；H 为滑体质心落差，即滑坡后缘顶点到估算点的高差；L 为质心滑动水平距离，即滑坡后缘顶点到估算点的水平距离；根据式(5-11)中计算的 f_e 即可计算滑动速度 v。

3) 滑动时间

滑动时间可以根据滑动位移和滑动速度求得，它是滑动连续性的影响因素之一。根据对帧率的要求及滑动时间可以计算滑坡插值时刻数，对滑坡插值有着重要作用。

4) 滑动连续性

滑坡最终的可视化过程其实也是动画播放的过程，动画播放时需要考虑连续性，即帧率。一般以每秒 30 帧为宜，过小会卡顿，过大对显卡要求也更高。滑坡连续性可以用帧率和滑动时间共同表达。为保证滑坡可视化的连续性，需要根据帧率和滑坡滑动阶段的时间来确定滑体插值的时刻数，既保证插值精度又保证可视化效果。

5) 物质平衡

假设滑坡发生后不发生物质的流失(如河水冲刷能引起物质减少)，理论上滑坡体的物质总量等于滑坡堆积体的物质总量，中间时刻各状态物质总量也等于滑坡体物质总量，这种等量关系遵循了"物质平衡原理"(物质平衡的基本原理符合质量守恒定律)。滑坡发生过程中由于外界因素(如雨水冲刷、岩土阻碍等)的原因，可能会发生物质不平衡的情况，如质量损耗、体积缩放及内部能量的动态耗散。因此在滑坡插值时，需要遵循"物质平衡原理"，再加以一定的物质扰动，以提高滑坡过程插值的精度。

6) 动量守恒

滑坡滑动过程中，不同时刻不同位置的滑块(滑块是最小滑动单元)滑动速度不一样，但是都遵循动量守恒原则。滑坡动量守恒可以从质量和速度角度对滑坡不同时刻滑体进行约束和控制。因此，在进行滑坡过程插值时，应充分考虑动量守恒对插值结果的影响(孟华君等，2017)。

7) 滑动范围

在对滑坡进行时空插值时，很容易溢出原本滑坡滑动范围，如果不用滑坡滑动范围加以约束，将会增加滑坡时空过程插值准确性的难度。因此，在进行滑坡时空过程插值时，应充分考虑滑动范围对插值结果的影响，并用滑动范围对插值结果进行验证。滑动范围采用矢量面进行约束，即 $M = \{(x_0, y_0), (x_1, y_1), (x_2, y_2), \cdots, (x_i, y_i), \cdots, (x_N, y_N), (x_0, y_0)\}$，其中，$M$ 为滑动范围，是由若干 (x_i, y_i) 构成的闭合多边形。

3. 时空插值计算

依据上述的约束规则，进行时空插值计算，获取滑坡各个时刻的状态。

1) 计算滑动路程

建立第 2 小节中的滑动轨迹，可以计算得到路程 S 的值。

2) 计算滑动速度

设最小滑动单元滑动速度为 v，滑坡体积为 V，已知重力加速度 g，滑坡后缘顶点到估算点的高差 H，滑坡后缘顶点到估算点的水平距离 L，$a=-0.15666$，$b=0.62219$，则可求得滑动速度：

$$v=\sqrt{2g\left(H-10^{a\lg V+b}L\right)} \tag{5-13}$$

3) 计算滑坡滑动时间

设滑坡滑动时长为 T，滑动距离 $\sum\Delta S=S$，在每个微小 ΔS 内可以把滑坡运动看作匀速直线运动，则有

$$T=\sum\frac{\Delta S_i}{v_i} \tag{5-14}$$

4) 计算插值时刻数

设所需插值的滑体时刻数为 $N+1$，考虑到连续性，以最低每秒 30 帧的绘制效率进行滑坡可视化，则有

$$N+1=30T \tag{5-15}$$

5) 计算滑体质心坐标

设质心为点 $p_i(x_i,y_i)$，其中 $i=0,1,2,3,\cdots,N-1,N$。已知中心线为 $S=\{(x_0,y_0),(x_1,y_1),(x_2,y_2),\cdots,(x_i,y_i),\cdots,(x_N,y_N)\}$，则有 $p_i\in S$，即 p_i 为 S 的子集，且 $\Delta S=\sqrt{(x_i-x_{i-1})^2+(y-y_{i-1})^2}=\sqrt{\Delta x^2+\Delta y^2}$。则 p_i 坐标为

$$p_i=\left(x_0+i\Delta x,y_0+i\Delta y\right) \tag{5-16}$$

6) 物质平衡约束

用滑坡体积来表示物质平衡的物质总量，设 $V_{总}$ 表示滑坡体积，V_i 表示各时刻滑体体积，ΔV 表示滑坡过程中引起的物质耗散，Error 为事先设定的体积缩放阈值，ΔS_{grid} 为最小栅格单元面积，Δh 为最小栅格单元高程变化(即掩埋深度)，则有

$$V_{总}=V_i+\Delta V(0\leqslant i\leqslant N,|\Delta V|<\text{Error}) \tag{5-17}$$

$$V_i=\sum\Delta S_{grid}\cdot\Delta h \tag{5-18}$$

7) 边界约束

滑体坐标集合需要落在滑坡边界内，设滑体坐标集合为 P，滑动边界为 $M=\{(x_0,y_0),(x_1,y_1),(x_2,y_2),\cdots,(x_i,y_i),\cdots,(x_N,y_N),(x_0,y_0)\}$（即由若干 (x_i,y_i) 构成的闭合多边形）。则有

$$P\in M \tag{5-19}$$

8) 动量守恒约束

滑坡滑动过程中，设某一时刻的动量为 $m_t v_t = m_{t+1} v_{t+1}, t \in (0, T)$ ，t 时刻滑动的滑块总数为 sum ，则有

$$m_t v_t = \sum_{i=1}^{\text{sum}} m_i v_i \tag{5-20}$$

9) 滑体栅格搜索

以质心为原点，根据约束条件"6)物质平衡约束"确定栅格预期数目，并根据约束条件"7)边界约束"向外搜索栅格，确定栅格预空间分布。

10) 栅格单元赋值

首先，以"边界约束"为观测值，根据扩展法四面体插值形函数计算得到相邻栅格单元的值，并依次以计算值为观测值向栅格分布的中心迭代计算所有滑体空间数据(滑体空间数据是由步骤 9)中搜索得到的滑体栅格分布中的每个最小栅格单元的值，即高程变化，或掩埋深度的值 Δh 组成)；然后，根据"动量守恒约束"，依次检查和修正栅格单元的分布及值，并动态微小调整栅格的空间分布，并再次检查判断是否满足上述步骤 6)、7)、8)的约束条件，若满足则完成时空插值，不满足则返回步骤 9)重新搜索赋值(何秋玲，2019)。

5.4.3 滑坡全过程动态可视化表达

1. 滑坡过程可视化

为了展示滑坡演进过程中不同时刻的滑体表面信息，可以利用灾前灾后遥感影像数据进行采样融合处理，生成不同时刻插值结果数据对应的纹理，从而采用不同纹理进行可视化显示。滑坡过程可视化构建流程如图 5-26 所示，首先根据有掩埋深度的栅格单元数据进行三维立体分割生成立方体，即生成滑体空间数据；其次将不同时刻的滑体堆积表面进行纹理贴

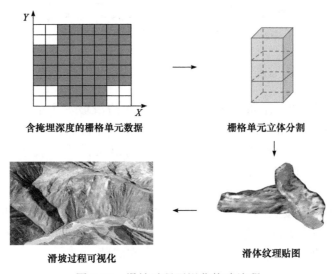

含掩埋深度的栅格单元数据　　　　栅格单元立体分割

滑体纹理贴图

滑坡过程可视化

图 5-26　滑坡过程可视化构建流程

图；最后将不同时刻含纹理的滑体空间数据进行实时渲染与可视化展示，实现滑坡过程三维动态可视化效果。图 5-27 展示的是金沙江滑坡过程可视化的效果。

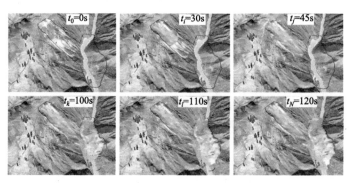

图 5-27   滑坡过程可视化的效果

2. 滑坡全过程动态可视化

滑坡全过程动态可视化表达包括滑坡灾害全过程可视化内容组织，以及动态可视化表达。首先依据滑坡的位置与时间，整理滑坡全过程的时空关系，如图 5-28 所示。滑坡灾害按照时间划分为灾前、灾中与灾后，灾前主要表达灾害的诱发因素，灾中主要表达滑坡的滑动过程，灾后主要表达受灾情况与次生灾害，而滑坡发生的位置和时间与这些内容也息息相关。

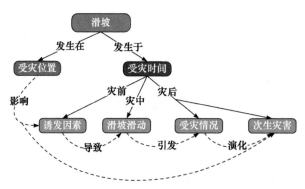

图 5-28   滑坡全过程时空关系梳理

滑坡灾害表达的具体内容如图 5-29 所示。为厘清滑坡灾害的场景对象、内容及其相互关系，帮助人们快速理解滑坡灾害信息，本小节在综合考虑灾害的时间、空间以及对象的几何形态、属性特征、要素关系、演化过程与语义描述等表达要素的情况下，根据不同灾害对象类型对表达对象、对象内容、表达特征及其相互关系进行抽取(朱军等，2020)。

滑坡动态可视化则可按照其因果关系进行映射，构架如图 5-30 的时序关系，首先展示滑坡的诱发因素包括地震、降水等，其次展示环境本身对灾害的影响，接着展示滑坡的滑动过程，最后展示灾后的受灾信息与灾害发生后的潜在威胁。

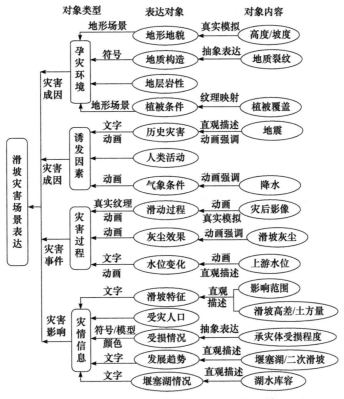

图 5-29 滑坡灾害场景表达内容

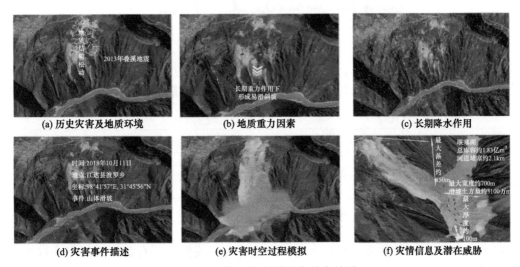

(a) 历史灾害及地质环境   (b) 地质重力因素   (c) 长期降水作用

(d) 灾害事件描述   (e) 灾害时空过程模拟   (f) 灾情信息及潜在威胁

图 5-30 滑坡动态可视化时序关系

5.5 室内火灾人员疏散逃生模拟可视化分析

在城市化进程的不断深入下，建筑物结构的复杂程度不断提高，人员密度迅速增加，人类在室内的活动范围及时间急剧增长(迟光华等，2013；杨建芳等，2011；韩李涛等，2018)，其潜在突发事件和各类事故发生的频率更高，给室内应急疏散带来巨大挑战。在室内发生的各类灾害事件中，火灾是最常威胁公共安全的重大灾害之一，室内火灾的发生严重威胁人们的生命和财产安全。室内火灾人员疏散逃生模拟对评估建筑结构合理性与室内火灾应急处理具有积极意义。本节将介绍在三维虚拟场景下，室内火灾人员疏散的模拟可视化分析。

5.5.1　室内火灾三维场景构建

室内场景的构建是进行人群疏散模拟的基础，建立完整的室内布局、连通性与语义关系才能方便建筑范围内的疏散路径规划(朱庆等，2014)。可将地面、墙壁、楼梯以及室内障碍物等作为构成场景的要素进行室内场景的构建，如图 5-31 所示。

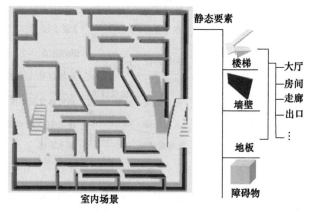

图 5-31　室内场景构建

完成室内三维场景的构建后，需依据 Indoor GML 中通行区域的划分(Xu et al.，2011)，将室内场景分为可通行与不可通行区域，这可以为后续的疏散模拟分析提供依据(表 5-8)。

表 5-8　室内场景通行区域划分

区域分类	细分区域	示例区域
可通行区域	公共空间	房间、露台、大厅等
	交通空间	门、走廊、楼梯等
不可通行区域	不可通行空间	墙壁、障碍物

室内火灾场景的一个重要因素为火灾，目前的火灾模拟主要有数值模拟与非数值模拟两种，数值模拟涉及的火灾模型主要有场模型、区域模型以及网络模型，数值模拟模型可以给火灾模拟和人员逃生疏散提供定量说明；利用非数值模拟方法构建火灾场景，虽然真实感沉浸感强，但是没有考虑到与周围环境的相互作用。为了构建符合火灾演变机理的场景，此处主要介绍简单数值模拟方法模拟火灾障碍的演变机理。

因为产生的火灾障碍主要作用在于影响室内人员疏散的路径规划，因此本节只模拟火灾在水平面上的扩散现象。将火灾障碍的发展分为三部分，赋予不同的扩展速度及消减速度，火灾障碍数量级生长的主要公式见式(5-21)。

$$F = \begin{cases} f_0 + v_1 f_0 & t < t_1 \\ f_0 + v_1 t_1 f_0 + v_2 f_0 & t_1 \leqslant t < t_2 \\ (1 + v_1 t_1 + v_2 t_2) f_0 + v_3 f_0 & t \geqslant t_2 \end{cases} \tag{5-21}$$

其中，f_0 为初始起火点的火灾障碍；t_1、t_2 分别为分隔三个火灾阶段的两个时间节点；v_1、v_2、v_3 为三个阶段分别对应的火灾障碍的生长速度。火灾生长的范围则同样随时间的变化逐级向外扩张或向内收缩(佘平，2019)。

人物是室内火灾疏散模拟的主体，因此也需要对人物进行建模。贴合人体特征的人物模型能够使疏散模拟展示得更真实，灵活变化的模型动作能够直观反映疏散人员速度的变化。为使疏散模拟的可视化效果更好，就要保证构建的人物模型尽量接近真人的躯干与五官，通过多边形建模，利用点、边、面改变三维物体的形状，并在次层级中进行编辑，然后赋予模型材质，利用 V-ray 使其更具立体感且降低电脑负荷。这样构建出来的模型拥有正常的外观，但是无法进行奔跑跳跃等动作，是一个简单的静态人物模型，需要进一步操作使其变为动态人物模型。要进行人群的疏散模拟，就需要让人物模型能够运动，同时，需要根据疏散的时间变化、人群拥挤、灾害对人员的影响进行实时的动作变化反映，如行走、奔跑、跳跃、死亡等行为动作，从而加强疏散模拟的可视化效果。

要让模型运动起来，就需要对其进行骨骼绑定及动画制作。骨骼是由轴点、方向、长度的可视化表示构成的(韩莹等，2017)，未绑定骨骼的人物模型会呈现出构建后的状态且一成不变，无法运动。人体的运动涉及模型的四肢、头部、手部的共同运动，只有将其绑定才能进行动画的制作(图 5-32)。

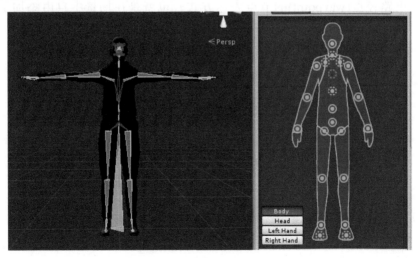

图 5-32　人物模型骨骼绑定

人物模型的动作不应该是一成不变的，在疏散刚开始火灾灾害还没发生的时候，人物模型应该处于站立状态，随着火灾的发生和火势的扩大，人物模型的疏散速度逐渐加快，应该经历从行走到快速奔跑的动作变化，遇到室内场景的楼梯时，需要有从奔跑到跳跃下楼梯的动作变化。因此本节采用动画控制器进行进一步的动画优化，即基于灾害发生时间、疏散过程、场景变化、疏散状态等的综合变化，进行动画的动态组合调整(图 5-33)。

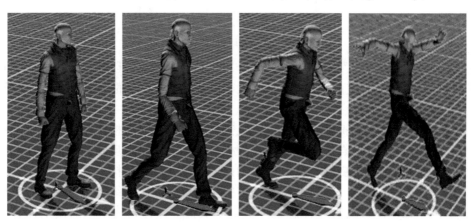

图 5-33　人物模型的站立、行走、奔跑、跳跃

5.5.2　人员逃生路径规划算法

室内火灾疏散模拟过程中，各人员的逃生路径涉及动态路径规划问题。完成路径规划的关键问题有两个，即路径节点的表现方式与搜索算法的类型。格网(图 5-34)是一种较为常用的路径节点的表现方法，但基于的路径节点在用于规划路径时会忽略运动个体自身体积以及其带来的节点限制，并且最多支持 8 个运动方向。同时，在地图范围增加而复杂度并未有过多变化的情况下依然会大量增加节点，从而增加计算难度(Guo et al., 2020)。

有学者提出路径点(waypoint)的节点表达方式，也就是在场景中自由添加节点，将所有节点相连构建通行路网。虽然可以减少许多计算量，但是 waypoint 的位置需要设计，其结果的准确性与路径轨迹的可靠性依赖于设计者的构思(图 5-35)。

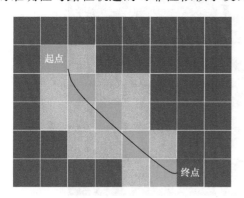

图 5-34　格网方式寻径

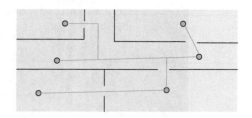

图 5-35　路径点方式寻径

导航网格则是更为优秀的节点表示方法，它可以直接作用于三维场景，将三维场景自动分解为由凸多边形(polygon)覆盖的节点，降低了节点数目。由于不需要一定经过相邻的节

点，不同体积的单位都可以更为合理地运动。由于导航网格可直接由三维对象生成，可在减少节点增加计算效率的同时保证行动轨迹的合理性。

而在搜索算法方面，群智能优化算法(如蚁群算法)在寻径的效果上表现良好，逼近最优路径，但其计算复杂度较高，耗时过长。局部搜索算法(如被熟知的 A*算法)会考虑其周边所有的节点，在复杂的三维场景中 A*算法的计算量会急剧增加。而在机器人局部规避算法中应用较广的动态窗口算法(dynamic window approach，DWA)多适用于二维空间且目标为最优的速度控制，在三维场景的疏散中不太适用。导航网格拐点算法通过检查目标朝向出口方向的节点，同时会根据场景跳过一些邻近的节点，在复杂场景中依然保持较快的搜索效率，规划出的路径更为平滑。此处主要介绍基于导航网格拐角点算法的路径规划。

导航网格是在三维场景中构建的由多个凸多边形拼接而成的可行面，每个凸多边形都可作为节点进行路径规划。拐点算法是在导航网格中常用的寻径算法，是基于节点与目的地方向搜寻最短路径最小代价的方法。通过从起点连接凸多边形的顶点得到路径，通过判定顶点与起点连线的位置来确定拐点的添加，最后连接拐点输出路径，如图 5-36 所示，图中 P_0 为起始点，D 为终点，L_i 代表左边的拐点，R_i 代表右边的拐点，B 代表待选的路径。

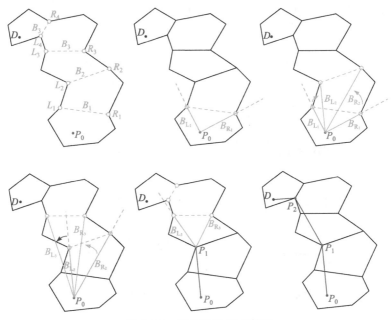

图 5-36　导航网格拐点算法

在动态路径规划时，随着时间的行进，场景中可能会出现各种动态障碍，静态的初始导航网格则会变得不适用。这时需要对网格进行动态更新，规划新的路径(图 5-37)，从而实现动态路径规划。

在人员进行疏散时，将可通行出口的位置记录在集合 Destination $= \{D_1, D_2, \cdots, D_i, \cdots, D_n\}$ 中，计算人员距离每个出口的通行距离 d，选取通行成本最小的出口作为疏散目的地，并且每当导航网格对出口的集合进行更新时，重新选择疏散出口进行路径规划(图 5-38)。具体步

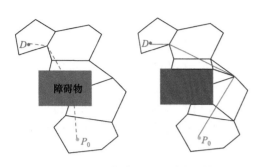

图 5-37 动态障碍下的路径更新

骤如下。

(1) 构建室内导航初始网格，即以凸多边形作为基本单元的导航网格。

(2) 确定人员初始位置信息和各出口位置信息、安全区域信息。

(3) 设置人员的初始位置信息以及可用于逃生的 n 个出口的位置信息集合 Destination = $\{D_1, D_2, \cdots, D_i, \cdots, D_n\}$，设置安全区域为室外空间。

(4) 判断人员当前是否在安全区域。若不在安全区域，则进行下述步骤，若已经在安全区域，则判定疏散结束。

(5) 计算到达各出口的疏散通行成本 d_i。根据当前的室内场景，依据路径规划方法计算出来的疏散路径计算人员从当前位置到达第 i 个出口的通行成本，通行成本记为规划的路径长。

(6) 寻找疏散通行成本最小的出口 j。通过(5)计算出的通行成本 d_1，d_2，$\cdots$，d_n，从中选取具有最低通行成本的出口 j 满足： $d_j = \min\{d_1, \cdots, d_n\}$。

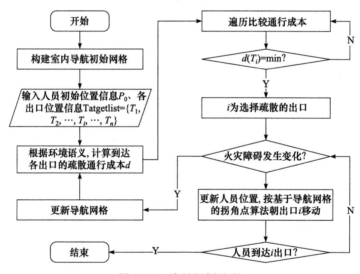

图 5-38 路径规划流程

(7) 根据当前选择的出口 j，人员随动态规划的逃生路径逃生，更新人员位置，若有动态障碍加入场景则更新导航网格。

(8) 判断导航网格是否更新。如果导航网格更新，则重新进行步骤(3)。如果室内导航网格没有更新，则继续进行步骤(5)。

5.5.3 室内火灾人群疏散模拟方法

人群疏散情况下，往往存在人员相互竞争的情况，疏散过程时刻都在发生变化，此处所说的人员疏散路径规划方法是基于整个场景的导航网格做出的路径规划(王瑜，2020)(图 5-39)。

疏散人员作为导航过程中的智能体，可以根据环境的动态变化采用处理策略，将空间信息进行动态调整。图 5-40 为针对拥挤人群的局部路径更新示例。

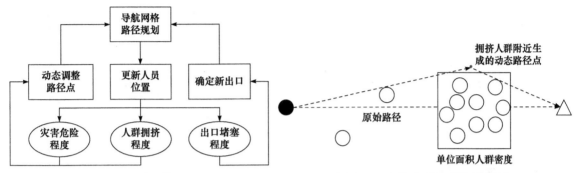

图 5-39　人群疏散过程　　　　图 5-40　拥挤人群局部路径更新

人员通过探测射线检测路径上的灾害与拥挤人群信息，探测射线从人员当前位置发出，沿其目标路径方向延伸，计算射线范围内的权重信息，判断并进行路径的局部调整，在射线范围内选择权重最低的路径点。射线范围 l^{range} 与人员当前速度 v^{cur}、人员距目标点的距离 $d(p^{\text{goal}}-p)$ 有关(任治国等，2013)。其中，l^{default} 与人员的视力有关，可以直接设定。

$$l^{\text{range}} = \min\left[\left\lfloor \frac{v^{\text{cur}}}{v^{\text{max}}} \right\rfloor l^{\text{default}}, d\left(p^{\text{goal}}-p\right)\right] \tag{5-22}$$

出口堵塞主要影响的是人员对出口的选择，同时也会对人员的通行速度造成影响，因此就需要进一步优化多出口选择方法。目前主要是根据出口距离当前所在位置的实时规划路径的长度确定，需要在此基础上增加出口的堵塞作为选择因子，假设实时长度为 l，出口堵塞因子权重为 γ，且随堵塞程度的加重权值增加(图 5-41)。按照式(5-23)更新其赋权距离，从而选择赋权距离最小的出口。

$$L = \gamma \cdot l \tag{5-23}$$

关于灾害危险程度、人群拥挤程度与出口堵塞程度，需要用权重进行量化处理。不同的量化方式得到的疏散模拟结果也不同，笔者抛砖引玉在此处介绍一种权重量化方式。

1. 灾害危险程度权重

火灾危险程度是随发生火源区域向外逐渐递减的，在疏散人员增多的情况下，为安全抵达出口，需考虑经过相对更安全的灾害区域。式(5-24)中，Event_Range 表示灾害影响范围，α 表示危险程度的权重，出于对火焰热辐射的考虑，灾害范围指当前位置与灾害源点距离及灾害边缘与源点距离之比，权重越高表示越危险。

$$\alpha = \begin{cases} 0 & \text{Event\_Range} > 2 \\ \dfrac{2}{\text{Event\_Range}} & \text{Event\_Range} \leqslant 2 \end{cases} \tag{5-24}$$

图 5-41   室内火灾人群疏散模拟

2. 人群拥挤程度权重

在进行疏散时，当室内人数达到一定规模后，容易因人员距离较近而造成拥挤，导致有序运动的崩溃，从而影响人群的疏散效率。根据范围与人数可得到区域内人流密度，根据通行速度(V，m/s)与人流密度(ρ，人/m²)关系模型可以获得人员的通行速度。如式(5-25)所示，当 V = 1.4m/s 时人流密度很低，也就代表着人群通行流畅，而速度 V 越小表明越拥挤。

$$V = \begin{cases} 1.4 & \rho \leqslant 0.75 \\ 0.0412\rho^2 - 0.59\rho + 1.867 & 0.75 < \rho \leqslant 4.2 \\ 0.1 & \rho > 4.2 \end{cases} \tag{5-25}$$

根据速度 V 设置人群拥挤程度的权重大小，如式(5-26)所示，权重越大则代表拥挤程度越高。

$$\beta = \begin{cases} 0 & V \geqslant 1.4 \\ \dfrac{1}{V} & V < 1.4 \end{cases} \tag{5-26}$$

3. 出口堵塞程度权重

当疏散人员数量增多后，在出口数目不变的情况下，容易在出口处形成堵塞。以出口为中心的区域聚集人员的数量较多，则容易引起人们的恐慌，进一步导致人员伤亡，同时影响疏散效率。计算在出口限定范围(自定义范围面积)人员占有面积比 K，根据 K 设置出口堵塞程度的权重，如式(5-27)所示，权重越高代表出口堵塞程度越严重。

$$\gamma = K \tag{5-27}$$

第6章 空间信息可视化交互

空间信息可视化交互分析借助多样化的人机交互方式,综合多种空间分析手段,从虚拟空间承载的海量空间数据中推理挖掘得到具有特定价值的空间语义和发展态势信息,作为特定领域空间信息可视化应用中分析推理决策的基础。本章主要对空间信息可视化交互相关内容进行论述,包括介绍空间交互设备与环境、空间信息可视化交互技术和可视化效果评测等内容。

6.1 空间交互设备与环境

6.1.1 交互设备

1. 交互设备概念

人机交互技术是指通过计算机输入、输出设备,以有效的方式实现人与计算机对话的技术,一个完整的人机交互过程包括人通过输入设备给机器输入有关信息、机器通过输出或显示设备给人提供大量有关信息及提示两个部分(表6-1)。

表6-1 人机交互设备分类

类别	任务	常见设备
输入设备	把数据、指令及某些标志信息等输送到计算机中去	键盘、手写设备、扫描仪、数码摄像头、传真机、语音输入装置、运动捕捉设备
输出设备	把计算或处理的结果以人能识别的各种形式表示出来	显示器、打印机、绘图仪、影像输出系统、语音输出系统、磁记录设备、三维打印机

2. 交互设备示例

1) 鼠标

鼠标是计算机显示系统纵横坐标定位的指示器,按照工作原理可以分为机械式鼠标和光电式鼠标。机械式鼠标根据光栅信号传感器产生的光电脉冲信号的反射来探测鼠标的水平与垂直方向的位移变化,然后再经过处理转换为电脑上光标箭头的移动。由于电刷直接接触译码轮和鼠标小球,与桌面直接摩擦,所以精度有限。光电式鼠标同时是一种红外线散射的光斑照射粒子带发光半导体,也是一种光电感应器的光源脉冲信号传感器,其内部有一个发光二极管,通过将位移信号转换为电脉冲信号,进而转化为光标箭头的移动。光电感应装置每秒快速发射和接收,从而实现精准、快速的定位和指令传输。

2) 键盘

文本输入是人与计算机交互的一个重要的组成部分,键盘是文本输入最重要的手段。早期常用的是机械式键盘结构，原理类似于接触式开关使触点导通或断开。机械式键盘具有工艺简单、维修方便的优点，但是存在触感不佳、噪声大、易磨损的不足。电容式键盘的原理是通过按键改变电极间的距离产生电容量的变化，暂时形成震荡脉冲允许通过的条件。因此，这种键盘理论上磨损率极小甚至可以忽略不计，同时具有触感良好、噪声小的优势，但工艺比机械键盘结构复杂。

3) 扫描仪

扫描仪是一种典型的图像输入设备，可以将照片、图片、图形、影像转换为计算机可以显示、编辑、存储和输出的数字格式并存储于硬盘。扫描仪的工作原理是通过光源照射到被扫描的材料上，材料将光线反射到电荷耦合器件(charge coupled device，CCD)的光敏元件上，CCD 器件将这些强弱不同的光线转换成数字信号，并传送到计算机中，从而获得材料的图像。拍照式扫描仪如图 6-1 所示。

4) 触摸板

触摸板可以视为鼠标的代替物，是一种利用用户手指移动控制设备指针的输入设备。目前常用的是电阻式触摸板和电容式触摸板。电阻式触摸板主要由两片单面镀有氧化铟锡的薄膜基板组成，上板与下板之间需要填充透光的弹性绝缘隔离物。电阻式屏幕成本低廉、技术门槛低，但是因为操作电阻式触控屏幕时需要轻敲，所以容易坏，并且灵敏度也不太好。目前，移动 VR 触摸板交互方式使用的是电容触摸板，它的工作原理是当使用者的手指接近触摸板时会使电容量改变，触摸板自己的控制集成电路(integrated circuit，IC)会检测出电容改变量，转换成坐标。触控区域分为中心圆和外环两个相互独立的部分，其结构示意图如图 6-2 所示。

中心独立按键

电容触控区

图 6-1　拍照式扫描仪　　　　　　　　图 6-2　移动 VR 触摸板结构示意图

5) 深度相机

深度相机(depth camera)能够获取空间中的深度信息，即能够测量物体到相机的距离。目前按照其工作原理可以分为三类，第一类是根据双目立体视觉原理构建的 RGB 双目深度相机，这类相机依赖与图像的特征匹配，其精度受光照与物体纹理影响较大。第二类是通过主动投射编码光的方式投影图案的结构光深度相机，这类相机主动投射结构光编码，因此可以在无光、缺少物体纹理的场景下使用，但编码光受自然光的影响，无法在室外使用。第三类是光飞行时间(time of flight，TOF)法深度相机，它通过测量光的飞行时间采集深度信息，虽然耗费的资源较大，但可测量距离与精度较高，且受环境光影响较小。

6）3D 打印机

3D 打印是用户创建 CAD 或者三维数字模型后，用于打印的材料在计算机的控制下逐层沉积、连接或固化，从而形成实体三维模型的过程。3D 打印机则是这个过程中构建实体三维模型的硬件。目前 3D 打印可分为金属 3D 打印和非金属 3D 打印，主流的金属 3D 打印包括 DMLS 直接金属激光烧结、FDM 熔融沉积与 EBM 电子束熔化成型；主流的非金属 3D 打印包括 SLS 选择性激光烧结、SLA 光固化和 FDM 熔融沉积。

7）眼动仪

眼动仪是一种能够跟踪测量眼球位置及眼球运动信息的设备，在视觉系统、心理学、认知语言学的研究中有广泛的应用(韩玉昌，2000)。目前主流眼动仪的主要原理是发射红外线，经人眼反射后由瞳孔摄像机记录，再经过软件处理后达到眼动追踪的目的(赵新灿等，2006)。根据外形结构，眼动仪可以分为桌面式眼动仪、遥测式眼动仪以及头戴式眼动仪，其中，桌面式需要放置在桌面上，由帽子或者头带固定住使用者的头部；遥测式通过额外的头部追踪摄像头计算头部位置，使得使用者头部可以自由移动；而头戴式眼动仪则跳出了屏幕的限制，可以自由地在任意场景下使用，并可以配合 VR 头盔，在 VR 场景下进行追踪。图 6-3 展示了不同类型的眼动仪设备。

(a) 桌面式眼动仪　　　　　(b) 遥测式眼动仪　　　　　(c) 头戴式眼动仪

图 6-3　眼动仪

8）交互手柄

VR 交互手柄使用户可以通过直接接触和操作在大空间 VR 场景中实现交互(雷金树等，2019)，其组成包括手持壳体、信号发射器、连接件和控制键。虚拟环境中，需要完成漫游、选择和系统控制三种基本交互任务。目前商业主流交互手柄的主要原理是红外光学追踪，无电、磁和声音干扰。主动式手柄上放置了大量可以发射红外光的红外灯，这些红外灯通过摄像头每隔一定的时间拍摄一次，识别这些红外灯的光点在图像中的位置(同样是依靠图像识别技术)，通过计算单元的相应算法，得出手柄的位置和方向。虚拟现实交互手柄可以作为交互外设与虚拟现实类软件 DVS3D、Unity 等结合，实现虚拟展示、虚拟装配等人机交互。图 6-4 展示了不同品牌的交互手柄设备。

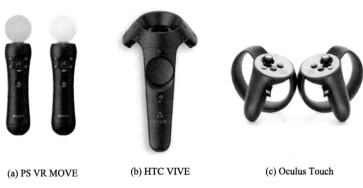

(a) PS VR MOVE　　　　(b) HTC VIVE　　　　(c) Oculus Touch

图 6-4　交互手柄

9) 全向 VR 跑步机

全向 VR 跑步机组成包括跑步机本体、手持电子仿真枪、VR 头盔、计算机、高清摄像头、传感器(万晨晖，2020)，可以在各个方向移动，分为被动式全向 VR 跑步机和主动式全向 VR 跑步机。被动式全向 VR 跑步机依赖于低摩擦表面，如 Virtuix Omni。它是由美国 Virtuix 公司出品的游戏操控设备，可将玩家的运动数据(方位、速率、里程)同步反馈到实际游戏中。主动式全向 VR 跑步机就像坦克履带(可以在一个方向滚动)一样有效地工作，每个踏板都有自己的小型跑步机(可以垂直于坦克履带方向移动)。这两种运动相结合，跑步机可以使用户在任意方向上移动，这意味着它可以用来抵消用户在任意方向上的移动(图 6-5)。例如，Infinadeck 是一款主动式全向 VR 跑步机，它使用的是运动部件，拥有两个驱动核心装置，一个用于帮助用户进行平行性动作，而另一个则负责垂直方向的动作反馈。

10) VR 交互手套

VR 交互手套也称数据手套，在虚拟场景中可进行物体的抓取、移动、旋转等动作，也可用作控制场景漫游(李伟峰等，2020)。早期的 VR 交互手套利用磁定位传感器来精确地定位出手在三维空间中的位置，例如，索尼的 VR 交互手套内置有供电装置、传感器、发射器等元器件，这些传感器位于手套的指尖部位，作用是检测手指的变化，记录手指关节的运动信息(胡德勇，2020)。现在虚拟现实手套也有基于惯性传感器的动作捕捉技术，例如，诺亦腾的 VR 交互手套通过在追踪目标的重要节点上集成加速度计、陀螺仪和磁力计等惯性传感器设备实现手势追踪(图 6-6)。

(a) 被动式全向VR跑步机　　　　(b) 主动式全向VR跑步机

图 6-5　全向 VR 跑步机　　　　　　　　　　图 6-6　诺亦腾 VR 交互手套

交互设备是能够为用户进行图形输入和输出的计算机硬件设备。综上所述，本节对上述几种交互设备进行了优缺点对比，如表 6-2 所示。

表 6-2　不同交互设备对比

种类	优势	不足
鼠标	操作简单，快速实现各种复杂操作；携带方便	无线鼠标容易受到外部干扰；在初次使用时要经过码率配对过程
键盘	方便输入信息，键盘可以快速输入字符信息	外观设计、配置以及功能差异对用户体验影响比较大；消耗高
扫描仪	将照片、图片、图形等转换为数字格式；拍照式扫描仪的优点是面光扫描，速度更快、可靠性好、扫描盲区少	拍照式扫描仪需贴标识点，有时候较费时间，不适合精度规定很高的情况
触摸板	多点触控是在同一显示界面上的多点或多用户的交互操作模式，摒弃了键盘、鼠标的单点操作方式	有一定范围的接触才可以产生反应，电容屏相对于电阻屏来说造价更高，使用寿命更短
深度相机	主要用于三维成像和距离的测量	stereo 配置与标定较为复杂；mono 无法确定一个物体的真实大小；RGB-D 测量范围窄，噪声大，视野小，易受日光干扰
3D 打印机	具有分布式生产的能力；能自动、快速、直接和比较精确地将计算机中的三维设计转化为实物模型；具有较高的精度和很高的复杂程度	存在成本高、工时长的缺点；打印材料受到限制
眼动仪	识别冗余或破坏性的视觉或设计元素；自动追踪，不需要观察	因为跟踪需要专门的设备，而且是在实验室里进行的，所以有些受试者可能会表现出与现实世界不同的行为；成本高昂
交互手柄	更快地进行操作	外观设计、配置以及功能差异对用户体验影响比较大；触感不自然、模拟手势不足
全向 VR 跑步机	足不出户真实体验	受限于实体空间大小
VR 交互手套	在手指动作的追踪上比交互手柄要好得多，同时其触觉回馈也更加真实，能提供不错的用户体验	由于大量元器件以及缆线存在的缘故，手套的延展性受到限制

6.1.2　交互方式

最基本的交互任务包括用户移动、场景对象选择、场景对象操作、缩放场景对象或整个场景(Bowman et al.，2004；Ugo et al.，2019)。目前，针对这些最基本的交互任务，有许多交互方式已被实现，下面分别对不同交互方式进行论述。

1. 视窗交互

视窗交互是一种最为广泛的交互环境，是通过屏幕反馈交互结果的交互环境。包括利用键盘、鼠标进行输入后，屏幕反馈操作的结果；智能手机通过触碰屏幕后直接从屏幕反馈交互的过程。这种交互环境是通过不同输入设备输出信息，最终由屏幕反馈给用户图像或文字等可视化结果(图 6-7)。

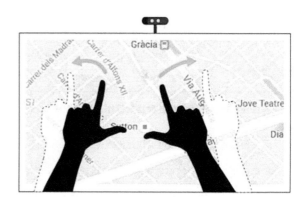

图 6-7   智能手机与平板电脑中的手势交互

2. 语音交互

语音交互是一种最直接的交互方式，也是人们最常用的一种交互方式。语音交互已经广泛应用于各领域，只需添加语音交互模块即可实现语音交互，如某些智能手机、汽车及其他智能设备等均可进行简单的语音交互(张凤军等，2016)。虽然用户和 VR 世界进行语音交互更符合人们的交互习惯，但是会失去体感交互体验，且语言的多样性与周围环境对语音的干扰是语音交互需要突破的一个技术瓶颈。图 6-8 展示的是汽车语音交互。

图 6-8   汽车语音交互

3. 眼球追踪

眼球追踪是利用传感器捕获、提取眼球特征信息，测量眼睛的运动情况，估计视线方向或眼睛注视点位置的技术，可以获知人眼的真实注视点，从而得到虚拟物体上视点位置的景深(刘佳惠等，2021；Steichen et al.，2014)。常见的眼球追踪方式包括根据眼球和眼球周边的特征变化进行跟踪、根据虹膜角度变化进行跟踪、主动投射红外线等光束到虹膜来提取特征。眼球追踪有如下好处：将眼球追踪技术集成到眼动仪或头戴式显示设备上，聚集注视点渲染，增加场景浏览舒适度，减少眩晕感；通过虹膜扫描获取眼球信息，增加安全性；用眼球触发交互界面，交互更自然(图 6-9)。但目前的眼球追踪产品价格昂贵，如 Tobii 的智能眼镜、The Eye Tribe 眼球追踪盒子、七鑫易维的 VR 眼控模组等。

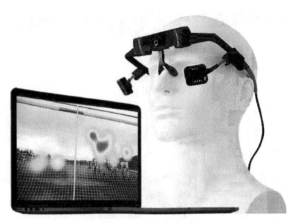

图 6-9　眼球追踪

4. 凝视交互

凝视交互指的是通过用户的凝视方向与场景进行交互,如选择某个场景对象或进行用户移动。人们最习惯的观察视野是眼睛的正前方,因此,可以认为人的头部在转动过程中,眼睛始终看着正前方。根据这个特点,在眼睛视野的正中央垂直于用户向前发射一条射线,这条射线的方向就代表了用户的凝视方向(图 6-10)。当用户想与场景中的某个对象进行交互时,可以首先用凝视方向去"看"该对象,从而实现交互(Kim et al., 2017)。因为凝视方向与用户的关注方向一致,所以凝视交互能够极大地增强用户的沉浸感、交互自然。但由于需要靠头部转动来变化凝视方向,颈部容易受累。

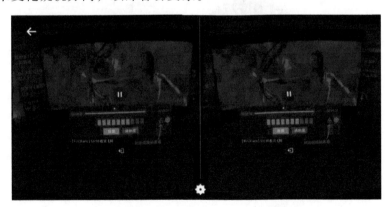

图 6-10　凝视交互实现移动 VR 视频播放图

5. 手柄交互

手柄是一种触觉反馈交互设备,通过操控手柄上的按钮、震动反馈、陀螺仪、重力感应器等器件可以丰富用户与虚拟世界的互动,实现 VR 场景交互,如 Xbox 360 Controller 游戏手柄、单手迷你操纵杆等。Oculus、HTC Valve 等 VR 厂商都采用了虚拟现实手柄作为标准的交互模式:分左右手、带按钮和震动反馈的 VR 手柄,并包含 3 个转动自由度与 3 个平移自由度空间跟踪功能(图 6-11)。手柄交互模式已广泛应用于游戏领域。

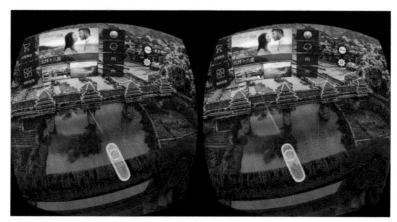

图 6-11　常见的手柄交互设备

(资料来源：http://mms0.baidu.com/it/u=3132493166,2165401841&fm=253&app=138&f=JPEG?w=890&h=500)

6. 传感器交互

传感器能够帮助人们与多维的 VR 信息环境进行自然的交互。借助外部传感器(如智能感应环、温度传感器、光敏传感器、压力传感器、肌电传感器等)能够通过脉冲电流让皮肤、肌肉产生相应的感觉，以提高 VR 场景交互的真实感与沉浸感(图 6-12)。这种交互模式需要借助昂贵的外部设备，如 VRgluv 触觉手套、EXOS 机械手、触觉反馈背心 exoskin 以及全身 VR 套装 Teslasuit 等传感器设备。

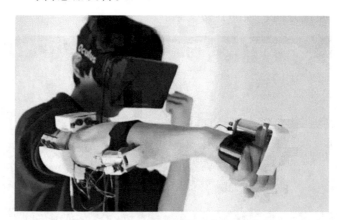

图 6-12　传感器在游戏中的应用

7. 虚拟手势

移动 VR 虚拟手势交互方式指的是在移动 VR 头戴式显示设备上直接集成光学手部跟踪设备，如体感控制设备 Leap Motion 或摄像头等，实现移动场景的交互。用户不需要任何手持设备，只需事先在跟踪设备中记住几种操作手势，用户通过自己的双手就能实现与虚拟世界互动。图 6-13 显示了几种手势姿势所代表的场景操作含义。

| 食指下压 | 赞 | 捏合 | 搓捻 | 拳头 | 小拇指 |
| 点选 | 确认 | 选定 | 用于菜单滚 动或缩放 | 用于返回对应 系统的桌面 | 用于返回 |

图 6-13　几种场景操作手势

综上所述，本节对上述几种交互方式进行了优缺点对比，如表 6-3 所示。

表 6-3　不同交互方式对比

种类	优势	不足
视窗交互	输入要求很低，触觉反馈获得场景的沉浸感	无法在多入口间灵活跳转，不适合多任务操作；容易形成更深的路径
语音交互	语音的输入效率比较高；使用门槛低；可以传递更多的声学信息	触感缺失；学习门槛较高
眼球追踪	识别冗余或破坏性的视觉或设计元素；自动追踪，不需要观察	实验者可能会表现出与现实世界不同的行为；成本高昂
凝视交互	用户的沉浸感、交互自然	需要靠头部转动来变化凝视方向，用户体验感差
手柄交互	进行更快的交互操作	用户体验受到外观设计、配置以及功能差异影响比较大；触感不自然、模拟手势不足
传感器交互	微型化、数字化、智能化、多功能化、系统化、网络化	容易受到外部干扰
虚拟手势	使用门槛低，无需额外穿戴设备，不受视场限制，集成了反馈机制	手势操作灵敏度有限，需要一定的学习成本；用户使用手势会增加疲劳度

6.1.3　交互环境

随着界面形式和交互方式的转变，界面的媒介和载体也从二维屏幕向三维界面转化，从传统的桌面环境向非桌面环境迅速延伸。虚拟现实、混合现实和增强现实成为计算机界面发展的方向(樊玲玲，2011)。

1. 二维场景

二维界面的直接操作特性决定了可以通过使用定点设备来实现操作。鼠标是目前应用最为广泛的定点设备，但鼠标具有很多局限性，难以永远占据优势。随着多点触控技术的成熟，基于手指点触的设备在移动设备领域有了普遍的应用。另外，大量新型的基于界面的输入输出设备大量应用在一些特定环境和特殊行业。

2. 三维场景

三维用户界面设计正逐渐成为开发者、学生和研究人员努力掌握的一个重要技术。三维控件中的人机界面强调实时交互，目标是通过系统的沉浸感、交互性和构想性，实现以人为主、人机和谐、自然、高效的交互方式。三维用户界面的出现和交互式图形学紧密相关，用户可以通过手势甚至姿势输入信息。三维用户界面需要立体显示技术的支持，通过模拟人的三维视觉、三维声音技术、嗅觉、触觉、力觉技术，让用户能够直观地与计算机进行交互。虚拟环境是三维用户界面研究的主要环境。在设计 3DUI 的过程当中，会依赖很多研究领域。

3. 增强现实

增强现实(AR)交互将扩增对象与现实世界融合，是一种虚实结合的交互环境。用户可以通过头戴式显示器、抬头显示器以及移动设备同时观测到现实世界与叠加在上面的虚拟对象。这种交互环境是根据用户的方位、视线、姿态与设备交互，由 AR 设备反馈给用户现实世界中更多的可用性信息。

4. 虚拟现实

虚拟现实(VR)交互是在一个三维空间的虚拟世界，为用户提供关于视觉等感官的模拟，是一种反馈虚拟世界真实感与沉浸感的交互环境。用户通过 VR 设备进入由计算机模拟的虚拟世界，自由地体验和观察其中的一切事物。这种交互环境可根据用户的视线、语音、姿态以及移动与 VR 设备进行交互，由 VR 设备反馈给用户真实的感官。

6.2　空间信息可视化交互技术

6.2.1　基本交互技术

1. 选择

在空间数据可视化中，数据通常以复杂多变的形态呈现在用户面前，对于呈现大量数据元素的可视化视图而言，用户很难追踪他们感兴趣的数据元素。因此，通过选择功能对不同数据元素进行区分，使用户标记其感兴趣的部分以便跟踪变化情况，可以说是当前任何一种交互式可视化系统必备的功能，同时也是最常见的交互手法之一。

根据交互目的和交互延时的不同，选择方式大致可以分为鼠标悬浮选择、鼠标点击选择和框选等，如图 6-14 所示。鼠标悬浮选择往往适用于交互延迟较短，需要重新渲染的元素较少的情况。鼠标点击选择则针对需要重新渲染大量的可视元素、需要查询或计算大量数据、交互延迟相对较长的情况。框选，使用户能够在已有的可视化视图上更加直观、方便地对多个数据元素或感兴趣的区域进行选择。在图 6-14(a)中，在画面中通过“选择”操作将需要观察或者操作的模型从其他数据中突出，能够让该模型在画面中始终保持在最显眼的位置，从而实时地观察或者操作。图 6-14(b)显示的是通过鼠标框选界面中需要突出或者操作的一部分数据或者元素。

(a) 点击选择，当鼠标选中点击物体时高亮显示　　　(b) 框选，用鼠标框选一部分区域的元素

图 6-14　不同选择方式

2. 过滤

过滤指通过设置约束条件实现信息查询。这是日常生活中常见的获取信息方法。例如，在搜索引擎中键入关键词查询，搜索引擎从所有的网页中选出相关的页面提供给用户(夏旭晖，2021)。在传统的过滤操作中，用户输入的过滤条件和系统返回的信息检索结果都是文字列表，如搜索以及通过 SQL 语言查询数据库等。

当用户对数据的整体特性完全未知或者知之甚少时，往往难以找到合适的过滤条件。因此，这种过滤方式并不适合对数据进行探索。同时，当返回大量过滤结果时，也难以对结果进行快速的判断。可视化通过视觉编码将数据以视图形式呈现给用户，使之对数据的整体特性有所了解并能进行过滤操作。在信息过滤的过程中，将视觉编码和交互紧密迭代进行，动态实时地更新过滤结果，以达到过滤结果对条件的实时响应、用户对结果快速评价的目的，从而提高信息获取效率。

动态查询作为一种有效的信息检索手段在可视化系统中被大量使用，其后的改进和扩展使之更高效和直观。在动态查询中，用来设置条件的控件起到很大作用，通常这些控件是标准的图形界面组件，如滑块、按钮、组合框、文本框等(刘微等，2012)。

动态过滤描述了用户对可视化查询参数的交互控制，通过交互控制对数据库的搜索结果进行快速、动态、可视化的显示(刘茜等，2015)。使用动态过滤的用户界面称为动态过滤用户界面，通过可视化的信息呈现，并且基于直接操纵原理提供用户动态交互控制，可以更加高效地探索、理解大规模的数据空间，如图 6-15 所示。

图 6-15　动态查询

手势识别主要是利用机器设备的直接检测来获取人手与各个关节的空间信息，其典型代表设备如数据手套(Meenakshi，2012)。用户做出"单击"查询的动作，即可得到系统反馈的信息。用户在虚拟现实视觉交互场景中只需点击感兴趣的空间对象，就会出现关于这个物体的信息(图 6-16)。

时至今日，动态查询仍作为最重要的过滤交互技术之一被广泛地使用。这方面技术的研究和发展主要在于用户对数据进行过滤的时候，如何为其提供更多的相关信息，如数据的统计分布等，从而使其更有效地完成信息检索任务。因此，如何使这些信息更直观、更好地融合于可视化系统是非常重要的研究方向。当面对海量数据的时候，如何能实时地更新这些相关信息也是新的挑战。

图 6-16　虚拟现实场景用户查询信息

3. 导航

导航是可视化系统中最常见的交互手段之一。由于人眼可以观察到的区域以及屏幕空间都非常有限，当可视化的数据空间更大时，通常只能显示从选定视点出发可见的局部数据，并通过改变视点的位置观察其他部分的数据(朱励哲，2016)。这种操作可以想象成在空间中的某个点(视点)放置一个指向特定方向的虚拟相机，相机所捕捉到的图像是当前可视化视图，当相机的位置或者指向改变时，它所捕捉到的图像自然也发生变化。在三维数据场可视化中，导航相当于在物理空间中移动视点，是观察整个空间的有效手段。在信息可视化领域，导航被扩展到更为抽象的数据空间中，如树、图、网络、图表等不包含明确空间信息的数据，在这些抽象的空间中移动视点同样能有效进行交互浏览。

缩放、平移和旋转是导航中三个最基本的动作，换言之，是调整视点位置、控制视图内容的三个最基本手段，如图 6-17 所示。

(a) 缩放　　(b) 平移　　(c) 旋转

图 6-17　旋转缩放平移

1) 缩放

缩放使视点靠近或远离某个平面。从空间感知上说，靠近会展示更少的内容，但展示的对象会变大；反之，缩小则能够展示更多的内容，而展示的对象会变小。

2) 平移

平移对于二维可视化系统，就是在不改变摄像机高度的情况下从一点移动到另外一点；对于三维可视化系统，就是在不改变摄像机拍摄角度情况下，沿着某个平面进行移动。

3) 旋转

旋转是指视点方向的虚拟相机绕自身轴线旋转。

6.2.2　高级交互技术

1. 编码

视觉编码是可视化的重要手段(夏玲，2021)，可以交互式地改变空间对象颜色、更改大小、改变方向、更改字体。有证据表明，用户往往倾向于通过感知显著性来提取信息。在分析灾害场景的数据类型和可视化方法时，通过将示意性符号与真实感场景的表达相结合，以及利用多样化的视觉变量进行增强表达，从而实现有效的信息传递(郭煜坤等，2020)。图 6-18 为通过示意性符号增强来表达滑坡过程。

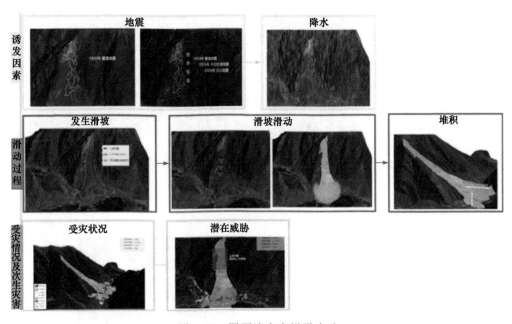

图 6-18　泥石流灾害增强表达

增强可视化动态揭示了灾害对象的时空变化规律，系统性提升了灾害信息的传递能力和不同用户对于灾情的感知认知水平(李维炼等，2020)。例如，在泥石流灾害可视化表达中，黄色网状区域可以表达为泥石流灾害的物源地，降水及水位可以通过线条表示。如图 6-19 所示，采用箭头符号表达演进方向，蓝色虚线表示演进路线，接着用闪动的轮廓线强调灾害的范围，同时搭配文字描述水磨镇泥石流灾害事件，然后展示泥石流灾害的时空过程，采用灰色连续渐变色带从浅至深——映射泥深值，同时动态呈现到达时间、淹没范围、最大流速等信息。

在虚拟现实可视化中，用户在体验时经常通过环顾四周来不断发现和探索(胡亚等，2018)，尤其是在虚拟现实中，研究者在尽力实现与现实更加符合、更加自然的交互方式，眼球追踪成为一种高效的交互方式(图 6-20)。通过眼球追踪来进行场景认知、符号表达的研究逐渐成为热点，如马晓辉等(2019)通过眼动注视点实验来优化疏散标识布局，从而达到更好的疏散场景认知效果。

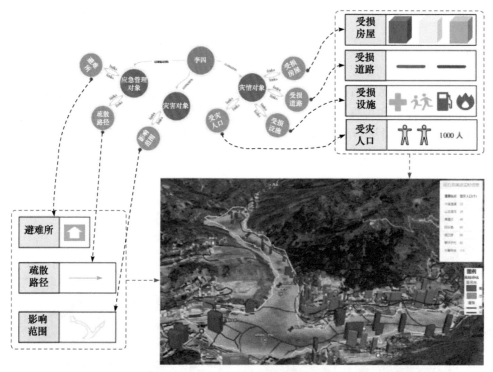

图 6-19　泥石流三维场景

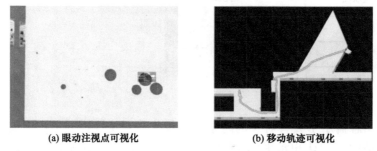

(a) 眼动注视点可视化　　　　　(b) 移动轨迹可视化

图 6-20　眼动注视点与移动轨迹数据可视化

2. 关联

关联技术常用于高亮显示被关联的对象与联系，或显示与特定对象有关的隐藏对象。这样操作的优势在于用户可以同时观察数据的不同属性，也可以同时在不同角度和显示条件下观察数据，因此这就需要一种标识不同视图、不同视角中有关联的对象技术，即链接。

多视图是指将显示区域划分为多个视图或图层，是降低数据复杂性的一种方式。它包括采用同一编码方式编码多个数据子集的小多组图，以及采用不同的编码方式编码同一数据集的多样式图。概览图和细节图采用相同的编码方式，解决数据量太大显示不下的问题，解决导航方向迷失问题(图 6-21)。

二三维联动是当前地理信息系统的一种常见的表达形式(王继忠，2015)，二维场景常用于显示总体布局，为空间查询、统计提供支持，而三维场景具有更佳的视觉感官效果，可以

图 6-21　多视图协调关联

显示场景中对象的姿态、外观等信息(刘杨和程朋根，2014)。三维视窗弥补了二维视窗表达效果不佳的缺陷，二维视窗为三维视窗提供了总体信息概览。二三维联动中三维场景定位到二维场景的原理如图 6-22 所示。

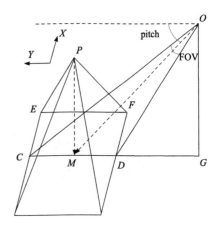

　　通过二维地图定位三维场景就是通过二维平面地图的中心点位置和地图显示范围计算三维场景视点位置和姿态参数，根据约定的规则，俯仰角 pitch 和视角范围 FOV 均为固定值，问题转化为已知二维平面地图视点 P 的坐标和视点高度 PM，求三维场景中视点 O 的空间坐标 (x, y, z)。

　　目前二三维联动在城建、土地、测绘、应急、公安、电力、燃气等领域得到了广泛应用，结合二三维二者的优点已经成为当前较为流行的技术策略，也是GIS 领域的研究热点(图 6-23)。

图 6-22　二三维联动算法原理

(a) 俯视图

图 6-23　不同视角下的二三维联动系统(唐昊等，2019)

(b) 斜视图1

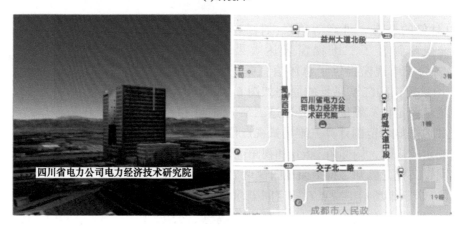

(c) 斜视图2

图 6-23   (续)

6.2.3   组合交互技术

1. 整体+细节

整体+细节(overview+detail)的基本思想是在资源有限的条件下同时显示整体与细节(陈为，2013a)。整体指不需要做任何操作，在一个视图上可以集中显示所有的对象，可以充当改变细节视图的控制与导航的部件，往往提供更多的空间信息，便于用户更好地理解；细节是突出用户需要展示的重点部分，用于用户选定区域的放大或聚集以显示具体细节，往往展示对象更多属性和特征。整体+细节组合交互技术可以为用户提供不同细节层级的内容。

设计通过结合整个信息空间的整体视图与上下文联系。将整体图与细节图分离并且关联显示相同数据，可以充分利用有限的屏幕发挥整体+细节作用，但是过多不同窗口来回移动注视的焦点也会增加交互延时，影响用户体验。

整体与细节的同时显示实际上是对"导航"这一交互方法的拓展。不同于"导航"需要用户通过一定的交互操作来完成对可视化系统中不同画面之间的切换，整体+细节同时显示，则能够让用户在观察到可视化系统中数据的详细内容的同时，也能够了解到该细节在全局中所处的位置。如图 6-24 中整体+细节的实例图示，主画面显示的是用户正在进行编辑查看的模型内容，显示的是画面的细节，而左侧的导航图则显示了模型的整体内容，其中，方框部分显示的则是主画面的缩略图。通过导航图可以知晓当前所编辑的内容在画面中的位置，也能够及时地了解对图形进行改动后对整体画面的影响。

图 6-24　整体+细节实例

2. 焦点+上下文

焦点+上下文技术的主要特点是将焦点信息与上下文信息同时显示在一个视图中，这是与整体+细节技术的主要区别。焦点+上下文具体可以按照操作类型分为变形和加层。其中，变形比较典型的视图是鱼眼视图，它将用户关注的焦点信息与整体视图上下文同时显示在一个区域内。鱼眼透镜是一种焦距极短且视角极大的透镜，与普通透镜相比，这种透镜中间区域被放大而周边区域被缩小，如图 6-25 所示。鱼眼视图是仿照鱼眼透镜成像效果(即中间区域被放大而周边区域被缩小)做出的可视化效果，是将整个区域内的元素向边界方向进行延伸，延伸程度从中心到边界依次减小(罗珞珈等，2017)。在鱼眼视图中，用户感兴趣的区域通过视图被放大而其边缘区域被压缩，从而实现了对目标区域信息的强化。

图 6-25　三维虚拟城市鱼眼视角

变形对用户可能造成数据理解上的扭曲，可能在无意识的过程中想象为真实不存在形变的视图，因此常常需要标识变形范围。焦点+上下文另一种常用的方法是在视图的局部添加另一层视图，例如，采用魔术透镜的方法在整体视图设置一个滑动的窗口，用户可以移动这个窗口观察空间数据中内部和外部不同细节。魔术透镜的概念用于三维数据，用于显示因空间分布位置原因产生遮挡的问题，如图 6-26 所示，将详细的城市地图的一部分覆盖在总览地图的顶部，圆圈"T"形标记放置在详细地图中建筑物的顶部。

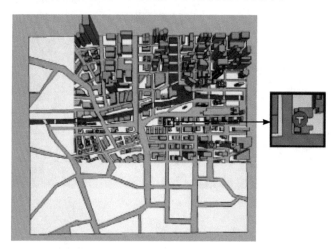

图 6-26   魔术透镜

焦点+上下文弥补了以导航方式浏览数据受限于屏幕空间数据范围有限的问题，可以同时浏览感兴趣区域及该区域周边的信息，通过视觉编码以及变形等可以为用户提供一种更为便捷和高效的认知交互方式。

6.3   可视化效果评测

随着可视化研究、技术和应用的发展，对可视化技术和系统进行有效的用户评测变得越来越有必要。如果可视化方法及结果缺乏严谨的用户评测，就很难为该方法和相关技术的进一步应用提供有说服力的证据。用户评测对可视化的研究也至关重要。可视化研究者需要比较新技术与已有技术的优劣，了解在何种情况下新技术更好，以及新技术的优缺点体现在哪里等。但是，这类评测在可视化研究中一直没有引起足够的重视。一方面，研究者更专注于研发新的可视化技术；另一方面，进行严格的评测不但困难，而且很费时间。通常，可视化评测所涉及的手段是人机交互领域的专业技能，而很多可视化研究者并不具备这方面的专业训练，这也是造成评测被忽略的重要原因之一。

可视化方法、技术和系统的用户实验面临诸多挑战和难题，这些挑战也是实证性研究所共有的。例如，如何定义研究目的和问题并选择适当的方法，如何设计实验，如何保证严谨的数据采集和分析过程。可视化技术的评测与人机交互技术的评测有诸多相通之处，特别是在交互界面的可用性研究方面，除了交互过程，可视化评测的另一个关注点是视觉表达中采用的编码及其可读性。可视化技术的目标是帮助用户分析和解读数据，因此其用户评测最终需要回答的问题是：可视化技术是否能够更好地帮助用户解读某些数据。某些时候，由于用于评测的数据集太小、参与用户不是目标人群、实验任务设计不当等因素，用户评测并不能有效地回答研究所要解决的问题。这些挑战意味着要完成一个严谨有效的可视化用户评测并不是一件容易的事。可视化研究者需要具备良好的实证性研究的相关技能，以便更好地设计和执行可视化技术的用户评测。

6.3.1　评测流程

虽然用户评测采用的具体方法根据不同的研究对象和目标而不同，但是通常都遵循基本的流程，这个流程包含实证性研究通常所需要的几个环节，即明确研究目的并定义研究问题、提出研究假设、设计研究方案、收集分析研究数据、验证假设得出结论(图 6-27)。

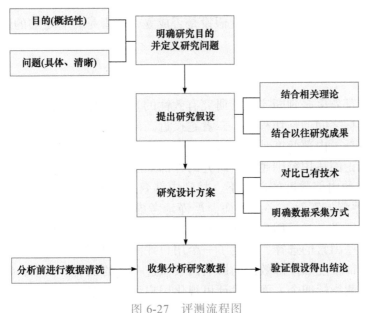

图 6-27　评测流程图

1. 明确研究目的并定义研究问题

在进行用户评测之前，研究者首先需要明确用户评测的目的；其次，研究者需要围绕研究目的进一步清晰地定义研究所要解决的具体问题。只有明确了研究的目的和问题才能合理地制定研究方案和有针对性地寻找用户进行评测研究。问题的定义对于整个研究而言非常关键。定义具体和明确的研究问题有助于研究者形成好的研究方案。

2. 提出研究假设

针对研究所要解决的问题，研究者在执行实验方案之前，应该结合相关的理论或者以往的研究结果给出研究假设。在给出研究假设的时候，应尽量避免使用宽泛的命题。一个好的研究假设应该能明确实验任务、评测指标等限定因素。如果能建立具体的研究假设，接下来的研究方案设计和实施就会更具有针对性。研究假设的提出过程也是研究者回顾相关理论的过程，这一过程对于研究者理解为什么会出现这样或者那样的研究结果也会有所帮助。

3. 设计研究方案

研究假设形成之后，研究者可以着手设计研究的具体方案并且选择合适的方法。研究方案中应对比几种已有的技术，它们的代表用户是哪些，用户的代表任务是哪些，衡量不同技术的指标有哪些，如何采集数据都是研究方案应该逐步明确的。当研究方案细化到一定程度，具有高操作性的时候，就进入研究的下一个环节——执行阶段。

4. 收集分析研究数据

在实验执行的过程中，需要避免潜在的问题，保证结果的可靠性。这其中有很多细节值得注意。例如，对参与的用户进行必要的指导，安排必要的练习，以及提供适当的反馈。在比较多种技术或系统时，这些细节方面需尽量保持一致。为了保证数据的有效性，应该在进行数据分析之前对数据进行清洗。

5. 验证假设得出结论

得到实验结果之后，需要判断研究假设是否成立，或者是否有足够的证据来支持或推翻研究假设，进而得到研究的主要结论。

6.3.2　影响评测效度的因素

内部效度和外部效度是判断实证性研究有效性的基本指标。内部效度指研究者实际测量的和想要测量的指标之间的贴切程度。二者越接近，研究的内部效度越高；二者差异越大，研究的内部效度越低。内部效度越低，研究的有效性也就越低。外部效度指研究结论有效范围的大小。研究结论的适用范围越大，研究的外部效度越高；反之，则外部效度越低。研究者应当在保证研究的内部效度的前提下，找到内部效度和外部效度之间的平衡点(林一等，2015)。设计用户评测方案时，必须全面、严谨地考虑到各种可能影响评测效度的因素，如自变量和因变量的定义、目标用户和任务的选择、可视化技术所指向的数据及其特性和测量指标的选择。对这些因素的选择，决定了一个用户评测的内部效度和外部效度。本节将对可视化用户评测中内部效度和外部效度的影响因素做进一步的说明。其中，参与用户、测试任务、数据类型和评测指标四个方面是设计可视化用户评测方案必须考虑的重要因素。

1. 参与用户

评测的目的通常是了解某种可视化方法或者技术能否为目标用户带来更多好处，因此评测的有效性受到参与评测的用户的影响。在设计一个可视化评测时，能准确地描述并选择目标用户是至关重要的。

2. 测试任务

在评测时，定义测试任务非常重要。定义合适的测试任务的前提是了解可视化技术所支持的用户任务，对测试任务的选择也决定了用户评测及其结论所适用的范围。很多研究从不同的角度提出了可视化任务的分类。Keller 等(1992)总结了九大任务，分别是鉴定、定位、区别、分类、聚类、排名、比较、联系、关联。

可视化技术可帮助用户在不同程度上完成上述九类任务。由于新的数据和分析手段不断出现，可视化可完成的任务类型也越来越多。在实践过程中，可按照实际情况定义适合的测试任务。在定义任务时，也需要确定判断任务完成的效率和准确率的指标。例如，是否需要准确地鉴定某个物体每一次的出现?在聚类或排序时，多大的误差是可以接受的? 当定位地图上的一个物体时，需要精确到国家、城市，还是经纬度坐标? 选取的测试任务和测量指标会影响研究结果的内部效度和外部效度。

3. 数据类型

可视化技术通常是针对某一类或者某些类数据而设计和实现的。数据类型和用于用户测试的数据大小往往会影响可视化技术的效果。例如，对于网络数据，网络的大小和密度会影响可视化的有效性。在理想情况下，可视化技术的用户测试中使用的数据首先应该适用于测试的可视化技术；其次，应该具有代表性并且包含不同属性的数据集。在测试中包含不同属性的数据集可以帮助研究者充分了解某种可视化技术的适用范围和有效性。

4. 评测指标

可视化技术的用户评测中非常重要的一项是选择评测的指标，也就是评测可视化技术的性能指标，它们可以是定量也可以是定性的。下面列出若干常见指标。

1) 功能(functionality)

可视化系统是否提供了用户所需要的所有功能? 是否足够支持用户需要完成的目标任务? 这是对可视化系统最基本的要求。

2) 有效性(effectiveness)

可视化是否能够帮助用户完成目标任务? 是否给用户带来关于数据的新知识? 相关的定量指标可以包括用户使用可视化技术完成目标任务的成功率及发生错误的频率。

3) 效率(efficiency)

可视化是否能够帮助用户更高效地完成目标任务? 相关的定量指标可以是用户使用可视化完成目标任务所花费的时间以及正确率。在评测中，有时也需要评估用户掌握一种可视化技术所需要的时间。

4) 交互和界面可用性(usability)

可视化系统和相关交互界面是否可帮助用户更容易地完成目标任务? 采用的视觉设计和交互是否直观? 用户为了得到想要的可视化视图需要进行多少设置? 有效地设置和调整这些参数需要用户具备多少专业知识? 交互界面在不同的任务中是否一致?

5) 可扩展性(scalability)

可扩展性是指可视化所能处理的数据大小与复杂度的上限和下限。随着数据量和复杂度的增加，用户能从可视化中得到的信息量在什么时候趋近饱和甚至开始递减? 在什么情形下，用户完成任务的错误率已经达到了无法接受的程度?

6) 计算性能(computational and memory performance)

对于不同大小的数据，生成可视化和支持交互分析需要的 CPU 时间、GPU 时间、内存和硬盘容量等都不同。在大数据时代，可视化系统对计算资源的需求是非常重要的评价指标之一。

通过对上面这些指标的评估和测量，可以从使用角度对可视化技术进行有效的评测，也能更好地比较不同可视化技术之间的优劣。

6.3.3 评测方法

基于对相关研究中方法选型的梳理以及参考前述这些研究中的分类(表 6-4)，可视化应用评估的方法总体可划分为三个大类：客观评估、主观评估与综合评估。

表 6-4　可视化评估中的评估方法

客观评估	主观评估	综合评估
对照实验	专家评估	案例分析
观察法	启发式评估	理论研究
脑电波分析	抽样问卷调查	强调过程性评估
眼动分析	焦点小组访谈	强调多维、深度、长期评估
日志分析	民族志调查	研究方法批判

1. 客观评估

在客观评估的有关方法上，最常用的就是对照实验及观察法。Saraiya 等(2005)认为可视化应用的评估主要是在对照实验研究中评估用户对预定任务的表现。而对于实验的方法，其基本逻辑是：控制独立变量，如工具、任务、数据和参与者等，依赖的变量主要是准确性和效率。其中，准确性包括精确度、错误率、正确和不正确响应的数量，而效率包括完成预定义基准测试任务的时间。邱玲玲(2008)通过将阅读情况相似的学生分为两组，分别选择是否使用可视化材料，最后得出了可视化教学优于非可视化教学的结论。

除了实验和传统的观察方法之外，目前已有研究延伸了可视化应用评估的技术手段和方法形式，如脑电波分析、眼动分析及日志分析等。Chen 和 Ren(2017)设计和实践了一个量化可视化所形成心理负载，并对用户偏好持续考察的在线评估。评估运用基于脑电波、眼动跟踪及日志等手段记录的数据进行了融合性的分析。谭章禄等(2019)为了提高煤炭企业管理人员对管理信息系统中呈现的生产调度信息的认知效率和认知准确性，着重研究生产调度信息在管理信息系统中展示方式选择的问题，将生产调度信息分为基本信息、地理信息和监测预警信息三类，分别选取了具有代表性的可视化方式，即循环作业图、甘特图、三维图、二维图、面积图、条形图和卡吉图，采用眼动实验捕捉管理人员眼动指标，利用因子分析对眼动指标进行因子筛选和整合，最终根据因子得分综合评价可视化方式效果。魏园(2015)通过眼动追踪技术对信息可视化呈现的多个方案进行搜索任务的效率评估，以一款复杂系统数字界面中的空间地理信息可视化为例，介绍了眼动实验的实验设计、实验流程等，分别运用色彩、形状、虚实等进行不同的可视化方案设计，测试在运用不同的信息可视化方法设计的方案中，用户搜索地理信息目标所用的时间，通过实验分析，得到数字界面中地理信息的最佳呈现方式。

2. 主观评估

在主观评估的有关方法上，有很多研究者采用了有别于客观评估的形式与方法，以弥补可视化应用评估中客观评估方法的不足。专家评估通常需要符合条件的专家级用户参与，可视化专家对可视化的有效性有自己的一套评判标准，并在评测中依据这些标准做出自己的判断。Tory 和 Moller(2015)反思总结了实验评估方法的弊端和不足，如实验评估的成本、深度以及所适用的阶段等，通过与实验评估的比较，论证了专家评估方法的有效性。王辉等(2012)组成了包含可视化系统开发人员与学科化服务人员的系统测试团队，针对可视化系统的稳定性、功能、质量及用户个性化需求进行问卷设计，在不同领域的科研一线用户中展开问卷调查、回收，通过对问题进行统计、分析，为系统完善提供客观、科学、可信的用户建议。王晓敏(2020)根据线上问卷调查报告结果分析，选取大众关注的"健康防护知识"进行了信息可视化视觉表征设计。Kennedy 等(2016)则是在其可视化应用评估中尝试运用了多焦点小组访谈的形式，将小组分为对视觉表达有兴趣组、对数据有兴趣组、外地域组、特定族裔组、主题兴趣组、主题涉及组、无兴趣组、联合代表小组等。

3. 综合评估

随着前述一些主流的评估方法的运用，不少研究者对传统评估方法的有效性提出了疑问与批判，认为可视化应用的评估应当结合客观与主观评估的方法，参考借鉴有关理论，综合更多的现实因素进行考量。王泽等(2020)按照信息可视化的加工内容和方式，对信息可视化进行分类研究，并对博物馆青铜器纹样信息和铸造流程的信息可视化设计进行案例分析，更好地展现出其历史价值以及背后所蕴藏的文化内涵，活化文物资源，使得用户体验更为个性化和人性化，具有较强的可行性与实践性。袁浩等(2020)阐述了信息可视化的概念及其研究现状，结合界面设计总结了信息可视化界面设计的五个设计原则，论述了信息可视化设计的结构模型，结合实际案例分析并构建了运动类 APP 的信息结构模型。Reda 等(2016)发现大多数的可视化实证评估都是针对结果的，而极少评估其中的用户过程，并针对这一问题以探索性可视分析为例构建了一套强调过程评估的评估方法。Shneiderman 等在回顾可视化应用的评估方法后提出评估可视化需要引入"多维深度长期案例研究"(Shneiderman and Plaisant,2006)。其中，多维是指使用观察、访谈、调查以及自动记录来评估用户绩效和界面效能；深度是指将专家用户转变成合作伙伴，深入、互动地开展研究；长期是指纵向研究，从特定工具的使用培训开始，观察用户的策略变化。

6.3.4　评估维度及指标

可视化应用的评估最终是通过对评估项及其对应评估指标的跟踪、记录与量化来实现的，因而明确评估项及其评估指标是这类研究的一项核心工作，其科学性与完整性很大程度上决定了可视化应用评估结论的效度(Garlandini and Fabrikant,2009)。

在可视化应用的过程中存在许多变量，如源数据集、目标任务、显示与交互设备、人类观察者的知识和经验、交互行为、应用环境等。其中，一些变量的测量是容易的，如数据规模、精度以及时间；而其他的一些变量如信息、知识、认知则相对复杂。尽管如此，越来越多的研究者开始尝试来测量与评估特定可视化形式下，人类在洞察、理解、知识学习、创造、认知负荷、信心等方面的表现。

从大的评估类别来看，可视化应用的评估可分为其用户效用的评估与其工具能力的评估两大方面。在一些具体的评估中，有的侧重于前者，如用户的任务完成时间与成功率；有的侧重于后者，如工具的易用性、易学性和满意度；有的则两者兼顾，如 Mackinlay(1986)认为良好的可视化应符合"表达性"和"有效性"的标准，前者关注(工具)如何真实地呈现，而后者则关注(用户)如何准确地看。Halim 和 Muhammad(2017)提出评估可视化应分别考察(针对用户的)有效性、(工具的)表现力、可读性与交互性等方面，并且认为有必要分别给出权重进行组合评估。

1. 用户表现、用户评价及反馈与专家评价评估维度

评估用户表现的主要是些客观的量化指标，而用户评价及反馈、专家评价则主要基于偏主观的量化指标，具体的指标如表 6-5 所示(刘合翔，2020)。

表 6-5　可视化应用评估中的评估维度及指标

评估维度	评估类别	
	用户效用评估	工具能力评估
用户表现	效率效果——任务完成时长与成功率平均值；这两个指标的最大值、最小值以及标准差；用户测试得分	用户反映时长(正确、错误、平均)、用户认知障碍与困惑点的个数、操作时反馈的问题数；学习时长，用户用于查阅帮助、外部文档，搜索访问、寻求指导和支持花费的时间；过程节点数；工具功能使用率
	发现洞察——发现数、花费时间、发现的重要性、正确性、深度、意外性、发现类别；洞察的复杂度、深度、洞察的不完全性与层次性、意外性及关联性；洞察种类(分布、趋势、边界、关联等)、洞察深度(确信度、难易度、深浅度)和洞察缘起(推理、分析、情感等)的占比	
	讨论参与——是否激发问题并愿意参与讨论、是否促成对主题正式或批判性地讨论、沟通效率、参与率、对话频数	
	注意力分布——兴趣区注视时间、注视次数、眼动轨迹、眼跳距离、平均注视时间、兴趣区百分比；脑电波波长、熵；鼠标轨迹；是否触摸	
用户评价及反馈	认知反馈——可视化在知识转化(社会化、外化、组合化、内化)方面的效用假设认同度评价；是否有收获、是否强化已有知识、是否说服或改变认知、是否学到新知识、是否找到自己觉得有用的数据；用户心智投入的评分、认知负荷	可识别度(可识别点的比例)、感知效率、感知正确性、可理解性与可学习性；功能的缺失及好恶；用户对工具结果和流程的理解及解释水平，用户对于灵活性、兼容性和对工具功能和适用性的主观观点，工具的满意度，易用性与易学性；用户对视觉特性以及配套的听觉特性的评价；使用不适(如心理压力、视疲劳等)
	反应态度——用户是否喜欢、是否产生对数据背后人或事的情感、是否产生好奇心、是否惊讶、是否有愉快的经历或感觉愉悦、是否感觉到视觉享受、是否激起强烈的情绪反应、是否增强了对阅读可视化及数据的信心；初始使用意愿、再次使用意愿、用户给出的综合评分；有用性、可用性、实用性	
专家评价	基于成功度(轻松/困难、完全/部分)和任务完成时间的效用专家评分	界面可用性专家评价

2. 用户特性、信息特性、工具特性、设计特性与情境等评估维度

考虑到不同的评估场景，如不同的用户特性、信息特性、工具特性，都会直接影响到评估测试的效果及相关结论的判定，因此还需要针对上述的场景维度做评估指标的梳理(刘合翔，2020)(表 6-6)。

表 6-6 可视化应用评估中的评估指标

评估指标	评估类别	
	用户效用评估	工具能力评估
用户特性	样本人群特征、参与者动机、期望、构成、用户偏好、用户对术语的理解、信念与观点、情绪、自信与技能、专家用户、任务准备状态、领域认知层级、时间投入	/
信息特性	信息抽象度、数据规模；数据点数与数据密度；数据维度数、数据类型(布尔、向量)；数据结构(一维、二维、三维、时态、多维、层次结构、网络结构)、信息的碎片度(离散度与不连续性)、信息的内向度(信息潜藏度)、信息的视域(信息在空间及时间维度可达的尺度)、数据来源、有无提示、有无文字、数据完整性、不确定性	大数据集处理能力、对多样数据的处理能力、对问题数据的处理能力、对疑问数据的处理能力、对多尺度数据的处理能力
工具特性	浏览器显示兼容性、可协作性、可交流性、对多样化用户的支持、图例、成图时长、交互性	状态转换、属性呈现、过滤筛选、搜索查询、视域缩放；选择、缩放、旋转、摇摄、清除、浏览；定位、帮助、撤销、集簇、裁剪
设计特性	可视化类型(图标、图表、文字、表格、拟态)；表现力、隐喻、秩序和复杂性；对称性、均匀度、统一边界长度和交叉度；布局与风格(清晰度、美感)、视觉诱饵、展现的动态性；动画类型(电脑、视频)、动画的抽象度、动画的功用类型(展示、装饰)；逻辑顺序	空间组织、相关信息的视觉编码；特征保存度；可读性、图形的闭塞率(模糊的或被遮挡的数据点数/总数据点数)；可识别的关联数据的比例(与其他可见数据点相关的数据点数量/可见数据点数)
情境	所需知识类型(问题解决、陈述、程式化)、任务、时间、应用领域、工作环境、安慰剂	隐私保护

第7章 空间信息可视化典型应用

7.1 铁路智能建造

7.1.1 背景

近年来世界各国为提高铁路运营效率，优化服务品质，确保铁路运营安全，提升竞争优势，相继出台了铁路建设数字化、信息化、智能化发展战略。日本制定了《技术创新中长期规划》，欧盟发布了《欧洲一体化运输发展路线图》白皮书、Shift2Rail 科技创新项目、"Rail Route 2050"等。欧盟、日本、美国等发达国家和地区对铁路智能化发展进行了深入研究，形成了一系列具有代表性的智能铁路系统，如欧洲铁路交通管理系统、日本 Cyber Rail 系统、美国智能铁路系统、全球铁路移动通信系统等。中国也制定了《中长期铁路网规划》，并研发了列车运行调度指挥系统、中国列车控制系统等铁路列车智能系统，随着智能京张、智能京雄等重大铁路项目的施工建设，我国铁路事业迈向了智能铁路新时代。智能化已然成为世界铁路发展的基本方向。

智能建造是工程建造领域的发展方向，是新形势下铁路工程建设发展的必然趋势。铁路智能建造是指面向铁路工程设计、建设、运营全生命周期，以 BIM+GIS 技术为核心，综合应用物联网、云计算、移动互联网、大数据等新一代信息技术，与先进的工程建造技术相融合，通过自动感知、智能诊断、协同互动、主动学习和智能决策等手段，进行工程设计及仿真、数字化工厂、精密测控、自动化安装、动态监测等工程化应用，构建勘察、设计、施工、验收、安质、监督全寿命可追溯的闭环体系，围绕桥梁、隧道、路基、轨道及车站，实现建设过程中进度、质量、安全、投资的精细化和智能化管理，形成和谐共生的工程建设产业生态环境，使复杂的建造过程透明化、可视化，推动铁路建设从信息化、数字化走向智能化(王同军，2018；王峰，2019)。

7.1.2 框架设计

铁路智能建造框架如图 7-1 所示，主要包括数据感知层、数据传输层、资源管理层、建设平台层以及支撑应用层。

数据感知层是融合物理世界和信息世界的纽带。通过传感网/物联网、RFID 标签、GPS/BDS、视频监控、红外监测、GIS/遥感监测、激光测量等感应技术，采集铁路建造过程信息，实时获取铁路建造过程中的施工状态、设备状况、人员定位以及周边自然环境条件等信息，为铁路智能建造提供数据支撑。

数据传输层是实现数据感知与数据资源管理的纽带，主要是基于卫星通信、Zigbee、蓝牙、Wi-Fi、近距离无线通信以及光传输、IPV6 等技术，构建智能传输网络，将数据感知层

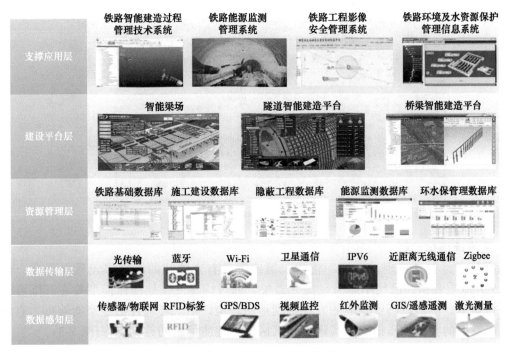

图 7-1　铁路智能建造架构图

采集到的数据汇聚到资源管理层。

资源管理层通过接收来自数据感知层的数据，分析、识别出数据内隐含的有意义的信息，建立铁路基础数据库，主要包括铁路基础、施工建设、隐蔽工程、能源监测、环水保管理等方面，涵盖了铁路智能建造所需的基础数据。

建设平台层是智能铁路建设的大脑，它面向铁路工程建设周期，以 BIM+GIS 技术为核心，与先进的工程建造技术相融合，围绕铁路工程建设信息化这一目标，构建铁路工程建设可视化平台，如智能梁场、隧道智能建造平台与桥梁智能建造平台等。

支撑应用层处于整个框架的最上层，集成前面的感知数据、关键技术平台，形成了各业务领域的智能化子系统，丰富铁路智能建造内涵，支撑铁路智能建造过程管理、铁路能源监测、铁路工程影像安全管理、铁路环境及水资源保护等方面的应用。

7.1.3　可视化应用分析

1. 隧道围岩判识

隧道建设工程需要面对众多山岭重丘区地带，所处地理地质环境条件复杂，无疑将增加隧道勘察、设计及施工难度。作为指导隧道设计、施工的基础标准，隧道围岩分级在隧道建设中决定其设计质量的高低及隧道施工的成败。通过隧道围岩智能分级系统，实现科学、准确且符合工程现场实际的围岩分级，对于形成高质量且完善的隧道工程设计，促进隧道现代化施工，显著降低工程造价，又好又快并安全地修建高质量隧道工程，具有重要的现实意义(图 7-2)。

图 7-2　隧道围岩判识

2. 三维地质体建模

地质数据是包含地理、物理、化学、遥感等具有立体感的海量多元数据集合，传统的 2D、2.5D 地质数据，已经不能满足实际需要。通过构建三维地质体模型并在三维可视化平台中进行展示，能够以高度集成的方式实现地质环境评估。环境评估专家能够更为直观地了解工程区域内的整体地质情况，实现对施工区域内地质信息的数据支撑(图 7-3)。

图 7-3　三维地质体建模

3. 瓦斯隧道施工管理

在复杂艰险山区进行铁路隧道施工，有的隧道可能深埋地下上千米，由于复杂的地理地质环境，隧道内存在一些有毒有害气体，严重威胁着施工人员的生命安全。因此，对瓦斯隧道施工进行智能化管理具有重要意义。通过各种传感器实时探测隧道内的气体浓度、温湿度等施工环境信息，做到隧道内施工环境实时感知，能够使整个隧道施工过程可视化、信息透明化(图 7-4)。

4. 人员机械定位

隧道施工进出洞人员及装备的登记管理，一直是施工安全管理的重点环节。传统的隧道施工人员管理模式是安排专职值班员在隧道口进行出入登记。而这种方法基本无法做到人员的有效管理。随着科学技术的发展和国家相应政策的大力实施，隧道施工管理方对于隧道安全管理模式提出了新的更高的要求。根据隧道管理现状问题，可以通过人员机械定位系统做到施工过程中人员以及机械装备位置的实时显示，实现隧道的信息化、智能化、现代化管理。系统使管理人员能够随时掌握隧道内人员、设备的分布状况及每个人员和设备的运动轨迹、危险报警信息等，便于进行更加合理的调度管理(图 7-5)。

图 7-4　瓦斯隧道施工管理

图 7-5　人员机械定位

5. 施工进度管理

随着铁路建设行业的发展，大量的大型和特大型桥梁在不断开工建设，导致铁路桥梁建设周期长。铁路桥梁建设过程中信息的复杂性和即时性，给施工管理带来很大压力，传统手工完成的报表和二维图形方式已经难以适应工程建设的需要，急需现代化的管理手段。三维可视化技术的出现，为桥梁建设的形象展示和信息分析等提供了一条重要途径，通过施工进度的可视化，可迅速得到整个桥梁的进度数据，为管理者提供一个很好的工具，可有效提升用户的管理和决策水平(图 7-6)。

6. 边坡形变智能预测

在桥梁施工过程中，常常要在桥梁桩基、锚碇部位进行土方开挖工作，必然对边坡，主要是坡脚产生影响，使得边坡原有的保持稳定的支撑力受到破坏，从而引起边坡体的移动，甚至引起滑坡。为保障建筑物、构筑物和人民生命财产的安全，对边坡支护和治理工程的效

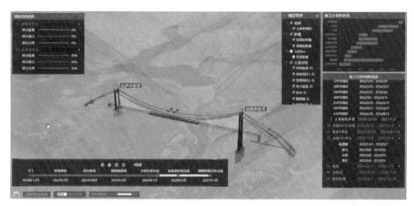

图 7-6　施工进度管理

果提供技术依据，必须进行边坡体稳定性的变形监测，需要长期监测地表形变、地面沉降、岩体混凝土开裂等(图 7-7)。建立边坡形变智能预测系统，通过与施工区域内的空、天、地监测数据实时连接，可以及时发现边坡存在的问题，及时反映工程措施对边坡的影响，及时预报边坡的稳定状况，为工程师修改设计和指导提供依据。

图 7-7　边坡形变智能预测

7. 建造环境动态模拟

随着铁路建设逐渐向复杂艰险山区延伸，桥梁施工环境恶劣，为桥梁施工带来困难。与桥梁施工存在密切关系的自然条件、气象条件逐渐受到关注。桥梁施工、设计以及规划等都受到气象因子的影响，特别是天气条件，在很大程度上影响着施工的质量与进度。基于获取到的周围环境温度、风力、风向等实时数据，通过构建风场和温度场模型，实现建造环境的动态模拟，分析不同气象条件情景对建造施工的影响，以便更好地在当地气候天气特点下开展适应性工作，如图7-8和图7-9所示。

8. 虚拟拼装

为确保桥梁构件运到现场后能准确安装就位，一般需要在工厂进行实体预拼装以检验结构的可拼装性。实体预拼装不仅需要占用工厂的场地、设备，还要设置胎架，耗费大量的人

图 7-8　温度场模拟　　　　　　　　　　　　图 7-9　风场模拟

力物力，成本很高。计算机技术的迅猛发展为传统的实体预拼装技术带来了工艺革新的契机。人们可以借助三维可视化技术对桥梁构件预拼装过程进行模拟，从而辅助甚至取消实体预拼装过程，不占用场地，避免吊装变形，降本增效(图 7-10)。

图 7-10　桥梁构件虚拟拼装

9. 应力仿真分析

为保证桥梁结构的安全性，并了解桥梁结构受力与变形的实际状况，对桥跨结构进行应力与变形长期监测就显得十分重要。通过将桥梁应力分析数据进行三维可视化展示，实现基于桥梁构件的应力仿真，可以更加直观地描述桥梁各部件的应力变化情况，并在桥梁结构的关键受力点位实现对目标的应力数值持续性监测，对应力值波动较大的点位进行预警(图 7-11)。

图 7-11　应力仿真分析

7.2　灾害时空过程模拟

7.2.1　背景

　　洪水、泥石流、滑坡等常见的自然灾害，在世界各地的山区广泛发育，具有巨大的破坏能力，常常造成大量的人员伤亡和财产损失，危及广大山区人民的生命财产安全，对山区生态环境、工程建设、城镇厂矿、道路交通、农田水域、景观资源等造成严重危害。防灾减灾问题已经成为各国政府和科学界面临的重要课题。受全球气候变化的影响，区域性和局地性强降水过程频率增加、强度加剧，导致自然灾害活动强烈、灾害频繁，已经成为最普遍、广受关注的全球生态环境问题之一。

　　我国地势地形复杂，多山区丘陵，山丘区面积约占国土面积的69%，聚集了全国约56%的人口，536个民族县中有520个在山区，90%以上的森林和水能资源、54%的耕地、50%以上的草地和76%的湖泊集中在山区。复杂的地质条件、独特的地貌特征、多样的气候因素、密集的人口分布和人类活动影响导致自然灾害频繁发生，使我国成为世界上自然灾害最严重的国家之一。在自然因素和人为活动的共同作用下，造成我国自然灾害分布广泛、类型多样、活动频繁、灾害严重的局面，尤其是西南地区，为我国自然灾害的高发区和重灾区。

　　洪水、滑坡、泥石流等自然灾害具有典型的复杂地理时空过程，同时伴随着非线性、时变性、多因素和不确定性等特点，其时空动态发展过程往往比其最终形成的空间格局更为重要，其时空发展过程模拟分析及预测预警是当前地理信息科学研究的一个热点。因此，全面、系统、深入地开展洪水、滑坡、泥石流等自然灾害的时空过程模拟与可视化研究，对于灾害风险评估、应急处置决策和安全管理、防灾减灾具有非常重要的现实意义。

　　现代自然灾害的系统性学术研究已有数十年历史，从最初的观测分析，到以不同学科切入点构建多种理论体系模型，均取得了较为丰富的成果。随着信息技术的不断发展并渗透于各专业应用领域，自然灾害的计算机仿真与模拟计算已逐渐成为灾害研究领域中一个重要的前沿分支。而此方向上的研究除了需要对已有领域内的自然灾害基础理论具有较为透彻深入的理解和应用能力外，更为重要的是建立与理论模型相对应的计算机数字模型，这需要对信息技术(特别是空间信息技术)有较好的掌握，方能构建与自然灾害数字化仿真最适宜的技术实现方式、数据结构组织与算法模型等。GIS 提供了一套较为完整、成熟的空间信息解决方案工具集。但对自然灾害问题而言，在现有 GIS 框架体系内，基础的栅格和矢量数据格式都存在缺陷，可以进行基于多参量的静态危险性分析，但不足以支撑自然灾害仿真这样复杂自然现象的动态模拟。综合考虑洪水、滑坡、泥石流等自然灾害特征，基于格网的灾害时空过程模型提供了一种理想的解决方案，其具备对复杂系统的优秀模拟能力，而以 GIS 现有的框架体系(空间数据存储、表达、分析)为基础构建集洪水、滑坡、泥石流等灾害为一体的仿真模拟平台亦是一种可行的思路。

　　为解决自然灾害预警问题，达成快速响应、大面积覆盖、精确稳定的动态模拟还原灾害演进过程的目标，以洪水、泥石流、滑坡等灾害为研究对象，以基于网格的灾害时空过程模型为基础，开展包括时空过程建模、模拟计算优化、参数调优、可视化交互探索等关键技术研究，以及进行相应的应用系统研发与典型示范。此类研究旨在为灾害预测预警提供技术支撑，为防灾减灾与灾害风险评估提供科学依据，从而提高决策分析与规划的准确性和效率。

7.2.2 框架设计

灾害时空过程模拟需要确定灾害的基本情况，收集相关的数据，然后进行数据处理、场景构建、时空计算等一系列操作，最后形成灾害时空过程模拟的可视化表达。其框架如图 7-12 所示。

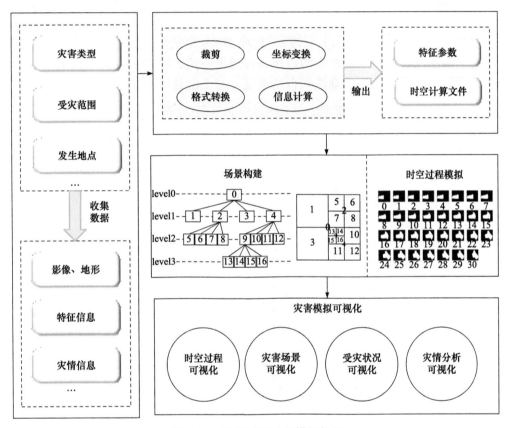

图 7-12 灾害时空过程模拟框架

首先，需要确定灾害的类型，灾害发生的时间、地点，以及受灾害影响的范围。根据这些基本情况，才能有针对性地收集灾害数据，例如，对溃坝洪水而言需要收集溃坝的位置信息、溃坝自身的几何属性、溃坝处蓄水量等数据；对滑坡而言则需要收集滑坡山体位置、滑坡边界以及滑坡覆盖范围等数据。其次，在收集到相关的原始数据后，需要对其进行一系列的处理，使其转变为能够用于模拟计算的数据，包括对影像的裁剪、对地形数据格式的转换、对坐标的变换，以及根据数据提取特征参数。再次，进行场景的构建以及时空过程的计算。最后，按照需求对灾害模拟的结果进行可视化表达。

7.2.3 可视化应用分析

1. 丹巴县溃坝洪水时空过程模拟可视化

丹巴县位于我国四川省境内，甘孜藏族自治州东部，东接小金县，南交康定县，西邻道孚县，北连金川县，辖区内共一镇十四乡。丹巴县属岷山邛崃高山区，是高山峡谷地貌的代表，其整体地势西北高，东南低，海拔为 1700～5521m，地势情况复杂多变。发生泥石流的梅龙沟(101°52′48″E，30°52′48″N)位于丹巴县东北部的半扇门乡半扇门镇，距离丹巴县城约 21km，距小金县城约 40km，距康定市约 210km，距成都市约 300km，海龙沟内有 S303 公路可通往丹巴县与小金县(唐尧等，2020)。

受极端降水天气影响，6 月 17 日凌晨 3 时 20 分梅龙沟发生泥石流灾害。由于连续降水，泥石流上游松散物源夹杂雨水沿沟道运动形成泥石流，冲出梅龙沟口，堵塞小金川河，形成梅龙堰塞湖，而后梅龙堰塞湖溃坝自然泄流，对下游地区造成影响(图 7-13)。

图 7-13 丹巴县洪水区域

针对该区域的洪水灾害进行灾害数据收集，包括坝体的基本状况、库容、灾害区域影像及地形数据等(表 7-1)。

表 7-1 丹巴县洪水灾害数据收集

灾害数据	内容	目的
灾害区域影像数据	DOM 栅格数据	场景构建
灾害区域地形数据	DEM 栅格数据	场景构建与洪水时空模拟
溃坝位置	矢量数据	洪水时空模拟
坝体高度	45m	

灾害数据	内容	目的
库容	0.145 亿 m³	洪水时空模拟
粗糙度系数	0.03(参考表 5-1)	

根据 DEM 与 DOM 数据建立该区域的三维场景，如图 7-14 所示。同时根据 5.2 节中所述原理可以求出洪水的时空过程，如图 7-15 所示。

图 7-14　灾害区域三维场景

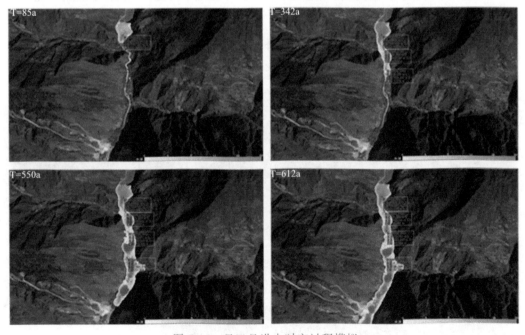

图 7-15　丹巴县洪水时空过程模拟

图 7-15 展示了丹巴县洪水在不同时刻的流动状态，水流深度如图例所示，颜色越深则代表水深越深，根据其深浅的分布以及流动的状况，能够直观地了解洪水的时空演进过程。

　　结合承灾体在灾害区域的实际分布与洪水的演进状况可进行可视化表达。如图 7-16 所示，依据洪水的淹没范围，结合实际场景设定缓冲区域，从而分析各场景要素的受灾害影响程度。

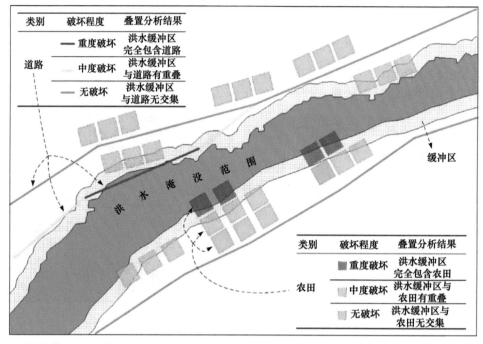

图 7-16　丹巴县洪水可视化分析示意图

　　根据示意图结合洪水时空模拟情况，对丹巴县洪水周围的承灾体进行分析，评估其受灾风险程度，并在洪水三维场景中进行可视化表达(图 7-17)。

图 7-17　丹巴县洪水可视化分析

2. 七盘沟泥石流时空过程模拟可视化

四川省汶川县七盘沟村(102.85°E～103.73°E，30.75°N～31.72°N)距汶川县约有 7km。七盘沟为岷江左岸一条分支，主沟长 15km，大小支沟 8 条，流域面积为 54.2km²，流域海拔为 1320～4360m。流域内主要岩性为花岗岩和碳酸岩，受 2008 年"5·12"汶川地震的影响，岩体崩解，坡积物滑落，进一步增加了沟道流域内的松散堆积物量，在极端降水作用下极易产生泥石流(Zhu et al.，2015；殷爱生和夏承斋，2014)。从 2013 年 7 月 8 日起，在七盘沟流域内开始持续强降水，致使该流域土壤饱和失稳，加之上游堰塞湖发生部分溃决，最终在 2013 年 7 月 11 日形成了规模强大的泥石流灾害(曾超，2014)。灾害区域如图 7-18 所示。

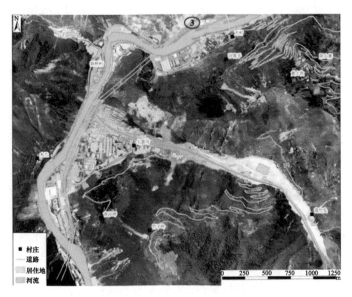

图 7-18　七盘沟泥石流灾害区域

针对该区域的泥石流灾害进行数据收集，包括泥石流的溃口位置、特征参数、灾害区域的影像数据以及地形数据(表 7-2)。

表 7-2　七盘沟泥石流灾害数据收集

灾害数据	内容	目的
灾害区域影像数据	DOM 栅格数据	场景构建
灾害区域地形数据	DEM 栅格数据	场景构建与泥石流时空模拟
初始溃决位置	矢量数据	泥石流时空模拟
初始流速	11.64m/s	
堆积扇入口处格网泥深	5m	
泥石流密度	2000kg/m³	

同样，根据 DEM 与 DOM 构建灾害的三维场景(图 7-19)。根据泥石流的时空计算数据获取其时空过程模拟结果(图 7-20)。

图 7-19　七盘沟泥石流灾害场景

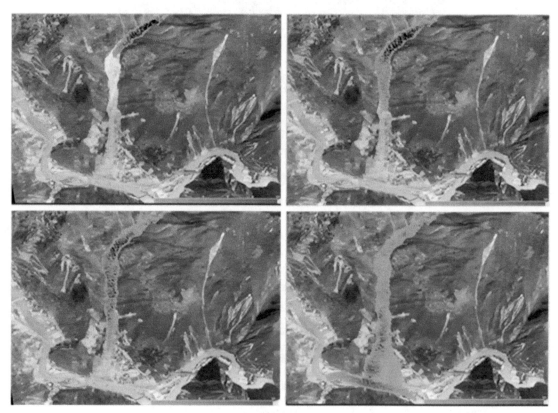

图 7-20　七盘沟泥石流时空过程模拟

根据文献资料以及遥感影像，得到七盘沟流域受损建筑物、受损道路以及受损管线设施，同时根据承载体的分布情况，进行可视化分析，如图 7-21 所示。

泥石流演进实时信息		
重要地点	最高泥深/m	最大流速/(m/s)
大连渔港	20	0.1213
山王庙沟	36	0.3055
寿溪河	45	0.4118
回头客	60	0.5895
波三路	80	0.6825
茅坪子村	92	0.7203
水磨羌城	113	0.8420

图 7-21　七盘沟泥石流可视化分析

3. 茂县滑坡时空过程模拟可视化

茂县叠溪镇新磨村位于四川省阿坝藏族羌族自治州(103°39′46″E，32°4′47″N)，此处山体由于地震的影响，上部岩体中结构面(尤其是沿层面和片岩夹层)张开、弱化，在陡崖部位形成岩墙状危岩体。由于大量、持续的降水直接触发岩体损伤，在 2017 年 6 月 24 日时滑坡发生。茂县叠溪镇新磨村山体垮塌规模巨大(图 7-22)。山体沿岩层层面滑出，滑体迅速解体，

图 7-22　茂县滑坡灾害区域

沿斜坡坡面高速运动，沿途铲刮坡面原有松散崩滑堆积物，体积不断增大，运动到坡脚原有扇状老滑坡堆积体后，开始向两侧扩散，直至运动到河谷底部或受到对面山体阻挡才停止运动。滑坡导致众多民居与耕地被掩埋，同时损毁道路若干并堵塞河道，造成了重大的经济损失与人员伤亡，并留下潜在威胁(许强，2017；何思明，2017)。

　　针对该区域的滑坡灾害进行数据收集，包括滑坡灾前灾后的地形数据、滑坡灾前灾后的影像数据、滑坡边界以及滑坡覆盖范围(表 7-3)。

表 7-3　茂县滑坡灾害数据收集

灾害数据	内容	目的
滑坡灾后影像数据	DOM 栅格数据	滑坡体模型纹理映射
滑坡灾前影像数据		场景构建
滑坡灾前地形数据	DEM 栅格数据	特征提取与时空模拟
滑坡灾后地形数据		特征提取、时空模拟、场景构建
滑坡覆盖范围	矢量数据	时空模拟
滑坡边界		

　　根据滑坡区域的 DEM 与 DOM 构建灾害区域的三维场景(图 7-23)。图 7-23 表示山体在经历多次地震后岩体松动，从而形成了易滑斜坡，长时间的大规模降水就导致了滑坡的发生。滑坡的发生过程(即滑坡的时空演进过程)如图 7-24 所示。

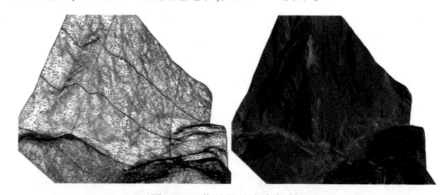

图 7-23　茂县滑坡灾害场景

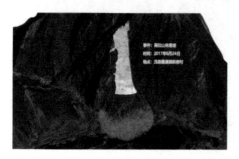

图 7-24　茂县滑坡时空过程模拟

根据滑坡发生全过程的灾情报告及文献内容，结合遥感影像，可对滑坡从孕灾到成灾再到灾后的全过程进行动态可视化表达(图 7-25)。

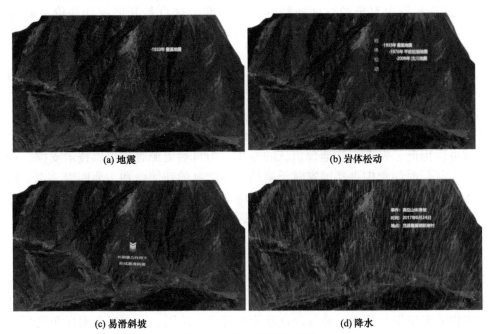

(a) 地震

(b) 岩体松动

(c) 易滑斜坡

(d) 降水

图 7-25　滑坡的诱发因素

图 7-26 展示了滑坡造成的影响，包括掩埋的房屋、道路与河道以及毁坏的农田，并对滑坡后可能存在的风险进行了表达。

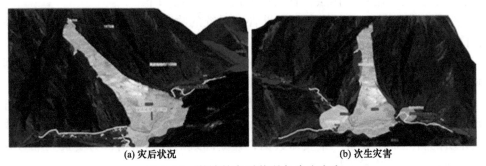

(a) 灾后状况

(b) 次生灾害

图 7-26　滑坡的灾后状况与次生灾害

7.3　自然资源监管

7.3.1　背景

党中央和国务院组建自然资源部统筹山水林田湖草系统治理，统一行使全民所有自然资源资产所有者职责，统一行使所有国土空间用途管制和生态保护修复职责。《中华人民共和国宪法》《中华人民共和国物权法》《中华人民共和国民法典》规定属于全民所有的自然资源包括矿藏、水流、森林、山岭、草原、荒地、滩涂、海域等。对于自然资源管理履行"两统一"职责而言,最基本的要求就是掌握这些自然资源的数量、分布、变化信息,掌握自然资源对象的时间属性和空间属性,这也是开展统计评价、确权登记、空间规划、用途管制、监督预警以及山水林田湖草的整体保护、系统修复和综合治理等工作的前提和依据。

自然资源监管需要基于可靠数据来进行,数据精准性对自然资源开发和规划十分重要,同时管理部门需要动态监测自然资源变化情况,然而传统的纸质报批流程难以满足自然资源要素动态监管的多样化需求。当前测绘地理信息科学迈向地球空间信息服务新时代,通过多平台、多尺度、多分辨率、多时相的空、天、地观测手段实现了全天时、全天候、全地域的时空信息服务。因此,发挥测绘地理信息的专长,为自然资源管理提供技术支撑、科学手段和决策依据,是新时期党中央和国家赋予测绘地理信息的新使命和主要职责,也是将测绘地理信息融入自然资源管理的战略要求。如何适应新要求、履行新职责,做好自然资源管理中的测绘地理信息工作是摆在测绘人面前的新课题。

7.3.2 框架设计

现有的二维纸质自然资源审批管理模式在三维实体空间结构关系表达和空间展示能力上存在缺陷,难以满足复杂自然资源直观、立体化表达的需求,而且,长期以来我国自然资源调查监测工作分头组织与管理,导致调查监测在对象、范围、内容等方面存在重复和交叉,自然资源数据分散且面向特定的专业领域,不利于将自然资源要素作为生命共同体进行一体化审批管理。因此,本节针对以上难题,结合自然资源审批管理流程,设计了实景三维自然资源审批管理系统架构。如图 7-27 所示,系统架构可分为五层结构,分别为硬件层、数据层、技术层、表现层、用户工作层,各层主要内容与作用如下。

(1) 硬件层:是实景三维自然资源审批管理系统的物理载体,同时也是系统的技术支持环境和硬件环境。

(2) 数据层:实景三维自然资源审批管理系统的数据基础,主要功能是集成数据,包括土地资源要素山、水、林、田、湖、草以及其他基础地理要素等相关多源异构数据。

(3) 技术层:是系统的核心,其中自然资源要素三维实体数据模型设计与转换可为实现自然资源要素三维实体表达进行多维语义映射。自然资源要素一体化审批管理可高效地组织管理多元异质的自然资源要素三维实体数据,建立高效的数据索引,为实景三维 GIS 的自然资源审批管理系统提供技术支撑。

(4) 表现层:是提供自然资源审批管理系统的可视化时空展现,也可对不同类型属性的自然资源要素进行查询审批,从而提高自然资源管理审批效率。

(5) 用户工作层:面向终端用户,通过用户交互界面进行信息显示和查询,包括审批流程查询、可视化分析、监测预警分析、决策分析等操作。

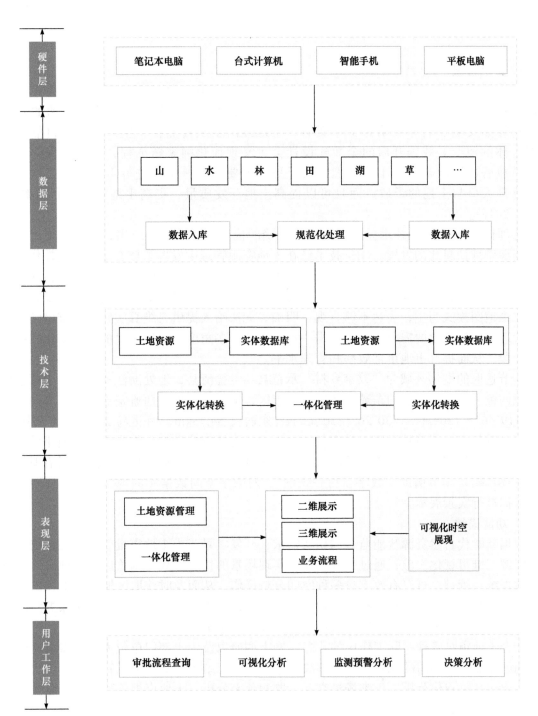

图 7-27　自然资源管理系统架构设计

7.3.3 可视化应用分析

1. 案例背景

土地资源是自然资源的重要组成部分之一，是人类生存、生产和发展过程中不可替代的物质基础，它不仅能为人类提供居住场所，而且可以满足人类社会活动的发展需要。自原始文明、农业文明到工业文明，土地经历了从自然物、生产资料到自然经济社会综合体的演变。我国开启的全面建设社会主义现代化国家新征程，进一步深化土地审批权"放管服"改革，对土地管理提出了更高的要求。科学地进行土地管理工作，不仅可以处理人口与土地的矛盾，而且可以提高土地开发质量，提高土地资源的利用率(郭仁忠等，2018)。

地理信息系统(GIS)技术凭借其高效、准确的优势得到了广泛应用，极大地促进了我国土地资源管理信息化的发展。GIS 技术已在土地资源管理中发挥了核心技术的支撑作用，并为我国的土地管理工作带来了全新的技术变革，尤其是 GIS 的空间处理和空间分析功能，为外业测绘数据采集和数据分析工作提供了有力基础。但是，现有的 GIS 技术在土地管理中大都以二维地图模式为主，表达不够直观、明确，无法给人提供三维真实感受，难以满足土地审批管理愈发精细化的需求，所以急需一种立体化、多角度和多比例尺的全数字化三维可视管理手段，从而提升土地审批效率和管理水平。

本节选取的案例区域为"数字乡村"示范县——德清县，地处浙江省北部，坐落于杭嘉湖平原西侧、天目山支脉的东麓。北连湖州市区，南接杭州市，西毗安吉县，东邻桐乡市；位于 119°46″～120°21″E，30°26″～30°42″N；东西长 54.75km，南北宽 29.75km，全县辖 11 个乡镇。近年来，德清县运用三维实景技术手段，将地理信息技术作为支撑应用建设的底层技术，在推动治理可视化和决策精准化上先行先试，形成了全域治理的县域空间治理数字化平台总体框架。本节借助"数字乡村一张图"，对数字空间数据库的现状数据、规划数据、三维数据进行实景展示。

2. 功能模块

根据新时代自然资源智能监管的切实需求，开发实景三维土地审批管理原型系统，开展自然资源三维可视化实验，通过三维可视化实现场景的快速加载与浏览以及多种自然资源的三维数据统一管理，可以有效支持多种空间分析操作，从而及时获取区域内山水林田湖草等自然资源现状、保护等监测数据，实现山水林田湖草全天候、实时化、常态化保护监控，从而优化自然资源管理机制，为管理人员的决策提供科学依据。

结合土地审批管理实际工作中的业务，网上调研以及国土部门单位人员的需求反馈，坚持以问题和需求为导向的原则，切实解决民生问题。三维土地资源审批管理业务功能模块的需求主要包括可视化分析、三维场景交互、监测预警分析、土地审批管理四大功能模块。系统主界面如图 7-28 所示。

1) 可视化分析

针对土地资源要素来源广泛、类型多样，单一传统的数据模型无法高效组织管理所有的土地资源数据的问题，在保留传统土地资源监管系统的二维可视化、信息图表的基础上，利

图 7-28　系统主界面

用实景三维 GIS 技术，根据高精度影像数据和地形数据构建真实三维场景，迅速采集并展示山水林田湖草信息，弥补现有的二维地图土地资源审批管理模式在三维实体空间结构关系表达和空间展示能力上存在的缺陷，以及难以满足复杂土地资源直观、立体化表达的不足。另外，随着地理空间数据更新周期不断加快和新型多传感器等数据获取装备与技术的不断发展，持续不断地采集土地资源时空信息成为可能。通过将时空过程信息与可视化技术相结合，以动态可视化的形式展示土地资源随时间变化而变化的动态过程，与传统的可视化分析方法相比可以更好地反映动态现象在时间上的趋势性、顺序性和可回溯性，具备更好的用户交互体验。根据不同的用户需求，管理系统提供多样性图层自定义管理，对影像图层、地形图层、模型图层等可分别控制显示和隐藏，一键切换到所需的地图底图场景，底图包括影像图、地形图、现状图、规划图等，快速得到所要查看的数据(地图)。

2017 年，习近平在主持召开中央全面深化改革领导小组第三十七次会议时强调："坚持山水林田湖草是一个生命共同体。"通过建立案例区的各土地资源要素模型，将二维土地资源图层信息、各类土地资源属性信息与三维模型准确套合，对山水林田湖草六种土地资源要素进行可视化显示(图 7-29 和图 7-30)，能够实现对土地资源二维数据与三维数据的联动展示与分析，并兼顾实现重点土地资源要素实体建模、可视化及管理、地下空间精细化管理等功能。

鉴于现今人类行为对于自然的改造作用，建设用地成为土地资源管理中的一个重要关注对象。系统通过对建筑(楼-层-户)、道路等典型地理对象的三维实体化表达，将实时传感网络捕获的城镇运行过程中的事件、行为以及状态信息与实体对象进行关联，以城市管理、社会管理和公众服务数据为核心，融合地名、文化、企业、经济、医疗、养老、人口、安全事件、交通、环境、购物等城市运行数据，辅助土地资源的管理(图7-31)。

2) 三维场景交互

良好的三维场景交互设计在保持原有功能的基础上可以削弱场景的复杂性，使人能够以更低的成本快速地构建对场景的认知。因此，基于用户对系统的使用需求，系统提供了放大、缩小、漫游、全图、平移、图层自定义管理等基本地图操作，根据用户浏览需求变换视角，分层级展示不同的地图细节层次，在优化交互展示效率的同时弥补了二维地图单一固定视角的不足，满足在三维场景中的沉浸式交互体验(图 7-32)。

图 7-29　林地实景三维可视化

图 7-30　水体可视化

图 7-31　乡村实景三维可视化

图 7-32　房屋产权单体化表达

此外，重点设计了与其他功能模块息息相关的查询功能。查询功能可以分为空间查询和属性查询，前者可以查询地物的空间属性和资源对象之间的包含、相邻、缓冲区等空间关系；后者可以显示资源对象的权属信息或根据需求按属性查询某一类资源对象。针对空间查询提供了在地图上量测坐标、距离、方向、面积等功能，可实现对某一地块面积的快速计算、统计和分析，对土地的征收、占用、规划、开发及违法利用等进行动态监管。属性查询主要展示地块的权属信息，实现三维土地资源数据场景可视化，违法建设用地全过程执法监察管理以及查询统计等功能。

3) 监测预警分析

建立面向国土空间的全天候监测与预警感知机制，是全面深化改革的一项创新性工作。从土地资源承载能力的科学内涵出发，以区域可持续发展为指向，探究资源、环境等构成的承载体-自然基础同承载对象-人类生产生活活动之间形成的"压力-状态-响应"过程，对规划实施过程和规划实施成效开展规划监督和规划评估，动态监测、发现问题、及时预警、定期评估，保证规划目标的实现，做到"触发红线、示警响应"具有重要意义。

　　该系统的监测预警分析模块利用遥感影像分析成果，按照上级部门下发的遥感图斑和定期获得的对自然资源要素疑似违法区域的实时动态监测结果，并结合移动巡查现场拍照确认，形成空天地互动监测手段，实时掌握自然资源要素状态，形成"动态监管、及时预警、定期评估"的管控闭环。通过多期实景三维数据直观对比，准确掌握土地资源利用与变化情况，如图 7-33 所示。

图 7-33　土地资源利用变化对比

4) 土地审批管理

　　在原有多规合一汇商中心的基础上，利用数字化平台强化衔接审查，推动规划的空间性内容实现"合一"，实现全县域覆盖的国土空间两级三类规划体系，包括总规层面的县域总体规划、乡镇级总体规划，专项层面的县级各类空间性专项规划，详规层面的控制性详细规划、村庄规划等，版本上覆盖新编规划及其修改调整成果，形成可以层层叠加打开的全县域国土空间规划"一张图"。

　　加快转变政府职能，推动审批流程再造，除传统的立项、规划、施工等正常流程外，以"标准+承诺"为原则，最大程度上精简审批环节，实行承诺制"标准化""全网办"，持续加强事中事后监管，探索建立"政府政策引导、企业信用承诺、监管服务并重"的投资审批管理模式。

　　建设用地指标管理按照年度设置最高限，设立控制新增建设用地总量、可占的农用地总量、耕地总量以及未利用地总量等指标；实时汇总计算复垦、开发、农田整理等土地综合整治项目验收的指标数据，用于建设用地审查报批占补平衡以及增减挂钩，实现保护耕地、限制建设用地过度增长的管理目标。管理平台界面如图 7-34 所示。

全域整治地指标管理

2020 ▼ 导出

整治指标(公顷)				
新建设用地总量(公顷)	农用地(公顷)	耕地(公顷)		未利用地(公顷)
		水田	草地	

全域整治指导详情　　　　　　　　　　　　　　　　　输入关键字搜索　搜索

序号	项目名称	验收文号	验收时间	新增建设用地总量(公顷)	农用地(公顷)	耕地(公顷)		未利用地(公顷)	验收耕地质量等级	指标划分
						水田	草地			
1										
2										
3										
4										
5										

图 7-34　建设用地指标管理模块界面

7.4　油气管线智慧综合管理

7.4.1　背景

　　油气管道跨越距离长，常经过各种复杂区域，加大了建设施工与运维管理难度。如中缅油气管道工程，管道包括"五干三支"，总里程达 1447.26km。管道沿线涉及大量的地理信息参数，且油气管道生命周期受自身腐蚀、外界恶劣环境、人类活动等因素影响较大，需要及时对存在安全隐患的地段进行排查，实现油气管道的信息化管理。但由于管道周边地形环境条件复杂多变，不利于管道沿线现场排查，且管道线路条数多、作业区域大、总里程长，加之管道附属站点等各类信息种类繁杂、数量众多，油气管道信息化管理中的可视化效率低、认知效果差。为提升管道数据信息化管理能力，完善管道数据信息化管理体系，急需开展输油气管道信息可视化方法研究，为输油气管道信息化管理提供支撑(刘瑞凯和吴明，2011；李振东，2018)。

7.4.2　框架设计

　　管理平台架构由数据层、技术层、功能层、应用层构成，如图 7-35 所示。数据层包括地形影像数据、专题信息数据、用户信息数据、移动巡检数据等，通过数据库技术进行管理组织，为上层应用提供数据支撑；技术层包括三维 GIS 技术、数据共享技术、数据库技术、组件开发技术、时空过程模拟技术；功能层包括数据库管理、视图缩放、文件管理、应急预案、信息查询以及高后果区管理；应用层包括数据管理、专题信息展示、漏油溯源、拦截点设置、用户管理、信息共享、移动巡检等。

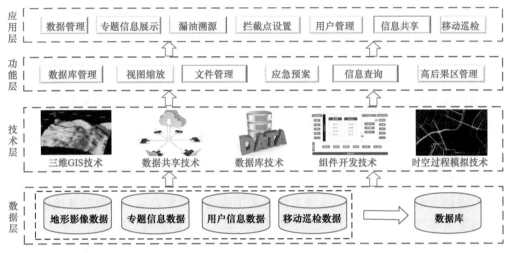

图 7-35　油气管道信息化管理平台架构

7.4.3　可视化应用分析

1. 长输油气管道可视化

长输油气管道管理平台包含大量繁杂的对象，包括原油、成品油、天然气等不同类型的管道，管道沿线设置的不同作业区域不同类型的站点，管道经过不同区域时所受到的不同级别的风险，管道周边河流、湖泊、隧道等不同类型的地物，管道沿线各处泄漏可能造成的不同损失和后果，管道沿线预先设置的应急抢险点，管道各分段所指派的负责人，管道经过区域的地名、流域名、作业区名称等，需要表达的内容种类多、信息量大，因此依据空间信息可视化技术，结合项目实际，划分点状、线状、面状信息。不同划分信息类型的示例对象及其对应符号如表 7-4 所示。

表 7-4　长输油气管道信息可视化表达对象

信息类型	示例对象名称	对应符号
点状信息	管道沿线站点	
	穿越隧道标识	
	油品泄漏后果等级	
	成品油、原油穿越河流点	
	水域、水电站等地物	

续表

信息类型	示例对象名称	对应符号
线状信息	成品油、原油管线	———————— ————————
面状信息	不同等级风险区域	

　　站点图标参考标准规范，避免创新设计图标带来的认知困难，采用相关专业人员更熟悉更能接受的图标，为用户提供清晰的信息表达；隧道图标设计采用形象化符号设计，以及对应穿越的管道类型符号颜色作为信息补充，可为用户提供更加丰富的信息；水电站、湖泊等重要环境保护点，受到长输油气管道管理专业人员的重点关注，形象化的图标设计使得用户更容易理解；油品管道数据，用户主要关心管道的位置及走向，为减少用户认知难度，采用标准颜色配置的矢量线进行表示；风险等级、流域范围等采用透明面要素表示，避免对其他重要信息的遮挡、造成避重就轻的困境；管道走向趋势说明箭头加文字，信息表达清晰。

　　为了清晰展示管道所处位置的河流湖泊地形地貌等自然类信息，以及人口城镇分布等社会经济类信息，采用空间信息可视化常用的三维图形图像学方法，根据地形和影像数据构建真实地表三维场景，实现基础地理信息的三维可视化表达。为了实现管理人员对管道全线的总体把握，将可视化结果划分为可在不同约束条件下进行表达，如分作业区表达、分管线类型表达、分泄漏影响范围表达、分穿越水系表达等。通过提取指定信息来达到用较少的信息量进行更准确的表达的结果，同时减小管理人员面对大量信息时的判读识别难度，如溯源查询时显示漏油流向终点，交互查询显示时，高亮、闪烁、渐变显示等。

　　高后果区是指油气管道经过人员密集场所或者特定场所的区域。油气管道一旦发生泄漏，有可能对公众和环境造成极大不良影响甚至严重后果，对高后果区进行信息可视化是油气管道运行和安全管理的重要保障(图 7-36)。

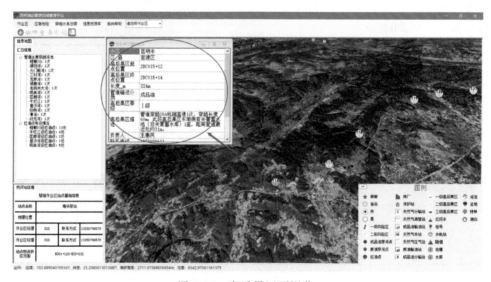

图 7-36　高后果区可视化

　　"风险分级"以地质灾害、人为活动等易发性、危害性作为分级依据，长输油气管道沿线的风险等级将风险等级由高到低分为Ⅰ、Ⅱ、Ⅲ级。与高后果区不同，风险分级指管道发生泄漏后管道的风险等级，而高后果区风险等级指管道泄漏后周边重要区域受影响程度(图 7-37)。

　　油品一旦发生泄漏，急需快速查找到漏油具体位置，以便尽快进行抢修处理。"溯源查询"通过对漏油点及上游流经路径的自动查询并高亮显示可视化，实现漏油位置的快速排查定位(图 7-38)。如果是原油，溯源查询的结果以黑色显示；如果是成品油，则以紫色显示。

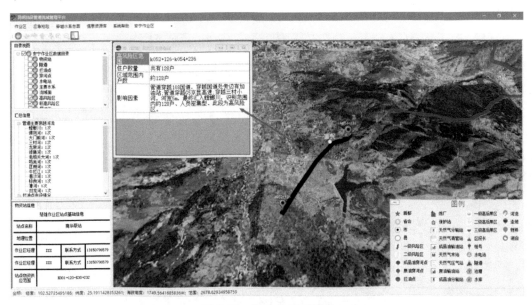

图 7-37　风险分级可视化

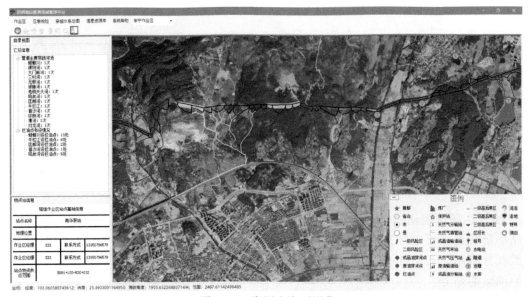

图 7-38　溯源查询可视化

长输油气管道不可避免地要穿越不同规模的河沟，水毁灾害是威胁长输油气管道安全运行最主要的地质灾害类型。通过长输油气管道河沟道水毁灾害空间信息可视化，对管道沿线地质灾害信息化管理、动态预警预报以及管道维修抢修决策支持有着重要的现实意义(图 7-39)。

油气长输管道多穿越人口密集区及生态敏感区，其发生泄漏将造成严重的安全、环保事故、人员伤亡和经济损失。为实现油气长输管道安全运行，需加强和完善管道安全信息的表达，有效监控各类安全风险隐患，预防重大安全生产事故的发生，确保管道安全可控(图 7-40)。

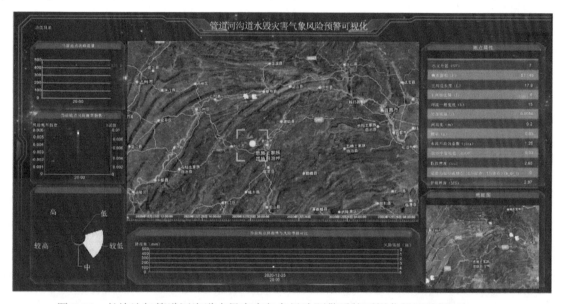

图 7-39   长输油气管道河沟道水毁灾害气象风险预警系统可视化界面(刘海兰，2021)

图 7-40   高后果区全景化管理(孙伟，2021)

2. 油气站场可视化

站场指管道工程中各类工艺站场的统称，其存储着大量应急抢险物资，站场类型主要分为天然气分输站、天然气清管站、天然气末站、天然气压气站、成品油输油站、成品油分输站、原油输油站等。

"智慧站场"是基于网络技术和信息技术发展起来的一种站场信息管理模式，将站场的静态数据(坐标、占地面积、建筑属性及设备参数等)和动态数据(流量、压力及功率等)交由统一的数据库进行管理，可以实现跨平台、跨系统数据获取，多源异构数据存储、集成与分析，并以直观的三维场景代替现实中抽象的地图符号进行展示，达到信息管理从片面到具体、从整体到局部、从静止到动态的跨越(图 7-41)。

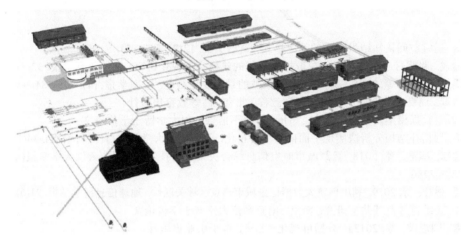

图 7-41　油气站场三维场景可视化(张凤丽，2019)

3. AR 地下管网可视化

在移动 GIS 应用中引入增强现实技术，使得地理要素的识别更具直观性。事实上，在地下管线信息可视化中，人们往往更加注重管线的走向、相互位置以及管道本身的属性，而不是其周边环境，因此利用增强现实技术可以省去对周边环境的建模，也使得用户能更加直观地获取地下管线信息。

PipeAR 系统结合了移动 GIS 技术和增强现实技术，形成一套针对城市地下管线的管理及可视化方法。借助移动 GIS 技术，用户可以随时随地对管线进行定位、管理，通过增强现实技术将管线的位置直观地显示给用户，同时依托空间数据库，准确地显示管线属性信息(图 7-42)。

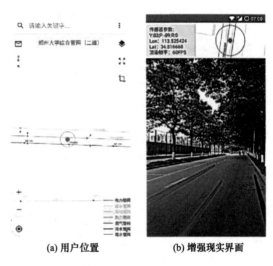

(a) 用户位置　　(b) 增强现实界面

图 7-42　郑州大学地下管线管理(李健等，2019)

主要参考文献

艾廷华. 2008. 适宜空间认知结果表达的地图形式. 遥感学报, 12(2): 347-354.

毕硕本, 贡毓成, 路明月, 等. 2020. 气象数据标量场的建模与可视化研究. 系统仿真学报, 32(7): 1331-1340.

布仁仓, 常禹, 胡远满, 等. 2005. 基于 Kappa 系数的景观变化测度. 生态学报, (4): 778-784, 945.

蔡孟裔, 毛赞猷, 周良, 等. 2000. 新编地图学教程. 北京: 高等教育出版社.

曹闻. 2011. 时空数据模型及其应用研究. 郑州: 解放军信息工程大学博士学位论文.

陈丽娜. 2009. 用拓扑结构分析法实现平面向量场可视化. 西南民族大学学报(自然科学版), 34(1): 183-186.

陈能成, 刘迎冰, 盛浩, 等. 2018. 智慧城市时空信息综合决策关键技术与系统. 武汉大学学报(信息科学版), 43(12): 2278-2286.

陈锐, 陈明剑, 姚翔, 等. 2019. 利用导航大数据挖掘城市热点区域关联性. 地球信息科学学报, 21(6): 826-835.

陈泰生. 2011. 三维符号及其共享研究. 南京: 南京师范大学博士学位论文.

陈为, 沈则潜, 陶煜波, 等. 2013a. 数据可视化. 北京: 电子工业出版社.

陈为, 张嵩, 鲁爱东. 2013b. 数据可视化的基本原理与方法. 北京: 科学出版社.

陈燕燕. 2012. 知识可视化中视觉隐喻及其思维方法. 现代教育技术, 22(6): 16-19.

陈毓芬. 2000. 地图空间认知理论研究. 郑州: 解放军信息工程大学博士学位论文.

陈月莉. 2005. 三维动画地图中的视觉变量及若干表示方法研究. 武汉: 武汉大学硕士学位论文.

迟光华, 谢君, 李强, 等. 2013. 一种用于制定多层多出口的室内应急疏散规划的方法. 遥感信息, 28(6): 116-120, 124.

崔鹏, 邹强. 2016. 山洪泥石流风险评估与风险管理理论与方法. 地理科学进展, 35(2): 137-147.

崔铁军, 等. 2017. 地理空间数据可视化原理. 北京: 科学出版社.

邓雪, 李家铭, 曾浩健, 等. 2012. 层次分析法权重计算方法分析及其应用研究. 数学的实践与认识, 42(7): 93-100.

丁尔苏. 1994. 论皮尔士的符号三分法. 四川外语学院学报, (3): 10-14.

丁宇萍, 蒋球伟. 2011. 地貌晕渲图的生成原理与实现. 计算机应用与软件, 28(9): 214-216.

董少春, 种亚辉, 胡欢, 等. 2019. 基于时序 InSAR 的常州市 2015-2018 年地面沉降监测. 南京大学学报(自然科学版), 55(3): 370-380.

樊玲玲. 2011. 真三维环境下空间信息可视化及三维认知与交互研究. 北京: 北京邮电大学硕士学位论文.

方成, 江南. 2018. 全空间信息系统的空间认知模型研究. 测绘与空间地理信息, 41(12): 61-64, 67.

方雷, 姚申君, 包航成, 等. 2019. 遥感影像并行处理的数据划分及其路径优化算法. 测绘学报, 48(5): 572-582.

付怡然, 朱军, 龚竟, 等. 2019. 多尺度泥石流灾害 Web 数据模拟与三维可视化. 地理空间信息, 17(5): 60-63.

高俊. 2004. 地图学四面体——数字化时代地图学的诠释. 测绘学报, 33(1): 6-11.

高俊, 龚建华, 鲁学军, 等. 2008. 地理信息科学的空间认知研究(专栏引言). 遥感学报, (2): 338.

高玉荣, 朱庆, 应申, 等. 2005. GIS 中三维模型的视觉变量. 测绘科学, (3): 41-43, 4.

葛瑶, 鲁大营. 2020. 基于纹理的流场可视化方法研究综述. 曲阜师范大学学报(自然科学版), 46(3): 77-84.

耿庆柱. 2014. 山洪诱发中小型水库溃坝洪水风险分析研究. 天津: 天津大学硕士学位论文.

龚建华, 李文航, 张国永, 等. 2018. 增强地理环境中过程可视化方法——以人群疏散模拟为例. 测绘学报, 47(8): 1089-1097.

古光伟. 2014. 三维地理空间模型符号化研究. 西安: 西安科技大学硕士学位论文.

管群, 卢晃安. 2007. 面向对象流团模型的应用研究. 计算机技术与发展, 17(12): 184-186.

郭仁忠, 罗平, 罗婷文. 2018. 土地管理三维思维与土地空间资源认知. 地理研究, 37(4): 649-658.

郭煜坤, 朱军, 付林, 等. 2020. 一种面向公众教育的滑坡灾害可视化视觉表征方法. 武汉大学学报(信息科学版), 45(9): 1378-1385.

韩李涛, 郭欢, 张海思. 2018. 一种多出口室内应急疏散路径规划算法. 测绘科学, 43(12): 105-110.

韩敏, 孟宇, 顾峰峰, 等. 2006. VR 技术在扎龙湿地三维洪水仿真系统中的应用. 计算机工程与应用, 42(5): 185-188.

韩莹, 苏鑫昊, 王帅. 2017. 基于 3Ds Max 与 Unity3D 三维高层火灾逃生场景建模. 信息与电脑(理论版), (6): 94-96.

韩玉昌. 2000. 眼动仪和眼动实验法的发展历程. 心理科学, (4): 454-457.

何秋玲. 2019. 基于多源多时相遥感数据的山体滑坡过程可视化模拟. 成都: 西南交通大学硕士学位论文.

何思明, 白秀强, 欧阳朝军, 等. 2017. 四川省茂县叠溪镇新磨村特大滑坡应急科学调查. 山地学报, 35(4): 598-603.

胡德勇. 2020. 基于数据手套的动态手势识别研究. 大连: 大连海事大学硕士学位论文.

胡亚, 朱军, 李维炼, 等. 2018. 移动 VR 洪水灾害场景构建优化与交互方法. 测绘学报, 47(8): 1123-1132.

胡最, 汤国安, 闾国年. 2012. GIS 作为新一代地理学语言的特征. 地理学报, 67(7): 867-877.

季渊, 余云森, 高钦, 等. 2019. 基于人眼视觉特性的硅基 OLED 微显示器系统. 光子学报, 48(4): 63-70.

姜素华, 庄博, 刘玉琴, 等. 2004. 三维可视化技术在地震资料解释中的应用. 中国海洋大学学报(自然科学版), (1): 147-152.

荆其诚, 焦书兰, 纪桂萍. 1980. 人类的视觉. 北京: 科学出版社.

雷洪, 胡许冰. 2016. 多核并行高性能计算. 北京: 冶金工业出版社.

雷金树, 王松, 朱东, 等. 2019. 基于游标模型的沉浸式医学可视化非接触式手势交互方法. 计算机辅助设计与图形学学报, 31(2): 208-217.

雷婉婧. 2017. 数据可视化发展历程研究. 电子技术与软件工程, (12): 195-196.

黎夏, 叶嘉安. 2004. 知识发现及地理元胞自动机. 中国科学(D 辑:地球科学), (9): 865-872.

李成名, 王继周, 马照亭. 2008. 数字城市三位地理空间框架原理与方法. 北京: 科学出版社.

李德仁. 2018. 脑认知与空间认知——论空间大数据与人工智能的集成. 武汉大学学报(信息科学版), 43(12): 8-14.

李德仁, 李明. 2014. 无人机遥感系统的研究进展与应用前景. 武汉大学学报 (信息科学版), 39(5): 505-513, 540.

李德仁, 邵振峰, 杨小敏. 2011. 从数字城市到智慧城市的理论与实践. 地理空间信息, (6): 1-5.

李德仁, 邵振峰, 于文博, 等. 2020. 基于时空位置大数据的公共疫情防控服务让城市更智慧. 武汉大学学报(信息科学版), 45(4): 475-487, 556.

李德仁, 王密, 沈欣, 等. 2017. 从对地观测卫星到对地观测脑. 武汉大学学报(信息科学版), 42(2): 143-149.

李海生. 2010. Delaunay 三角剖分理论及可视化应用研究. 哈尔滨: 哈尔滨工业大学出版社.

李健, 王顺利, 潘华, 等. 2019. 基于移动终端的增强现实地下管线可视化技术. 郑州大学学报(理学版), 51(3): 115-119.

李杰. 2015. 地理观测数据时空可视化方法研究. 天津: 天津大学博士学位论文.

李谦升. 2017. 城市信息可视化设计研究. 上海: 上海大学博士学位论文.

李少梅, 孙群. 2003. 数字制图中地貌晕渲技术的发展现状. 测绘通报, (1): 18-21.

李思昆, 蔡勋, 王文珂. 2013. 大规模流场科学计算可视化. 北京: 国防工业出版社.

李维炼, 朱军, 黄鹏诚, 等. 2020. 不同可视化方法对泥石流灾害信息认知影响对比分析. 灾害学, 35(2): 230-234.

李伟峰, 张久昌, 宁林祥, 等. 2020. 基于数据手套的仿生机械手控制与示教再现. 铸造技术, 41(9): 861-866.

李艳. 2018. 符号化与真实感协同的地震灾情信息可视化方法. 成都: 西南交通大学硕士学位论文.

李有生. 2017. 视觉设计思维与造物. 长春: 吉林文史出版社.

李振东. 2018. 长输油气管道完整性管理信息化实践. 石化技术, 25(1): 252.

李志林, 朱庆. 2003. 数字高程模型. 武汉: 武汉大学出版社.

李忠. 2015. 溃坝洪水时空过程三维动态可视化关键技术研究. 成都: 成都理工大学硕士学位论文.

梁娟珠, 许文鑫, 周玉科. 2019. 基于遗传算法防重叠冲突的地图点标注方法研究. 地理与地理信息科学, 35(2): 6-11.

梁立为, 苟伟强, 王佐军, 等. 2014. 多维气象信息显示与叠加及动画实现. 电脑编程技巧与维护, (6): 85-87, 94.

廖克. 2003. 现代地图学. 北京: 科学出版社.

林一, 陈靖, 周琪, 等. 2015. 移动增强现实浏览器的信息可视化和交互式设计. 计算机辅助设计与图形学学报, (2): 320-329.

刘波, 徐学文. 2008. 可视化分类方法对比研究. 情报杂志, (2): 28-30.

刘超. 2016. 复杂约束等值线图填充方法研究与实现. 成都: 电子科技大学博士学位论文.

刘海兰, 韩俊杰, 苏维伟, 等. 2021. 长输油气管道河沟道水毁灾害气象风险预警系统的设计与实现. 安全与环境工程, 28(1): 156-162, 190.

刘合翔. 2020. 可视化应用的评估方法研究综述. 现代情报, 40(4): 148-158.

刘佳惠, 迟健男, 尹怡欣. 2021. 基于特征的视线跟踪方法研究综述. 自动化学报, 47(2): 252-277.

刘林, 常福宣, 肖长伟, 等. 2016. 溃坝洪水研究进展. 长江科学院院报, 33(6): 29-35.

刘其真, 冯卫华, 王浩军, 等. 1992. 用探空数据自动生成气象流线图. 数值计算与计算机应用, (4): 281-286.

刘茜, 李凤霞, 李仲君, 等. 2015. 面向大规模信息可视化分析的空间优化交互方法. 系统工程理论与实践, 35(10): 2544-2549.

刘瑞凯, 吴明. 2011. GIS技术在长输油气管道风险分析与决策中的应用. 当代化工, (9): 66-68.

刘微, 周廷刚, 胡金星, 等. 2012. 三维数字城市建筑物实时动态查询系统的设计与实现. 西南大学学报(自然科学版), 34(5): 108-112.

刘文晓. 2019. 基于WebGL的大体量三维模型渲染优化. 武汉: 华中科技大学硕士学位论文.

刘杨, 程朋根. 2014. 基于ArcEngine与Skyline的二三维联动GIS系统的设计研究. 安徽农业科学, 42(36): 13119-13121.

鲁学军, 秦承志, 张洪岩, 等. 2005. 空间认知模式及其应用. 遥感学报, (3): 277-285.

陆守一. 2004. 地理信息系统. 北京: 高等教育出版社.

罗珞珈, 郭岩, 王洋, 等. 2017. 利用鱼眼视图的轨迹可视化方法. 重庆大学学报, 40(5): 81-87.

罗秋明, 李昀, 陶耀东, 等. 2012. 大规模分布式系统的节点扰动及周期性分析. 小型微型计算机系统, 33(3): 466-471.

马晓辉, 周洁萍, 龚建华, 等. 2019. 面向室内应急疏散标识的VR眼动感知实验与布局评估. 地球信息科学学报, 21(8): 1170-1182.

孟华君, 姜元俊, 张向营, 等. 2017. 地震扰动区碎石土滑坡滑动能力分析及预测. 人民长江, 48(14): 45-49, 54.

苗岭. 2018. 虚拟现实眼动系统在环境交互设计中的研究. 包装工程, 39(22): 274-281.

明悦. 2015. 视听媒体感知与识别. 北京: 北京邮电大学出版社.

倪鸿雁, 陈绪兵, 杨凯. 2017. 油气站场三维可视化在线监控系统研究. 石化技术, 24(9): 79-81.

宁津生. 2004. 测绘学概论. 武汉: 武汉大学出版社.

潘国荣. 2005.基于时间序列分析的动态变形预测模型研究. 武汉大学学报(信息科学版), (6): 483-487.

彭艺, 陈莉, 雍俊海. 2013.大规模、时变数据的体绘制与特征追踪. 计算机辅助设计与图形学学报, 25(11): 1614-1622,1634.

戚森昱, 杜京霖, 钱沈申, 等. 2015. 多维数据可视化技术研究综述. 软件导刊, 14(7): 15-17.

秦勃, 李兵, 王庆江. 2010. 基于物理特征的平面流场拓扑简化算法. 中国海洋大学学报(自然科学版), 40(2): 95-98.

秦绪佳, 张勤锋, 陈坚, 等. 2012.GPU 加速的台风可视化方法. 中国图象图形学报, 17(2): 293-300.

邱玲玲. 2008. 可视化与非可视化教学方法对不同文章背景知识的教学效果的实证性研究. 贵阳: 贵州大学硕士学位论文.

任磊, 杜一, 马帅, 等. 2014. 大数据可视分析综述. 软件学报, 25(9): 1909-1936.

任磊, 王威信, 滕东兴, 等. 2008. 面向海量层次信息可视化的嵌套圆鱼眼视图. 计算机辅助设计与图形学学报, 20(3): 298-303.

任治国, 盖文静, 金嘉磊, 等. 2013. 面向动态场景视频的虚拟行人路径规划. 计算机辅助设计与图形学学报, 25(4): 433-441.

阮舜毅. 2020. 洪水灾害混合现实可视化模拟及场景加载优化方法研究. 赣州: 江西理工大学硕士学位论文.

芮小平, 于雪涛. 2016. 地学空间信息建模与可视化. 北京: 电子工业出版社.

佘平. 2019. 基于导航网格的室内火灾逃生路径动态规划. 成都: 西南交通大学硕士学位论文.

史文中, 吴立新, 李清泉, 等. 2007. 三维空间信息系统模型与算法. 北京: 电子工业出版社.

孙福玉. 2020. 全息投影技术的地质应用. 科技创新与应用, (18): 195-196.

孙敏, 陈秀万, 张飞舟, 等. 2004. 增强现实地理信息系统. 北京大学学报(自然科学版), (6): 906-913.

孙伟. 2021. 油气长输管道安全监控预警系统设计与实现. 安全、健康和环境, 21(3): 32-34, 61.

谭章禄, 肖懿轩, 吴琦. 2019. 煤矿安全生产调度信息可视化方式选择评价研究. 矿业研究与开发, 39(4): 138-143.

汤国安. 2014. 我国数字高程模型与数字地形分析研究进展. 地理学报, 69(9): 1305-1325.

唐昊, 刘建波, 葛双全, 等. 2019. 一种二三维联动地理信息系统的实现. 科学技术与工程, 19(32): 37-42.

唐晋生, 黄雪梅, 周伟中, 等. 2008. 关于电磁理论中矢量符号法的一些研究. 电子科技大学学报, (1): 84-85, 100.

唐尧, 王立娟, 赵娟, 等. 2020. 遥感技术在 "6•17"丹巴堵江泥石流灾害链灾区应急救援抢险决策中的应用. 中国地质调查, 7(5): 114-122.

唐泽圣, 等. 1999. 三维数据场可视化. 北京: 清华大学出版社.

田苗, 王鹏新, 严泰来, 等. 2012. Kappa 系数的修正及在干旱预测精度及一致性评价中的应用. 农业工程学报, 28(24): 1-7.

田宜平, 翁正平, 何珍文, 等. 2015. 地学三维可视化与过程模拟. 武汉: 中国地质大学出版社.

万晨晖. 2020. 基于计算机视觉的全向运动平台测量与控制研究. 成都: 电子科技大学硕士学位论文.

汪汇兵, 唐新明, 欧阳斯达, 等. 2013. 地理时空过程动态可视化表达的目标与实践. 测绘科学, 38(6): 85-87.

汪前进, 高勇, 李存华. 2012. 基于多核处理器的多任务并行处理技术研究. 计算机应用与软件, 29(7): 141-143, 153.

王峰. 2019. 我国高速铁路智能建造技术发展实践与展望.中国铁路, (4): 1-8.

王怀晖. 2015. 基于特征的复杂流场纹理可视化关键技术研究. 长沙: 国防科学技术大学博士学位论文.

王辉, 吴鸣, 肖永红, 等. 2012. 图书馆系统的用户测试组织案例研究——以中国科学院国家科学图书馆可视化系统为例. 图书情报工作, 56(3): 71-74.

王继忠. 2015. 基于 ArcMap 与 Skyline 二三维联动系统设计与实现. 科技资讯, 13(3): 29, 31.

王家耀. 2001. 空间信息系统原理. 北京: 科学出版社.

王家耀. 2005. 地图学与地理信息工程研究. 北京: 科学出版社.

王家耀, 陈毓芬. 2000. 理论地图学. 北京: 解放军出版社.

王建华. 2002. 空间信息可视化. 北京: 测绘出版社.

王杰栋. 2020. 地理时空数据模型研究及应用综述. 浙江国土资源, (5): 44-45.

王金宏. 2014. 基于 GPU-CA 模型的溃坝洪水实时模拟与分析. 成都: 西南交通大学硕士学位论文.

王劲峰, 葛咏, 李连发, 等. 2014. 地理学时空数据分析方法. 地理学报, 69(9): 1326-1345.

王磊. 2017. 数据中心三维可视化运行服务平台编辑器的设计与实现. 北京: 中国科学院大学硕士学位论文.

王攀. 2013. 大规模数据并行可视化关键技术研究. 长沙: 国防科学技术大学博士学位论文.

王淑芳, 周俊, 孟广文, 等. 2020. "一带一路"地缘经济的研究现状与热点——基于文献计量法和知识图谱分析. 经济地理, 40(12): 1-11.

王松, 吴斌, 吴亚东. 2018. 感知增强类流场可视化方法研究与发展. 计算机辅助设计与图形学学报, 30(1): 30-43.

王同军. 2018. 智能铁路总体架构与发展展望. 铁路计算机应用, 27(7): 1-8.

王伟, 周新春, 张国学. 2014. 面向灾害天气的三维动态仿真方法研究. 人民长江, 45(2): 42-45.

王伟星, 龚建华. 2009. 地学知识可视化概念特征与研究进展. 地理与地理信息科学, 25(4): 1-7.

王晓敏. 2020. 信息可视化视觉表征的传达设计研究. 大连: 辽宁师范大学硕士学位论文.

王学良, 李建一. 2011. 基于层次分析法的泥石流危险性评价体系研究. 中国矿业, 20(10): 113-117.

王逸男, 孔祥兵, 赵春敬, 等. 2022. 2000—2020 年黄土高原植被覆盖度时空格局变化分析. 水土保持学报, 36(3): 130-137.

王英杰, 袁勘省, 余卓渊. 2003. 多维动态地学信息可视化. 北京: 科学出版社.

王瑜. 2020. 多出口室内火灾人群疏散模拟方法. 成都: 西南交通大学硕士学位论文.

王泽, 彭梦瑶, 许宏巍. 2020. 博物馆青铜器文物的信息可视化设计. 湖南包装, 35(5): 57-61.

王占刚, 庄大方, 王勇. 2014. 历史事件时空过程描述及其可视化研究. 计算机工程, 40(11): 50-55.

魏园. 2015. 复杂系统数字界面信息可视化中的交互设计研究. 南京: 东南大学硕士学位论文.

夏玲. 2021. 数据可视化中的视觉编码研究及应用实例. 大众文艺(学术版), (18): 220-221.

夏旭晖. 2021. 大数据可视化理论及技术. 产业创新研究, (8): 98-100.

信睿, 艾廷华, 何亚坤. 2017. Gosper 地图的非空间层次数据隐喻表达与分析. 测绘学报, 46(12): 2006-2015.

徐丰, 牛继强. 2014. 空间数据多尺度表达的不确定性分析模型. 武汉: 武汉大学出版社.

徐华勋. 2011. 复杂流场特征提取与可视化方法研究. 长沙: 国防科学技术大学博士学位论文.

徐华勋, 李思昆, 蔡勋, 等. 2013. 基于特征的矢量场自适应纹理绘制. 中国科学(F 辑: 信息科学), 43(7): 872-886.

徐永顺. 2017. 浅析基于隐喻思维的信息可视化设计方法. 数字技术与应用, (3): 181.

许强, 李为乐, 董秀军, 等. 2017. 四川茂县叠溪镇新磨村滑坡特征与成因机制初步研究. 岩石力学与工程学报, 36(11): 2612-2628

许文宁, 王鹏新, 韩萍, 等. 2011. Kappa 系数在干旱预测模型精度评价中的应用. 自然灾害学报, 20(6): 81-86.

杨建芳, 高岩, 李丽花. 2011. 多出口建筑物突发事件应急疏散模型和算法. 系统工程理论与实践, 31(S1): 147-153.

杨军, 贾鹏, 周廷刚, 等. 2011. 基于 DEM 的洪水淹没模拟分析及虚拟现实表达. 西南大学学报(自然科学版), 33(10): 143-148.

杨丽霞. 2014. 地理信息系统实验教程. 杭州: 浙江工商大学出版社.

杨秋丽, 魏建新, 郑江华, 等. 2019. 离散点云构建数字高程模型的插值方法研究. 测绘科学, 44(7): 16-23.

杨洋洋, 周志国, 谢谚, 等. 2018. 输油管道水面溢油应急预案编制研究. 安全、健康和环境, 18(3): 32-36.

殷爱生, 夏承斋. 2014. 汶川七盘沟泥石流灾害特点、成因与防治. 江淮水利科技, (5): 28-30.

尹灵芝. 2018. 用于泥石流灾害快速风险评估的实时可视化模拟分析方法. 成都: 西南交通大学博士学位论文.

尹灵芝, 朱军, 王金宏, 等. 2015. GPU-CA 模型下的溃坝洪水演进实时模拟与分析. 武汉大学学报(信息科学版), 40(8): 1123-1129, 1136.

雍军. 2016. 浅谈滑坡的形成条件及影响因素. 地球, (7): 393-393, 299.

袁浩, 胡士磊, 徐彦, 等. 2020. 运动类 APP 的信息可视化界面设计研究. 包装工程, 41(18): 236-241.

曾超, 崔鹏, 葛永刚, 等. 2014. 四川汶川七盘沟 "7•11" 泥石流破坏建筑物的特征与力学模型. 地球科学与环境学报, 36(2): 81-91.

曾悠. 2014. 大数据时代背景下的数据可视化概念研究. 杭州: 浙江大学硕士学位论文.

张本昀, 于甦新, 陈常优. 2006. 地理研究者的地图空间认知过程. 地域研究与开发, 25(6): 99-103.

张凤军, 戴国忠, 彭晓兰. 2016. 虚拟现实的人机交互综述. 中国科学(F 辑: 信息科学), 46(12): 23-48

张凤丽, 于昊天, 叶伦宽, 等. 2019. 基于 3Ds Max 和 ArcGIS 的油气站场三维可视化信息系统开发. 油气储运, 38(10): 1170-1175.

张杰, 周寅康, 李仁强, 等. 2009. 土地利用/覆盖变化空间直观模拟精度检验与不确定性分析——以北京都市区为例. 中国科学(D 辑:地球科学), 39(11): 1560-1569.

张菊, 胡庆武. 2018. 基于空中全景的桥梁施工进度可视化管理方法研究. 公路, 63(11): 127-131.

张蓉. 2021.中国居民城际出行网络空间结构特征研究. 兰州: 西北师范大学硕士学位论文.

张尚弘, 李丹勋, 张大伟, 等. 2011. 基于虚拟现实的城市溃堤洪水淹没过程仿真. 水力发电学报, 30(3): 104-108.

张薇薇. 2009. 基于隐喻视角的信息可视化系统比较研究. 图书情报工作, 53(14): 118-121.

张翔. 2015. 基于 WebGIS 的多样化终端洪水时空过程模拟与可视化. 成都: 西南交通大学硕士学位论文.

张卓, 宣蕾, 郝树勇. 2010. 可视化技术研究与比较. 现代电子技术, 33(17): 133-138.

赵新灿, 左洪福, 任勇军. 2006. 眼动仪与视线跟踪技术综述. 计算机工程与应用, (12): 118-120, 140.

郑坤, 王镕, 李芬蕾. 2014. 基于 GPU 的风暴数据场多维纹理混合绘制. 计算机工程与应用, 50(17): 173-177.

钟燃. 2013. 基于元胞自动机和多智能体的溃决时空分析模型. 成都: 西南交通大学硕士学位论文.

仲佳, 王永, 韩海丰, 等. 2016. 制作小幅面地貌晕渲鸟瞰图的方法讨论. 测绘通报, (3): 130-133.

周成虎. 1999. 数字地球与区域可持续发展. 科学与社会, (4): 40-41.

周启鸣, 刘学军. 2006. 数字地形分析. 北京: 科学出版社.

周忠, 周颐, 肖江剑. 2015. 虚拟现实增强技术综述. 中国科学(F 辑: 信息科学), 45(2): 157-180.

朱军, 付林, 李维炼, 等. 2020. 知识引导的滑坡灾害场景动态表达方法. 武汉大学学报(信息科学版), 45(8): 1255-1262.

朱军, 尹灵芝, 曹振宇, 等. 2015. 时空过程网络可视化模拟与分析服务——以溃坝洪水为例. 地球信息科学学报, 17(2): 215-221.

朱励哲. 2016. 数据可视化中的交互设计研究. 武汉: 武汉理工大学硕士学位论文.

朱庆, 付萧. 2017. 多模态时空大数据可视分析方法综述. 测绘学报, 46(10): 1672-1677.

朱庆, 胡明远, 许伟平, 等. 2014. 面向火灾动态疏散的三维建筑信息模型. 武汉大学学报(信息科学版), 39(7): 762-766.

Amar R, Eagan J, Stasko J. 2005. Low-level components of analytic activity in information visualization. Information Visualization, 2005. Minneapolis, USA.

Alhakamy A A, Tuceryan M. 2020. Real-time illumination and visual coherence for photorealistic augmented/mixed reality. ACM Computing Surveys (CSUR), 53(3):1-34.

Andrienko G, Andrienko N, Demsar U, et al. 2010. Space, time and visual analytics. International Journal of Geographical Information Science, 24(10): 1577-1600.

Andrienko N, Andrienko G, Gatalsky P. 2003. Exploratory spatio-temporal visualization: An analytical review. Journal of Visual Languages & Computing, 14(6): 503-541.

Bastani B, Turner E, Vieri C, et al. 2017. Foveated pipeline for AR/VR head‐mounted displays. Information Display, 33(6): 14-35.

Bodum L. 2005. Modelling Virtual Environments for Geovisualization: A Focus on Representation. London: Elsevier.

Bowman D, Kruijff E, LaViola J, et al. 2004. 3D User Interface: Theory and Practice. Boston: Addison-Wesley Professional.

Brehmer M, Munzner T. 2013. A multi-level typology of abstract visualization tasks. IEEE Transactions on Visualization and Computer Graphics, 19(12): 2376-2385.

Bunch R L, Lloyd R E. 2006. The cognitive load of geographic information. Professional Geographer, 58(2): 209-220.

Cabral B, Leedom L C. 1993. Imaging vector fields using line integral convolution. Computer Graphics , (27): 263-272.

Card S K, Mackinlay J D. 2002. The structure of the information visualization design space. VIZ '97: Visualization Conference, Information Visualization Symposium and Parallel Rendering Symposium. Phoenix, USA.

Card S K, Mackinlay J D, Shneiderman B. 1999. Readings in Information Visualization Using Vision to Think. San Francisco: Readings in information visualization Morgan Kaufmann Publishers.

Chaussard E, Wdowinski S, Cabral-Cano E, et al. 2014. Land subsidence in central Mexico detected by ALOS InSAR time-series. Remote Sensing of Environment, 140: 94-106.

Chen M, Lin H, Kolditz O, et al. 2015. Developing dynamic virtual geographic environments (VGEs) for geographic research. Environmental Earth Sciences, 74(10): 6975-6980.

Chen X, Ran J. 2017. Statistical modeling for visualization evaluation through data fusion. Applied Ergonomics, 65: 551-561.

Christen M, Nebiker S, Loesch B. 2012. Web-based large-scale 3D-geovisualization using webGL: The OpenWebGlobe project. International Journal of 3-D Information Modeling, 1(3): 16-25.

Clark J H. 1976. Hierarchical geometric models for visible surface algorithms. Communications of the ACM, 19(10): 547-554.

Cohen J. 1968. Weighted kappa: Nominal scale agreement provision for scaled disagreement or partial credit. Psychological Bulletin, 70(4): 213.

Dang P, Zhu J, Pirasteh S, et al. 2021. A chain navigation grid based on cellular automata for large-scale crowd evacuation in virtual reality. International Journal of Applied Earth Observation and Geoinformation, 103: 102507-102516.

Ding Y L, Zhu Q, Lin H. 2014. An integrated virtual geographic environmental simulation framework: A case study of flood disaster simulation. Geo-spatial Information Science, 17(4): 190-200.

Döllner J. 2007. Non-photorealistic 3D Geovisualization. Berlin: Multimedia cartography.

Döllner J, Kyprianidis J E. 2009. Approaches to Image Abstraction for Photorealistic Depictions of Virtual 3D Models. Berlin, Heidelberg: Springer.

Ebner H, Reiss P. 1984. Experience with height interpolation by finite elements. Photogrammetric Engineering & Remote Sensing, 50(2): 177-182.

Eppler M J, Burkard R A. 2004. Knowledge visualization: Towards a new discipline and its fields of application. ICA Working Paper#2. Lugano: University of Lugano.

Eriksen C W, Eriksen B A. 1971. Visual perceptual processing rates and backward and forward masking. Journal of Experimental Psychology, 89(2): 306-313.

Evans S Y, Todd M, Baines I, et al. 2014. Communicating flood risk through three-dimensional visualization. Proceedings of the Institution of Civil Engineers, 167: 48-55.

Faloutsos C, Lin K I. 1995. FastMap: A fast algorithm for indexing, data-mining and visualization of traditional and multimedia datasets. The 1995 ACM SIGMOD International Conference on Management of Data. San Jose, USA.

Freitas C M D S, Luzzardi P R G, Cava R A, et al. 2002. On evaluating information visualization techniques. The Working Conference on Advanced Visual Interfaces.Trento, Italy.

Fry B. 2008. Visualizing Data: Exploring and Explaining Data with the Processing Environment. Sebastopol: O'Reilly Media.

Fu L, Zhu J, Li W, et al. 2021. Tunnel vision optimization method for VR flood scenes based on Gaussian blur. International Journal of Digital Earth, 14(7): 1-15.

Gal H, Linchevski L. 2010. To see or not to see: Analyzing difficulties in geometry from the perspective of visual perception. Educational Studies in Mathematics, 74(2): 163-183.

Garlandini S，Fabrikant S I. 2009. Evaluating the effectiveness and efficiency of visual variables for geographic information visualization. International Conference on Spatial Information Theory. Aber-Wrach, France.

Glander T, Döllner J. 2009. Abstract representations for interactive visualization of virtual 3D city models. Computers, Environment and Urban Systems, 33(5): 375-387.

Gordon I E. 2004. Theories of Visual Perception. London: Psychology Press.

Guo Y, Zhu J, Wang Y, et al. 2020. A virtual reality simulation method for crowd evacuation in a multiexit indoor fire environment. ISPRS International Journal of Geo-Information, 9(12): 750-766.

Haber R B, McNabb D A. 1990. Visualization idioms: A conceptual model for scientific visualization systems. Visualization in Scientific Computing, (15): 74-93.

Hahmann S, Burghardt D. 2013. How much information is geospatially referenced? Networks and cognition. International Journal of Geographical Information Science, 27(6): 1171-1189.

Halim Z, Muhammad T. 2017. Quantifying and optimizing visualization: An evolutionary computing-based approach. Information Sciences, 385: 284-313.

Hansen C D, Johnson C R. 2004. The Visualization Handbook. Oxford:Butterworth-Heinemann.

Hrabovskyi Y, Brynza N, Vilkhivska O. 2020. Development of information visualization methods for use in multimedia applications. EUREKA: Physics and Engineering, (1): 3-17.

Hu Y, Zhu J, Li W L, et al. 2018. Construction and optimization of three-dimensional disaster scenes within mobile virtual reality. ISPRS International Journal of Geo-Information, 7(6): 215-230.

Iglesias, Daniel Gastón. 2012. Design and implementation of 3D buildings integration for a WebGL-Based Virtual Globe: A case study of Valencian Cadastre and fide building mode. Lisbon: NOVA University of Lisbon.

Iiames J S, Congalton R G, Pilant A N, et al. 2008. Leaf area index (LAI) change detection analysis on loblolly pine (pinus taeda) following complete understory removal. Photogrammetric Engineering and Remote Sensing,74(11):1389-1400.

Jahnke M, Meng L, Kyprianidis J, et al. 2008. Non-photorealistic rendering on mobile devices and its usability concerns. Virtual Geographic Enviroments: An International Conference on Development on Visualization and Virtual Enviroments in Geographic Information Science. Hong Kong, China.

Jarke J, van Wijk. 1991. Spot noise: Texture synthesis for data visualization. Computer Graphics, 25(4): 309-318.

Jiang S B，Yang B S，Sun X. 2011. Multi-resolution representation of 3D complex building models with features preservation．The 19th International Conference on Geoinformatics，IEEE.Shanghai, China.

Johnson C. 2004. Top scientific visualization research problems. IEEE Computer Graphics and Applications, 24(4): 13-17.

Keim D A. 2002. Information visualization and visual data mining. IEEE Transactions on Visualization and Computer Graphics, 8(1): 1-8.

Keim D, Kohlhammer J, Ellis G, et al. 2010.Mastering the Information Age Solving Problems with Visual Analytics. Goslar: Eurographics Association.

Keller P, Keller M. 1994. Visual Cues:Practical Data Visualization. Washington: IEEE Computer Society Press.

Kennedy H, Hill R L, Alen W, et al. 2016. Engaging with (Big) data visualizations factors affect engagement and resulting new definitions of effectiveness. First Monday, 21(11): 1-20.

Kim M, Lee J, Jeon C, et al. 2017. A study on interaction of gaze pointer-based user interface in mobile virtual reality environment . Symmetry, 9(9): 189-210.

Kohonen T. The 'neural' phonetic typewriter. Computer, 1988, 21(3):11-12.

Koulieris G A, Akşit K, Stengel M, et al. 2019. Near-Eye display and tracking technologies for virtual and augmented reality. Computer Graphics Forum, 38(2): 493-519.

Köbben B, Yaman M. 1995. Evaluating dynamic visual variables. The Seminar on Teaching Animated Cartography. Madrid, Spain.

Langran G . 1992. Time in Geographic Information Systems. London:Taylor&Francis Ltd.

Laramee R S, Hauser H, Doleisch H, et al. 2004. The state of the art in flow visualization: Dense and texture-based techniques. Computer Graphics Forum, 23(2): 203-221.

Laramee R S, Hauser H, Zhao L, et al. 2007. Topology-Based Flow Visualization, the State of the Art. Berlin, Heidelberg: Springer.

Li D, Wang S, Li D. 2015. Spatial Data Mining. Berlin, Heidelberg: Springer.

Li L, Wang Y, Zhang L, et al. 2019. Evaluation of critical slip surface in limit equilibrium analysis of slope stability by smoothed particle hydrodynamics. International Journal of Geomechanics, 19(5): 1-11.

Li W, Zhu J, Fu L, et al. 2021. A rapid 3D reproduction system of dam-break floods constrained by post-disaster information. Environmental Modelling & Software, 139: 104994.

Li Y, Gong J H, Zhu J, et al. 2013. Spatiotemporal simulation and risk analysis of dam-break flooding based on cellular automata. International Journal of Geographical Information Science, 27(10): 2043-2059.

Li Z, Openshaw S. 1993. A natural principle for the objective generalization of digital maps. Cartography and Geographic Information Science, 20(1): 19-29.

Li Y, Zhu Q, Fu X, et al. 2020. Semantic visual variables for augmented geo-visualization. The Cartographic Journal, 57(1): 43-56.

Liang Z P, Zhou K P, Gao K X. 2019. Development of virtual reality serious game for underground rock-related hazards safety training. IEEE Access, 7: 118639-118649.

Lindstrom P，Koller D，Ribarsky W，et al. 1996. Real-time，continuous level of detail rendering of height fields. The 23rd Annual Conference on Computer Graphics and Interactive Techniques. New Orleans, USA.

Liu M W, Zhu J, Zhu Q, et al. 2017. Optimization of simulation and visualization analysis of dam-failure flood disaster for diverse computing systems. International Journal of Geographical Information Science, 31(9): 1891-1906.

Lorenssen W E, Cline H E. 1987. Marching Cubes: A high resolution 3D surface construction algorithm. Computer Graphics, 21(4): 163-169.

Lu X Z, Han B, Hori M, et al. 2014. A coarse-grained parallel approach for seismic damage simulations of urban areas based on refined models and GPU/CPU cooperative computing. Advances in Engineering Software, 70: 90-103.

Luo L, Zhu J, Fu L, et al. 2021. A suitability visualisation method for flood fusion 3D scene guided by disaster information. International Journal of Image and Data Fusion, 12(1-4): 301-318.

Lv Z H, Yin T F, Zhang X L, et al. 2016. Virtual reality smart city based on WebVRGIS. Internet of Things Journal,

IEEE, 3(6): 1015-1024.

MacEachren A M, Roth R E, O'Brien J, et al. 2012. Visual semiotics & uncertainty visualization: An empirical study. IEEE Transactions on Visualization and Computer Graphics, 18(12): 2496-2505.

Mackinlay J. 1986. Automating the design of graphical presentations of relational information. ACM Transactions On Graphics (Tog), 5(2): 110-141.

McLoughlin T, Laramee R S, Peikert R, et al. 2010. Over two decades of integration-based, geometric flow visualization. Computer Graphics Forum, 29(6): 1807-1829.

Meenakshi P. 2012. Hand gesture recognition based on shape parameters. International Conference on Computing, Communication and Applications(ICCC A). Dindigul, India.

Meng X X, Du R F, Zwicker M, et al. 2018. Kernel foveated rendering. The ACM on Computer Graphics and Interactive Techniques, (11): 1-20.

Merzkirch W. 2012. Flow Visualization. London: Elsevier.

Nazemi K. 2016. Adaptive Semantics Visualization. Berlin, Heidelberg: Springer.

Norman J W. 2014. A theory for the visual perception of object motion. Dania Beach :Florida Atlantic University.

Nurminen A. 2008. Mobile 3D City Maps. IEEE Computer Graphics and Applications, 28(4): 20-31.

Oliveira M C F, Levkowitz H. 2003. From visual data exploration to visual data mining: a survey. IEEE Transactions on Visualization and Computer Graphics, 9(3): 378-394.

Olshannikova E, Ometov A, Koucheryavy Y, et al. 2015. Visualizing big data with augmented and virtual reality: Challenges and research agenda. Journal of Big Data, 2(1): 1-27.

Park J R, Kwon H, Kim H. 2010. A Study of digital video production based on the Gestalt visual perception theory. Journal of Digital Design, 10(2): 117.

Peng G Q, Wen Y N, Li Y T, et al. 2018. Construction of collaborative mapping engine for dynamic disaster and emergency response. Natural Hazards, 90(1): 217-236.

Pike W A, Stasko J, Chang R, et al. 2009. The science of interaction. Information Visualization, 8(4): 263-274.

Post F H, Vrolijk B, Hauser H, et al. 2003. The state of the art in flow visualization: Feature extraction and tracking. Computer Graphics Forum, 22(4): 775-792.

Prokop, M Galanski, Michael. 2003. Spiral and Multislice Computed Tomography of the Body . Stuttgart: Thieme.

Qiao C J, Li J S, Tian Z S. 2016. A new approach for fluid dynamics simulation: The short-lived water cuboid particle model . Journal of Hydrology, 540: 437-456.

Quattrochi D A, Goodchild M F. 1997. Scale in Remote Sensing and GIS . NewYork: Lewis Publishers.

Ragia L, Sarri F, Mania K. 2018. Precise photorealistic visualization for restoration of historic buildings based on tacheometry data. Journal of Geographical Systems, 20(2): 115-137.

Reda K, Johnson A E. Papka M E, et al. 2016. Modeling and evaluating user behavior in exploratory visual analysis. Information Visualization, 15(4): 325-339.

Russell S J, Norvig P. 2010. Artificial intelligence: A modern approach. Applied Mechanics & Materials, 263(5): 2829-2833.

Sacha D, Sedlmair M, Zhang L, et al. 2017. What you see is what you can change: Human-centered machine learning by interactive visualization. Neurocomputing, 268: 164-175.

Saraiya P, North C, Duca K. 2005. An insight-based methodology for evaluating bioinformatics visualizations. IEEE Transactions on Visualization and Computer Graphics, 11(4): 443-456.

Semmo A, Trapp M, Jobst M, et al. 2015. Cartography-oriented design of 3D geospatial information visualization-overview and techniques. Cartographic, 52(2): 95-106.

Serig D. 2006. A conceptual structure of visual metaphor. Studies in Art Education, 47(3): 229-247.

Shneiderman B, Plaisant C. 2006. Strategies for evaluating information visualization tools: Multi-dimensional in-depth long-term case studies. The 2006 Avi Workshop on Beyond Time and Errors: Novel Evaluation Methods for Information Visualization. Venice, Italy.

Smith B, Mark D M. 1998. Ontology and geographic kinds. The Eighth International Symposium on Spatial Data Handing. Buffalo,USA.

Sunesson K, Allwood C M, Paulin D, et al. 2008. Virtual reality as a new tool in the city planning process. Tsinghua Science and Technology, 13(S1): 255-260.

Song C, Lin Y, Guo S, et al. 2020. Spatial-temporal synchronous graph convolutional networks: A new framework for spatial-temporal network data forecasting. Proceedings of the AAAI Conference on Artificial Intelligence, 34(1): 914-921.

Steichen B, Conati C, Carenini G. 2014. Inferring visualization task properties, user performance, and user cognitive abilities from eye gaze data. ACM Transactions on Interactive Intelligent Systems, 4(2): 1-29.

Suárez J P, Trujillo A, Santana J M, et al. 2015. An efficient terrain Level of Detail implementation for mobile devices and performance study. Computers, Environment and Urban Systems, 52: 21-33.

Tory M, Moller T. 2005. Evaluating visualizations: Do expert reviews work? IEEE Computer Graphics and Applications, 25(5): 8-11.

Tricoche X. 2010. Tensor field topology. IEEE Visualization Tutorial: Tensors in Visualization. http://people.kyb.tuebingen.mpg.de/tschultz/visweek10/tricoche-topology.pdf[2021-12-21].

Ugo E, Delfina M, Luca P. 2019. Virtual reality interfaces for interacting with three-dimensional graphs. International Journal of Human-Computer Interaction, 35(1): 75-88.

Ulrich T. 2002. Rendering massive terrains using chunked level of detail control. SIGGRAPH Course Notes, 3(5): 1-14.

Wang D , Miwa T , Morikawa T. 2020. Big trajectory data mining: A survey of methods, applications, and services. Sensors, 20(16):4571.

Wang L, Lu X. 2009. Analysis of the relief amplitude in Xinjiang based on digital elevation model. Sence of Surveying and Mapping, 34(1): 113-116.

Ward M O, Grinstein G, Keim D. 2015. Interactive Data Visualization: Foundations, Techniques, and Applications. Boca Raton: CRC Press.

Ware C. 2019. Information Visualization: Perception for Design. San Mateo: Morgan Kaufmann.

Wei F Q, Hu K, Cheng Z L. 2006. Research on numerical simulation of debris flow in guxiang valley, Tibet. Journal of Mountain Science, 24(2): 167-171.

Weier M, Roth T, Kruijff E, et al. 2016. Foveated real‐time ray tracing for head‐mounted displays. Computer Graphics Forum, 35(7): 289-298.

Weier M, Stengel M, Roth T, et al. 2017. Perception-driven accelerated rendering. Computer Graphics Forum, 36(2): 611-643.

Weiskopf D, Schafhitzel T, Ertl T. 2007. Texture-based visualization of unsteady 3D flow by real-time advection and volumetric illumination. Visualization & Computer Graphics IEEE Transactions on, 13: 569-582.

Winkler D, Zischg J, Rauch W. 2018. Virtual reality in urban water management: Communicating urban flooding with particle-based CFD simulations . Water Science & Technology, 77: 518-524.

Wood J, Kirschenbauer S, Döllner J, et al. 2005. Using 3D in Visualization. London:Elsevier.

Xia S W, Gan S, Ren P F, et al. 2013. Study on remote sensing image auto-identify classification by used of object-oriented technology. Applied Mechanics and Materials, (444-445): 1244-1249.

Xu X, Huang M, Zou K. 2011. Automatic generated navigation mesh algorithm on 3D game scene. Procedia

Engineering, 15: 3215-3219.

Yin L Z, Zhu J, Zhang X, et al. 2015. Visual analysis and simulation of dam-break flood spatiotemporal process in a network environment. Environmental Earth Sciences, 74(10): 7133-7146.

Zhang G, Gong J, Li Y, et al. 2020. An efficient flood dynamic visualization approach based on 3D printing and augmented reality. International Journal of Digital Earth, 13(11): 1302-1320.

Zhang J, Qiu P, Duan Y, et al. 2015. A space-time visualization analysis method for taxi operation in Beijing. Journal of Visual Languages & Computing, 31(DEC.PT.A): 1-8.

Zhu J, Tang C, Chang M, et al. 2015. Field observations of the disastrous 11 july 2013 debris flows in Qipan Gully, Wenchuan area, Southwestern China. Engineering Geology for Society and Territory(2): 531-535.

Zibrek K, Martin S, Mcdonnell R. 2019. Is photorealism important for perception of expressive virtual humans in virtual reality? ACM Transactions on Applied Perception (TAP), 16(3): 1-19.

Zlatanova S, Prosperi D. 2005. Large-scale 3D Data Integration: Challenges and Opportunities. Boca Raton: CRC Press.